国防科技图书出版基金

兵器试验及试验场工程设计

Weapon Tests and Testing Fields Design

王东生　刘　戈　李素灵　董文学　顾　勇　等著

国防工业出版社

·北京·

图书在版编目(CIP)数据

兵器试验及试验场工程设计/王东生等著. —北京：
国防工业出版社,2017.10
ISBN 978-7-118-11420-1

Ⅰ.①兵⋯ Ⅱ.①王⋯ Ⅲ.①武器试验-试验场
Ⅳ.①TJ01

中国版本图书馆 CIP 数据核字(2017)第 243571 号

※

国防工业出版社出版发行

(北京市海淀区紫竹院南路 23 号　邮政编码 100048)
腾飞印务有限公司印刷
新华书店经售
*
开本 710×1000　1/16　印张 25　字数 487 千字
2017 年 10 月第 1 版第 1 次印刷　印数 1—2000 册　定价 168.00 元

(本书如有印装错误,我社负责调换)

国防书店：(010)88540777　　　发行邮购：(010)88540776
发行传真：(010)88540755　　　发行业务：(010)88540717

致 读 者

本书由中央军委装备发展部**国防科技图书出版基金**资助出版。

为了促进国防科技和武器装备发展,加强社会主义物质文明和精神文明建设,培养优秀科技人才,确保国防科技优秀图书的出版,原国防科工委于1988年初决定每年拨出专款,设立国防科技图书出版基金,成立评审委员会,扶持、审定出版国防科技优秀图书。这是一项具有深远意义的创举。

国防科技图书出版基金资助的对象是:

1. 在国防科学技术领域中,学术水平高,内容有创见,在学科上居领先地位的基础科学理论图书;在工程技术理论方面有突破的应用科学专著。

2. 学术思想新颖,内容具体、实用,对国防科技和武器装备发展具有较大推动作用的专著;密切结合国防现代化和武器装备现代化需要的高新技术内容的专著。

3. 有重要发展前景和有重大开拓使用价值,密切结合国防现代化和武器装备现代化需要的新工艺、新材料内容的专著。

4. 填补目前我国科技领域空白并具有军事应用前景的薄弱学科和边缘学科的科技图书。

国防科技图书出版基金评审委员会在中央军委装备发展部的领导下开展工作,负责掌握出版基金的使用方向,评审受理的图书选题,决定资助的图书选题和资助金额,以及决定中断或取消资助等。经评审给予资助的图书,由中央军委装备发展部国防工业出版社出版发行。

国防科技和武器装备发展已经取得了举世瞩目的成就。国防科技图书承担着记载和弘扬这些成就,积累和传播科技知识的使命。开展好评审工作,使有限的基金发挥出巨大的效能,需要不断摸索、认真总结和及时改进,更需要国防科技和武器装备建设战线广大科技工作者、专家、教授、以及社会各界朋友的热情支持。

让我们携起手来,为祖国昌盛、科技腾飞、出版繁荣而共同奋斗!

国防科技图书出版基金
评审委员会

《兵器试验及试验场工程设计》
编 委 会

前　　言

中华人民共和国成立 60 周年国庆阅兵式上展示了 52 种国产武器装备,近 90%为首次亮相。30 个地面装备方队中有 ZTZ-99 式主战坦克、ZTZ-96A 式主战坦克、ZTD-03 式履带式伞兵战车、ZTD-05 式两栖步兵战车、ZBL-09 式轮式步兵战车、PLZ-05 式 155mm 履带式自行加榴炮、PLZ-07 式 122mm 履带式自行加榴炮、PHL-03 式 12 管 300mm 远程火箭炮、HJ-9 反坦克导弹、HQ-7B 防空导弹、HQ-9 地空导弹、HQ-12 地空导弹、YJ-83 反舰导弹、YJ-62 岸舰导弹、DF-15B 地地常规导弹及 DF-21C 地地常规导弹等。它们都是通过试验场的试验验收后参加阅兵式的。

研发和装备部队的每一支(挺、具)枪械、单兵发射器,每一门火炮、火箭炮,每一辆坦克、步兵战车,每一批弹药,都要经过试验场的射击试验(抽验)和行驶试验验收,许多则是要经过成百上千次试验场的试验才能得出最优化的兵器。

试验场有的占地很大,如美国的阿伯丁试验场占地 291km²,白沙导弹靶场占地 10117km²,我国有的试验场也占地几千平方千米。人们以为试验场就是一片空白之地,与战场差不多,但事实并非完全如此。

有些试验场就像小城镇一样,不但城镇功能齐全,还建设了许多特殊的建筑。例如,火箭橇试验装置,美国海军军械试验站(NOTS)加利福尼亚州中国湖火箭橇的轨道长度为 6553.28m,新墨西哥州空军基地火箭橇的轨道长度为 10689.65m,中国某试验场火箭橇的轨道长度为 6000m,火箭橇的速度、加速度是高铁的几倍乃至几十倍,轨道的精度比高铁还高;又如,人工气候实验室,兵器可在其内进行 50℃高温试验、−70℃低温试验、淋雨试验、扬尘试验、泥水试验、高原试验、热带试验和寒带试验等特种气候条件试验;再如,爆炸试验塔和爆炸试验井,弹药可在其内进行爆炸试验,以检验其爆炸和杀伤性能等,塔井结构特殊;再如,弹道靶道,可以进行飞行体的空气动力试验,靶道可具有恒温、恒湿、恒压和横风人工制造的气象功能试验条件等。

作者根据多年参加国防工程设计、兵器产品验收和安全评价的经验以及所掌握的材料撰著此书,旨在向大家介绍兵器试验场上的兵器试验项目及其工程设计原则、程序、内容、方法、方案、安全和设备仪器选择等,从工程设计、兵器产品验收、安全评价及综合技术管理等方面介绍在工作过程中,如何避免出现质量问题其至是事故,并给出预防措施,为技术管理人员、安全管理人员和有关领导提供技术依据,便于日常管理和培训。因为水中兵器试验内容较多,且有其特殊性,故本书中不包括这部分内容。

在此书的撰写过程中得到了陆军沈阳军事代表局、安徽省国防科技工业办公室、中国五洲工程设计有限公司、北方工程设计研究院有限公司及湖北卫东控股集团有限公司等的大力支持与帮助,南京理工大学外弹道教研室郭锡福教授对本书进行了全面的审阅,提出了许多指导性意见和建议,为本书出版付出了许多宝贵时间,解放军某部门韩立强政委、北京理工大学爆炸科学与技术国家重点实验室冯顺山教授、安徽霍山科皖特种铸造有限公司陈象青董事长和西藏高争民爆物质有限责任公司白艳琼总经理提供了许多宝贵意见。本书著作过程中,还参考了许多国内文献资料,对它们的提供者,在此一并表示衷心感谢。

由于作者水平有限,书中疏漏之处在所难免,期待您的真知灼见。

作者

2017 年 5 月

目　　录

Contents

第 1 章　兵器试验场概论

在兵器研究、生产、鉴定和使用过程中进行的射击试验、发射试验、爆炸试验、效应试验等工作是研制新式武器、生产制式武器和改进制式武器中重要且必不可少的组成部分。试验是兵器研制和生产的依据,任何兵器能否定型、生产和列装必须经过试验场的试验与鉴定,接受有关部门的检验。兵器试验场的作用如下:提供部队、武装警察、公安民警和民兵进行射击训练与演习,以提高其作战能力和战术技术水平;提供给广大群众和运动员进行射击训练、娱乐和比赛,用以提高人民群众的国防意识,提高运动员的射击能力与水平;提供给工厂企业,用以检验试验生产的兵器,确定其质量是否符合产品图纸、技术条件的要求,能否呈交订货方使用,试验其改进的兵器,验证其结构、材料、工艺等是否先进可靠,提出评定意见;提供给兵器维修工厂,用以试验修理后的兵器,检验其是否符合产品图纸、技术条件和维修规程的要求,确定能否交付委托方使用;提供给兵器科研院所试验新设计的新兵器,以确定其是否符合战术技术性能要求,依据试验结果全面评定兵器的质量,向上级提出需进一步改进的意见,提出能否设计定型建议;提供给中央军委装备发展部试验基地,进行兵器试验的鉴定工作,确定兵器是否可以定型;提供给国防院校,用以教学和科研试验以及其他临时进行的射击、发射、投掷或爆炸试验等。其中,单纯进行重武器射击试验和训练的场所称为靶场,单纯进行轻武器射击试验和训练的场所称为射击场,体育训练和比赛的场所也称为射击场。但习惯上人们均称上述试验场、射击场为靶场。由此可见,试验场的试验品种和内容十分广泛,这么多的试验任务全在一个或几个试验场上完成是不可能的,因此实际上有不同部门和各种类型的试验场。

1.1　试验场分类

1.1.1　按用途分类

试验场按用途可分为三类:军事训练演习试验场、体育运动靶场和兵器检验试验场。本书主要论述兵器检验试验场。

1. 军事训练演习试验场

军事训练演习试验场是作为部队、武装警察、公安干警、民兵组织单独射击训练或联合演习使用的场所。在军事训练场场地内设有保证完成上述任务的器材、装备和设施,通过训练和演习来提高上述人员的战斗能力与技术水平。由于训练、演习的内容不同,试验场实用的器材、装备和设施也不同,占地面积差异也较大。轻兵器射击训练、演习的场地仅占用几百至几万平方米的土地,而重兵器射击训练、演习的场地则多达几万至几千万平方千米的土地。试验场有些是永久性的,有些则是临时选择的。

2. 体育运动靶场

人们习惯上把体育运动靶场称为射击场,包括民用射击场和军用射击场。民用射击场一般有运动手枪、步枪、气枪射击场,跑猪射击场,飞碟射击场和弓弩射击场等;军用射击场有军用手枪、步枪、机枪、高射机枪和单兵火箭发射器及其弹药等射击场。

3. 兵器检验试验场

1)工厂(企业)试验场(靶场)

工厂(企业)试验场的任务是对其生产的兵器零部件和整体结构进行工厂检验试验或交验试验,以便检验试品是否符合产品制造图纸和技术条件,进而确定试制生产与成批生产产品或抽样产品的质量。按我国习惯,这些工作都是在有工厂质量检查部门的代表和订货方的驻厂代表共同参加的情况下完成。

工厂(企业)试验场是检验工厂生产兵器的最后一关,因此,工厂(企业)试验场是产品生产过程中十分重要的部门。在试验场内设有保证进行上述试验任务的器材、设备和工程设施。有两个以上试验场的,宜将其中的一个建设在工厂之内或附近,另一个建设在工厂之外。

2)区域性试验场或联合试验场

区域性试验场的任务是承担一个地区兵器生产工厂及其研究所的产品或部分产品的工厂检验试验、兵器试制品的研究试验等工作,也可以承担科研单位新产品的试验工作。例如,东北某兵器试验场、西北某兵器试验基地、西南某兵器试验场、鄱阳湖试验场、内蒙古某兵器试验场等,该类试验场可以隶属于某一工厂或其上级领导企业部门管理。它的最大特点是节省土地。试验场的地理位置宜适中,便于管理、运输、储存和人力物力的集中使用。

3)研究所院校试验场

研究所院校试验场是兵器研究所和兵器院校的组成部分之一,是兵器研究人员理论联系实际的重要场所。为了研究新型的和改进的兵器,为了使学生在校期间就能直接掌握一定的实践知识,科研试验人员和学生均应在试验场上进行实弹或模拟弹的射击试验。研究所的试验场,应建设一些具有当代水平的设施和配置高精度的测试仪器设备,如火箭橇、平衡炮、轻气炮、高速炮、抛撒空投试验设施、高空投掷塔、弹道试验靶道、环境模拟实验室、激光试验靶道、电磁轨道炮试验靶道、综合性发动机试验台、毁伤效应实验室、模拟爆炸试验场、爆炸试验塔(井)等特殊建筑设施,这些特殊建筑设施虽然造价昂贵,但意义重大。一个现代化的试验场除了应具备适用的试验场地、高水平的试验装置、实时测量高精度的数据并实时将其传递到处理部门的能力、高速处理数据的能力、提出合理的试验方案和出具高水平的分析、诊断及评价结果的能力,还应安排和培养相关专业的人才从事试验场工作,即出人才、出资料、出成果。

4) 兵器修理厂的试验场

为了保证装配部队的兵器经常处于良好的战备状态,对部队送来修理的兵器,修理厂除了应经常、认真地做好维修保养工作,还应对修理过的枪械、火炮、火箭炮、导弹发射装置及其配用的弹药等兵器进行试验场射击试验。

坦克、步兵战车、其他战斗车辆等大修后,其配用的兵器(枪械、火炮、导弹发射装置等)均需在试验场上进行射击试验。车辆本身应在试车场上进行行驶试验。因此,坦克、步兵战车和其他战斗车辆等的修理厂,除了应有火炮、枪械试验场,还应建设相应的试车场。

5) 国储弹药仓库的弹药试验场

国储弹药仓库的弹药需要定期(保险期)进行技术检查,以便了解弹药存放情况,随时发现问题及时采取措施予以解决。为此,应定期"抽样"进行弹药安定性和弹道性能等射击试验,以检查其装填物是否发生变化,确定是否有继续保存的价值,如无,应及时送往弹药修理厂进行倒药、再装药的修复再生工作,如不具备修复再生可能的或发现有可能发生火灾、爆炸危险症状的,应及时送往试验场或销毁场进行销毁。

单兵武器、火炮、火箭炮、导弹发射装置、坦克炮及其配用弹药的修理厂均应设有检验试验场。在该类试验场上,除了弹药修理厂,火炮通常只进行水弹、铅弹、砂弹及易碎弹等的模拟弹试验,有时也进行实弹射击试验。试验场可建设在工厂附近,如需进行实弹射击试验,试验场应单独划区建设,也可以与邻近的外单位试验场协作。

枪械修理后,每支(挺)均需在试验场上进行射击试验,这类试验场一般均建设在工厂内部地下或附近,有高射试验项目的应在单独区域选择建设试验场。

6) 兵器试验基地(中心)

在兵器试验基地(中心)上,除了可以完成上述试验场的任务,还可以完成以下的任务:

(1) 对各种新型的枪械、火炮、火箭炮和导弹发射装置及其配用的弹药进行发射、射击、投掷、抛射,对配用的专用仪器、装备等也同时进行定型试验。

(2) 编制各种新型和改进枪械、火炮、火箭炮及导弹发射装置等的射表,特别是高原射表。

（3）编制各种新型和改进枪械、火炮、火箭炮及导弹发射装置等及其配用的弹药和仪器的试验方法。

（4）依据有关协议，为兵器研究所、院校及工厂进行协作试验。

（5）依据有关协议，为附近的工厂进行火炮的大型试验及弹药厂的批量试验等。

1.1.2 按任务分类

兵器试验场按任务和试验内容可分为八类：

（1）进行各种火炮、火箭炮、导弹发射装置，枪械自动机构动作灵活性和可靠性射击试验、寿命试验及各种弹道性能射击试验的试验场。

（2）进行各种火炮、火箭炮、导弹发射装置，枪械射击精度与密集度的射击，以及配用的弹药在规定的射击速度上的特种作用检验试验的试验场。

（3）进行各种兵器高低瞄准和方向瞄准随动系统射击试验的试验场。

（4）模拟气温、气压、横风、湿度、淋雨、扬尘、泥水等自然环境变化条件，检验兵器及其弹药工作情况的试验场（实验室）。

（5）研究各种自由飞行弹丸、战斗部的气动力和外弹道特性，对其进行高精度的定量分析，提供姿态、激波和尾流等信息的试验场或弹道靶道。

（6）弹丸、战斗部、鱼雷、水雷、深水炸弹等进行杀伤爆破及多弹头战斗部（子母弹丸）抛撒的试验场。

（7）在设定条件下，通过火箭橇试验、平衡炮试验、弹道炮试验、高速炮试验、轻气炮试验、柔性滑索试验等，能够预期给人们提供更多弹丸、导弹、火箭弹、鱼雷、航空炸弹等飞行体的性能和动态威力有价值数据的试验场（靶道）。

（8）试验和研究各种兵器的综合性试验场（基地）。

根据需要，上述试验场可以单独建设也可以综合建设。

1.1.3 按设置地点分类

兵器试验场按设置地点分类可分为四类：

（1）地下式试验场。适用于任务分类中的（1）、（2）、（4）、（5）类，建设在工厂企业的装配车间，兵器科研院所和军事部门建筑物之下或附近。

（2）室内式试验场。适用于任务分类中的（1）、（2）、（4）、（5）类和（8）类，建设于工厂（企业）、兵器科研院所区域之内。

（3）露天式试验场。适用于任务分类中的（1）、（2）、（3）、（5）、（6）、（7）、（8）类。

（4）寒带、热带、高原、水上、水下、空中、山洞试验场。依据专项试验任务的需要，可临时或固定选择上述地区（条件）进行试验场试验。

1.2 试验场组成

为了完成兵器科研和生产的试验任务,依据兵器试验的流程、试验性质、行政管理及后勤保障等情况,通常将兵器试验中心、综合性兵器试验场分块进行布置,并划分为几个区,如图 1-1 所示。

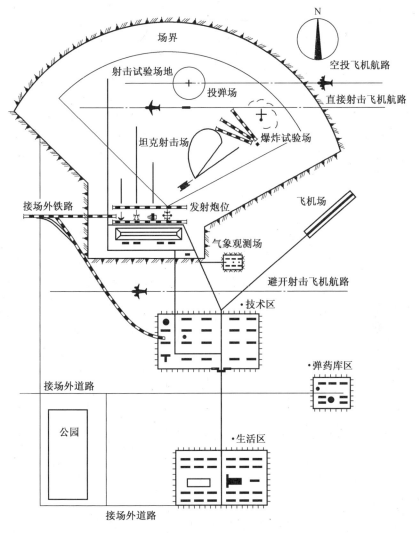

图 1-1 综合性兵器试验场分块布置图

1.2.1 管理区

管理区主要设有综合办公楼、指挥中心、信息中心、图书资料大楼等,视试验场的试验任务及其隶属关系和规模的不同而差异较大,多建设在技术区内。

1.2.2 射击场区

在射击场区内,一般设有发射区、射击试验区、投掷试验区、空投试验区、静爆炸试验区、终点效应试验区、坦克步兵战车试验区、对空中目标试验区和对水面目标试验区等(含部分或全部)。试验区内主要部分是试验靶道和试验场地,从使用和安全角度考虑又可以将试验靶道划分为两个地带:

(1)杀伤破坏地带。该地带具有命中破坏、有效破片杀伤、冲击波超压杀伤或火球与热辐射烧伤等毁伤因素,可造成人员伤亡、建筑物损坏,试验时人员必须离开。

(2)危险地带。该地带具有命中破坏、破片杀伤、噪声伤害等毁伤因素,可造成人员伤亡、建筑物损坏,试验时人员可以留在掩体内。

又可将靶道外侧划分为两个安全地带:

(1)相对安全地带。该地带具有噪声影响,发生事故时,偶尔可能产生命中破坏、破片杀伤或碎片伤害等毁伤因素。

(2)安全地带不会发生命中破坏、振动破坏、碎片伤害、超标噪声危害等影响因素。

1.2.3 技术区

在技术区内主要用来布置以下设施:

(1)用来布置武器准备工房,含枪械,单兵武器,火炮,火箭炮,导弹发射装置,鱼雷发射装置,无人机及其他发射、投掷、抛射的兵器的部分或全部。

(2)用来布置试验弹药准备工房,含枪弹、手榴弹、炮弹、火箭弹、地雷、鱼雷、水雷、导弹、航空炸弹等杀伤、爆炸、爆破、照明、曳光、燃烧、烟幕、干扰、诱饵、信息、智能、模拟等弹药的部分或全部。

(3)临时弹药存放库,按试验计划临时存放的弹药及其零部件。

(4)用来布置测试工房、实验室、测控站,含气温、气压、地面风向风速、高空风向风速等气候条件测试,测时、姿态、转动、振动、冲击、摩擦、空中坐标、弹道轨迹、破甲、穿甲、燃烧、命中效应及视频信息等测试设备仪器,此外,大型的试验场或试验基地除了上述设施,还应设有重要试验内容的研究室,如武器动力学、气象学、气动力学、内外弹道学、带有试验综合技术与理论的研究室等并配置相应的试验和测试手段。

1.2.4 后勤支援区

后勤支援区用来布置通信站、网络站、气象观测站、专用汽车库、器材准备场所、发射场地人员场所、消防车库、码头、商店、医院,以及外来人员接待及供电、供水、供热、供气等设施建筑,多与生活区合并建设。

1.2.5 危险品总仓库区

危险品总仓库区的任务是分类布置各种危险品,并确保及时地提供试验所需的弹药和定期安全地储存试验所需的弹药。

1.2.6 飞机场或停机坪

飞机场用于提供高射武器对空目标射击携带或抛放靶标、飞机空中对地面目标投弹或射击。停机坪用于停放武装直升机和专用直升机,武装直升机按试验计划要求确定,专用直升机供试验场观察、测量、拍录等使用。飞机场可以自建或协作。

1.2.7 生活区

生活区,是兵器试验场不可缺少的区域。依据试验场的任务不同,其生活区规模也不同。大型的兵器试验场,就像一个小城镇一样,除了应具备相应的生活条件和保障设施以外,还应有幼儿园、小学、招待所(宾馆)、图书馆、商场或超市、银行、邮电局、网络站、公园、体育场(馆)、游泳池(馆)、旅馆和公交车站等。

1.3 中国的试验场

(1)白城兵器试验中心。是中国著名的试验场之一。它创建于1954年8月26日,是中国最早建成的综合性兵器试验场,其前身是中国人民解放军军械试验场。试验场位于科尔沁草原深处的中国吉林省白城市,全场地跨吉林省与内蒙古自治区。白城兵器试验中心是我国成立最早、规模最大的常规武器试验场,是国家对常规武器进行鉴定、定型试验的权威机构。图1-2、图1-3、图1-4依次是中国白城兵器试验中心的大门标识、中心大门楼及其轻武器环境模拟实验室。

(2)华阴兵器试验中心。也是中国著名的靶场。它位于陕西省华阴市,组建于1969年,是我国一座新型国家级试验场,是我国常规武器权威性鉴定机构之一。试验中心南倚著名的风景区"西岳华山",东临黄河,北穿渭河,西距西安市120km。该中心主要从事各种火炮、步兵战车、装甲车、精确弹药、现代引信、导弹与火箭、光学设备、军用雷达、无人机、武装直升机等现代高技术武器装备的试验鉴定工作,为新武器的定型发放"准生证"。中心拥有完善的试验设备设施,如低温、高温、湿热、振动等环境模拟试验设施及配套的火炮、弹药、火箭、导弹准备与测试工房和综合性试验阵地。1984年10月1日,天安门广场上参加阅兵仪式的"红箭"-8反坦克导弹、40管122mm火箭炮、新型122mm榴弹炮、双-23航空机关炮等,都是在华阴兵器试验中心通过定型的。图1-5所示为中国华阴兵器试验中心通过定型的40管122mm火箭炮,图1-6所示为新型武器测试设备。

图1-2　中国白城兵器试验中心大门标识

图1-3　中国白城兵器试验中心大门楼

图1-4　轻武器环境模拟实验室

图1-5　新型40管122mm火箭炮

图1-6　新型武器测试设备

（3）中国鱼雷发射试验基地。位于青海湖南岸中央的江西沟,因基地位于青藏公路的151km处,又称"151"基地。它成立于1965年。20世纪80年代以前,中国的鱼雷都是在这里完成试验,然后投产,武装海军舰队。由于青海湖水位下降,再不能满足鱼雷潜水深度的要求,在出色完成了历史使命后光荣退役。如今,只留下一座三层小楼孤立在湖面上,已对外解密,供旅游者参观,见图1-7。

图 1-7　中国鱼雷发射实验基地外貌

除了白城兵器试验中心和华阴兵器试验中心以外,我国还建有海上兵器试验场、航空兵试验场、装甲装备试验场、高原试验场,以及西北、西南、东北、华东和内蒙古等兵器研究与生产企事业单位的几十个乃至几百个室内式、地下式、露天式和水上、空中试验场,形成了我国多层次完整的武器装备试验格局。

1.4　美国的试验场

美国的试验场的数量居世界之首。总的来说,可以分为四大部分。

1.4.1　陆军试验机构

陆军试验机构如下:1—马里兰州阿伯丁试验场;2—北卡罗来纳州布雷格堡空降通信电子局;3—佐治亚州本宁堡步兵局;4—亚拉巴马州拉克堡航空试验场;5—肯塔基州诺可斯堡装甲工程局;6—俄克拉河马州希尔堡野战炮兵局;7—得克萨斯州胡德堡现代陆军系统试验、鉴定机构;8—得克萨斯州不利斯堡防空局;9—新墨西哥州白沙导弹靶场;10—亚利桑那州互丘卡堡电子试验场;11—亚利桑那州尤马试验场;12—犹他州达格威试验场;13—加利福尼亚州奥德堡作战发展试验指挥部;14—运河区克莱顿堡热带试验中心;15—阿拉斯加州格里利堡北极试验中心。

1.4.2　海军试验机构

海军试验机构如下:16—加利福尼亚州艾尔森特海军空间回收所;17—加利福尼亚州彭德尔顿营;18—加利福尼亚州木古角大西洋导弹靶场;19—加利福尼亚州中国湖海军武器试验中心;20—加利福尼亚州勒莫尔海空站;21—内华达州法龙海空站。

1.4.3　空军试验机构

空军试验机构如下:22—纽约州罗姆格里菲斯空军基地(空军发展中心);23—

马里兰州图克逊试验中心(海空站);24—佛罗里达州帕特里空军基地(空军东靶场);25—佛罗里达州通德尔空军基地(防空武器试验中心);26—佛罗里达州埃格林空军基地(装甲发展试验中心,空中战术空战中心);27—新墨西哥州空军特种武器试验中心;28—加利福尼亚州爱德华空军基地(空军飞行试验中心);29—内华达州纳立斯空军基地(战术战斗机武器试验中心);30—加利福尼亚州范登堡空军基地(航天和导弹试验中心)。

1.4.4 无仪器试验训练机构

无仪器试验训练机构如下:31—纽约州德鲁姆营;32—密执安州格雷林营;33—肯达基州坎贝尔堡第101空中机动师;34—佐治亚州斯图尔特堡营;35—路易斯安娜州波尔克堡陆军训练中心;36—堪萨斯州赖利堡第一机械化师;37—科罗拉多州卡森堡第四机械化师;38—华盛顿州亚基马射击中心;39—华盛顿州刘易斯堡第九机械化师(奥林匹克国家牧区);40—加利福尼亚州欧文堡营;41—马里兰州德尔马瓦半岛沃洛普斯站;42—密西西比州密西西比试验基地;43—内华达州托诺帕试验场。其具体位置示意见图1-8。

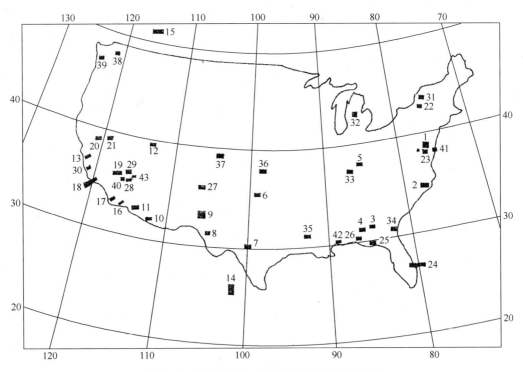

图1-8 美国陆、海、空三军试验场位置示意图

图中的编号与上述序号及表1-1中的序号相同。

1.4.5 三军大型试验场的占地规模

美国三军大型试验场的占地规模见表1-1。

表1-1 美国三军大型试验场的占地规模

军种	序号	试验场名称	占地面积 千英亩	占地面积 km²	军种	序号	试验场名称	占地面积 千英亩	占地面积 km²
陆军	1	阿伯丁试验场	72	291	空军	22	空军发展中心	—	—
	2	空降通信电子局	137	554		23	图克逊试验中心	—	—
	3	步兵局	182	737		24	空军东靶场	—	—
	4	航空试验场	64	259		25	通德尔防空武器试验中心	—	—
	5	装甲工程局	110	445		26	装甲发展试验中心及空中战术空战中心	—	—
	6	野战炮兵局	94	380					
	7	现代陆军系统试验、鉴定机构	218	882		27	空军特种武器试验中心	465	1882
	8	防空局	1170	4735		28	空军飞行试验中心	—	—
	9	白沙导弹靶场	2500	10117		29	战术战斗机武器试验中心	—	—
	10	电子试验场	122	494					
	11	尤马试验场	1043	4221		30	航天和导弹试验中心	—	—
	12	达格威试验场	845	3420					
	13	作战发展试验指挥部	167	676	无仪器试验单位	31	德鲁姆营	107	433
	14	热带试验中心	18	73		32	格雷林营	154	623
	15	北极试验中心	657	2659		33	坎贝尔堡	105	425
						34	斯图尔特堡	285	1153
						35	波尔克堡陆军训练中心	147	595
海军	16	海军空间回收所	570	2307		36	赖利堡第一机械化师	97	393
	17	彭德尔顿营	—	—		37	卡森堡第四机械化师	138	558
	18	大西洋导弹靶场	—	—		38	亚基马射击中心	261	1056
	19	海军武器试验中心	1152	4662		39	刘易斯堡第九机械化师	87	352
	20	勒莫尔海空站	—	—		40	欧文堡营	639	2586
	21	法龙海空站	—	—		41	沃洛普斯站	45	182
						42	密西西比试验基地	142	575
						43	托诺帕试验场	407	1647

1.5 日本的试验场

日本国土面积不算大,但其仍然有多个试验场,试验场隶属于日本防卫厅技术研究本部,实施各种武器试验。日本试验场位置示意如图 1-9 所示。

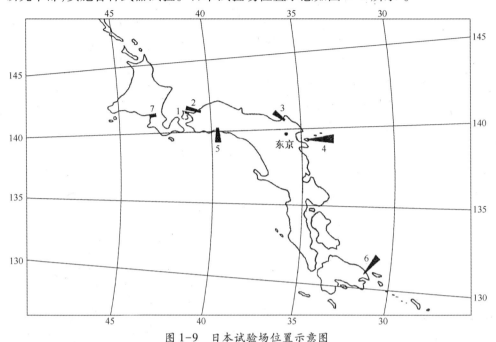

图 1-9 日本试验场位置示意图

1—下北兵器与弹道试验场;2—六鹿庄兵器水上试验场;3—土浦兵器综合试验场;4—新岛火箭和导弹试验场;
5—秋田探空火箭试验场;6—鹿儿岛空间试验中心;7—札幌寒带试验场。

部分试验场简介如下。

(1) 下北兵器与弹道试验场——武器与弹药试验场,于 1956 年选址,1959 年 8 月开始射击试验。该试验场地点在青森县下北郡东通村(下北半岛的沿太平洋一侧)。其主要业务是进行兵器和弹药的弹道性能试验。试验场沿海岸,东西宽 1000m,南北长 13500m。占地面积 1250 万 m²,占海面积 660 万 m²,建筑面积 2540m²。试验的武器有 75mm、105mm、155mm 榴弹炮,102mm、155mm 迫击炮,7.62mm、12.7mm 机枪,多管空空火箭发射装置等。主要试验的装置设备仪器有长 28m、轨距 40cm、仰角 3°的加速滑轨发射架,扁幅摄影机,天幕式光电靶,引信电波检查装置等。

(2) 六鹿庄兵器水上试验场——主要用于试验防空武器和轰炸试验。该试验场位于北纬 40°58′、东经 141°23′,海拔 3.66m(12 英尺)。发射区设在距陆地靶场中心几千米的海岸上,射向北偏东,落弹区设在太平洋的海面上,扇形落弹区,夹角为 20°。2—3 月份靶场使用范围:距离为 37.3km(23.2 英里),靶道终端宽度为 12.9km(8 英里);8 月份靶场使用范围:距离为 60.5km(37.6 英里),靶道终端宽度为 21.9km(13.6 英里)。其扇形落弹区的左边线邻近甲田能泽陆地。

(3) 土浦兵器综合试验场——枪炮、弹药、导弹、通信等综合试验场,地点在茨

12

城县稻敷郡阿见町。该试验场占地面积110000m²,建筑面积5600m²。据称业务范围是对枪炮、弹药、空空火箭、战术火箭、反坦克导弹、防空导弹、通信器材、光学器材、辅助器材进行试验,对车辆部分试验,对各种火箭发动机进行地面燃烧试验,弹头威力、寻的试验等。该试验场建设有二维推力5kN液体火箭发动机地面燃烧试验台、推力30kN的液体火箭发动机立式燃烧试验台、推力5kN固体火箭发动机地面燃烧试验台、推力15~200kN固体火箭发动机地面燃烧试验台、8kg装药弹丸试验场、跌落试验场等。液体火箭发动机燃料,氧化剂是硝酸,燃料是煤油。

(4) 新岛试验场——火箭和导弹试验场,位于东京都新岛本村,北纬34°20′、东经139°16′,海拔2.44m(8英尺),是进行火箭弹和导弹飞行性能试验的靶场。靶场于1962年3月1日正式开始使用。新岛是伊豆七岛之一,东西宽4km,南北长11km,距东京180km。试验场有两个区:管理区和发射区。

① 管理区,面积16000m²,包括试验本部、油料库、物品库及生活用房等。装配所,进行弹药装配、弹上仪器调整、液体火箭发动机整装。

② 发射区,发射台位于新岛的最南端,发射方位正南,靶道长度约为25km,起点宽度约为3.5km,终点宽度约为13km,落弹区在神津岛与三宅岛之间的海域,面积268万m²。发射区包括:a. 中央指挥所,由0.5m厚的防弹钢砼材料构成,观察孔上装有15cm厚的防弹玻璃。指挥所的前室用于指挥和拍摄观测,后室用于指挥通信。b. 调整所,进行固体火箭发动机的装配、弹体与助推器的结合等。c. 高速摄影机室,用于拍摄导弹飞行状态。d. 发射台及雷达场。e. 东、西观测所,西观测所是主观测所,面积94m²,东观测所面积50m²,建筑物为圆屋顶,观测仪器是EOTS电影经纬仪。电影经纬仪是用来跟踪测量飞行体飞行轨迹和姿态的光学仪器,它是电影机与经纬仪相结合的仪器。值得一提是一套EOTS电影经纬仪当时价值几辆卡车黄金。

1.6　法国的试验场

1947年4月24日,法国在阿尔及利亚的科隆贝沙尔(北纬31°37′,西经2°12′,海拔792m(2600英尺))附近建设一座导弹飞行试验中心。科隆贝沙尔是一座约有25000人口的城市。发射区设在距科隆贝沙尔约105km(65英里)处,射向南偏东,落弹区全在陆地上,部分在西部大沙漠,扇形落弹区,夹角约为28°,靶道长度约为2270.8km(1411英里),靶道终端宽度约为1094km(680英里)。

勒旺岛靶场(海军特种导弹试验中心),可发射导弹、研制的飞行器、地空和空空靶机(标)等。勒旺岛是耶尔群岛的一个小岛,长8.1km(5英里),宽1.6km(1英里),在地中海,位于耶尔东南偏东19.3km(12英里)的地方。弹着区向东南延伸193km(120英里)。

法国首都附近建有多个固体发动机试验台。有五个推力达 489.3kN(110000磅)的水平发动机试验台,一个用来研究用喷水法扑灭燃烧着的推进剂,一个用来研究火箭橇的推力装置,三个用于推进剂研究。

在马赛西北的贝雷池(Berre Pond)附近建立水平和垂直的发动机试验台。水平的发动机试验台能适应直径 1.52m(5 英尺)、长 6m(19.8 英尺)、推力达 587kN(132000 磅)的发动机试验。两个垂直的发动机试验台,一个推力 489.3kN(110000 磅),火焰长度为 6m(19.8 英尺);另一个较小,能适应直径 2.58(101.6 英寸),推力为 19.6kN(4400 磅)的发动机试验。这两个发动机试验台均适应六分量(3 个力,3 个力矩)的试验要求。

弹道和空气动力研究实验室设在厄尔的维尔隆(Vernon),设有推力达 587kN(132000 磅)的液体推进剂发动机垂直试验台。东欧最大的发动机试验台也设在这里。它能承受推力达 979kN(220000 磅)的,直径 2.52m(8.255 英尺)和长17.1m(56 英尺)的发动机或完整的飞行器试验。试验台本身高 45.3m(148.5 英尺),推进剂储箱的燃料和氧化剂能供推力 8896kN(2000000 磅)发动机工作 100s。

PF-4 大型发动机试验台建设用混凝土 3992t(8800000 磅)、结构钢 403t(888000 磅)、指挥用电缆线 68km(42 英里)、控制用电缆线 80km(50 英里)。试验台的地基深度为 15m(49 英尺),发动机试验位置高出地面 20m(66 英尺)。

法国的喷气推进研究协会设在巴黎东南的默伦-维拉罗切(Villaroche),有 12个推力为 97.9kN(22000 磅)的发动机试验台。其中 4 个发动机部件(如涡轮、泵、气体发生器)试验台;1 个中央控制中心,可控制 16 个试验台;几个流量表试验台;1 个各种高度研究点火和燃烧的减压实验室。

据报道,法国有 9 个试验场,其中陆军地面试验场有 4 个。法国试验场位置示意如图 1-10 所示。

1.7 苏联(俄罗斯)的试验场

苏联在解体前拥有 40 多个试验场、弹药库和研究所,如图 1-11。

卡普金亚尔试验场位于伏尔加格勒东面约 8km(5 英里),伏尔加河的北岸上。它在半沙漠地区,其东北面 58km(36 英里)处是巴特库尔(Ваткуел)盐湖,东面约80.5km(50 英里)处是哈基盐田。冬天的气候极冷、多风,一般是东风。夏天是东北风,39℃的气温并不少见。试验场内设有一处静态发动机试验台,这个巨型建筑物顶部装有航空信号塔。控制机构设在一个圆顶形的钢筋混凝土构筑物内。从该试验场的设置来看,或许类似美国的白沙导弹试验场。

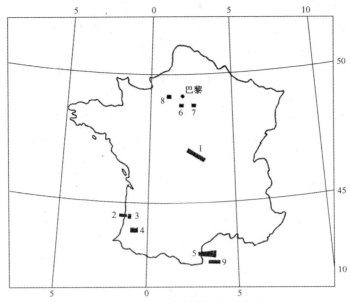

图 1-10　法国试验场位置示意图

1—布尔日试验场；2—比斯卡洛斯新型军用朗德试验中心靶场；3—蒙德马松空军试验中心；

4—卡佐湖试验中心；5—卢卡特民用空间科学研究试验靶场；6—萨托里武器研究生产局演习地；

7—默伦喷气推进研究协会；8—韦尔农弹道和空气动力研究实验室；9—勒旺岛靶场（海军特种导弹试验中心）。

据报道，俄罗斯还计划在黑海海域建设多用途深海试验场。

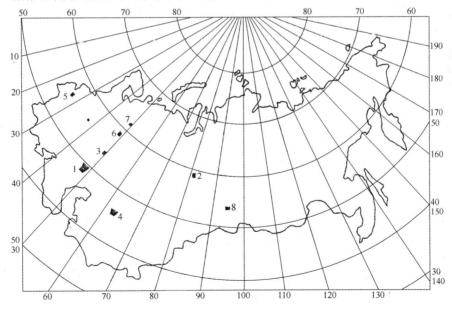

图 1-11　苏联（俄罗斯）陆、海、空三军部分试验场位置示意图

1—罗斯托夫试验场；2—新西伯利亚试验场；3—萨拉托夫试验场；4—斯塔夫罗波尔试验场；

5—列宁格勒试验场；6—基洛夫试验场；7—科尔左沃试验场；8—631 试验场。

15

第2章 轻武器试验场

2.1 枪械射击试验

2.1.1 概述

企业生产的所有制式枪械在交付订货方之前,按验收条件的要求均应在企业的试验靶场上进行射击检验试验验收,合格后开具合格证并随枪一起交付。产品在样机阶段,还应在研究单位和鉴定部门的试验场上进行相关的射击试验等。

中国装备的枪械有 54 式 7.62mm 手枪、92 式 QS92 式 5.8mm 手枪、92 式 QSZ92 式 9mm 手枪、СПП-1М 水下手枪、85 式 7.62mm 轻型冲锋枪、81 式 7.62mm 自动步枪、95 式 5.8mm 自动步枪、QJY88 式 5.8mm 通用机枪、89 式 12.7mm 重机枪、03 式突击步枪、85 式微型冲锋枪和 97 式 18.4mm 防爆枪、85 式 12.7mm 高射机枪、坦克机枪等多种,这里不能具体地逐一介绍其试验内容和试验靶场的工程设计,仅以 QSZ92 式 9mm 手枪、81 式 7.62mm 自动步枪、95 式 5.8mm 自动步枪为代表介绍与其射击试验有关的要求,并按其试验要求绘出射击场的建设方案。该方案也适用于俄罗斯 AK-12 突击步枪等射击场的建设。

中国 QSZ92 式 9mm 手枪(图 2-1)枪长 190mm,枪重 0.76kg,弹匣容量 15 发,初速 360m/s,有效射程 50m。中国 95 式 5.8mm 自动步枪(图 2-2),配装微光或白光瞄准镜,多功能刺刀,可下挂榴弹发射器,枪重 3.25kg,故障率仅为 0.04‰ ~ 0.06‰(AK 系列的可靠性最好,故障率小于 0.035‰)。

图 2-1 中国 QSZ92 式 9mm 手枪

图 2-2 中国 95 式 5.8mm 自动步枪

中国 81 式 7.62mm 自动步枪(图 2-3)有效射程 400m,初速 720m/s,弹匣容量 30 发,枪口动能 2048J,单发射速 45 发/min,点射时 100~110 发/min,枪重 3.4kg,枪长 955mm。能实弹发射 60mm 反坦克枪榴弹。

除了上述的制式枪支之外,在靶场上还经常使用弹道枪。弹道枪是弹道试验的工具,分为测速枪和测压枪两类。有一种枪弹就有一种相应的弹道枪。我国 20 世纪 80 年代有 54 式 7.62mm 手枪弹弹道枪、54 式 12.7mm 高射机枪弹弹道枪、5.56mm 枪弹弹道枪、仿美 NATO M59 弹弹道枪等 13 种。

图 2-3　中国 81 式 7.62mm 自动步枪

测速枪按其弹道性能的精度又分为工作级和检验级两个级别。工作级测速枪用于枪弹和发射药的验收,检验级测速枪主要用于鉴选标准弹,并规定 56 式 7.62mm 步枪弹和 54 式 7.62mm 手枪弹的检验级测速枪,分别用来检查 50m 和 20m 靶距测速时的试验条件。

测压枪不分级别,用于普通弹及相当于这种膛压弹的膛压验收。高压弹、强装药弹及其装药的验收由高压弹测压枪进行。

2.1.2　枪械射击试验项目

1. 某手枪射击试验项目
(1) 枪管强度试验,100%,每支枪管射击 1~2 发;
(2) 强装药弹闭锁强度试验,每支枪管射击 2 发;
(3) 可靠性(灵活性)试验,100%,每支射击 28 发;
(4) 可靠性(灵活性)试验,2%,每支射击 56 发;
(5) 射击精度试验,100%,每支射击 4 发;
(6) 寿命试验,季度抽验,每支射击 1500 发;
(7) 互换性试验,抽验,每支射击 84 发。
2. 某些枪械的精度试验项目
某些枪械的精度试验项目见表 2-1。

表 2-1　某些枪械精度试验要求

枪械名称		64式 7.62mm 手枪	59式 9mm 手枪	56式 7.62mm 半自动步枪	63式 7.62mm 自动步枪	56式 7.62mm 冲锋枪	56式 7.62mm 班用机枪	58式 7.62mm 连用机枪	53式 7.62mm 重机枪	54式 12.7mm 高射机枪	56式 14.5mm 高射机枪
射距/m		25	25	100	100	100	100	100	100	100	100
表尺/分划		—	—	3	3	3	3	2	3	3	冷校镜
检查点距瞄准点高度/cm		12.5	12.5	25	25	28	24	15	13轻弹,14重弹	9	—
靶纸高度×宽度/(cm×cm)	白靶	100×50	100×50	100×50	100×50	100×50	100×50	100×50	100×50	100×50	64×56
	黑靶	$\phi25$	$\phi25$	35×25	35×25	35×25	35×25	30×20	30×20	20×15	$\phi46$
发射弹数	单发	4	4	4	4	4	4	4	4	4~8	—
	连发	—	—	—	—	—	2~3次点射	10	10	—	—
射击姿势		立姿有依托	立姿有依托	卧姿有依托	卧姿有依托	卧姿有依托	卧姿有依托	卧姿有依托	卧姿有依托	卧姿有依托	—
射击密集度 检查环尺寸/cm	单发	$\phi15$	$\phi10$	$\phi15$	$\phi15$	$\phi15$	$\phi15$	12×10	12×10	$\phi20$	
	连发	—	—	—	—	—	$\phi20$	16×14	16×14	—	
环内至少弹数/发	单发	3	3	3	3	3	3	3	3	3~6	
	连发	—	—	—	—	—	6	8	8	—	
射击精确度(平均弹着点至检查点距离)/cm	单发	5	5	5	5	5	5	3	3	5	
	连发	—	—	—	—	—	5	6高低,5方向	6高低,5方向	—	
平均弹着点修正值/cm	准星高低转一圈	—	—	16	—	20	17	9.5	7.5	9	
	准星方向移动/mm	—	—	21	—	26	17	15	12	9	

3. 互换性射击试验

互换性射击试验的目的是对成品枪械及主要零部件的尺寸、重量、簧力、硬度

18

进行检查以确认零部件的加工质量和装配的正确性。通常每季度进行一次互换性射击试验,每次从季度试验合格的枪中抽数支进行试验。以 56 式 7.62mm 冲锋枪为例,首先将参加互换性试验的零部件拆下,对枪机框、枪闩、扳机、连发机、击锤、阻铁、击发机转轴、保险部件进行硬度检验,对枪机框、枪闩部件、机匣盖、扳机、击锤、阻铁、击针、击发机转轴、保险部件、弹匣部件、拉壳钩、击锤簧、复进簧、连发机簧、拉壳钩簧、复进机、活塞导管等零部件的尺寸和弹簧力等进行检验。然后,将它们混合,不加选择地重新装配成成枪。对成枪部分的尺寸动作进行检验。抽取 5 支,每支枪均进行三靶各 20 发的单发射击密集度试验,同时还要进行机构动作可靠性试验,每支枪用两个弹夹,分别射击 10 发和 15 发枪弹,不允许冲锋枪本身原因而发生任何故障。

4. 寿命射击试验

武器及其零部件的寿命,是指其战斗性能下降到某规定值之前所能发射的全部弹药发数。寿命试验的目的是检查武器及其零部件的易损性和机构动作的可靠性,以确定易损性的备份量,查明武器寿命前的战斗勤务能力,明确武器使用中易出现故障的复杂程度等。

2.1.3 密集度、准确度、射击精确度和命中概率

在射击试验场上主要考核的项目有密集度、准确度、射击精确度和命中概率。它们的定义和关系如下。

1. 密集度

密集度也称射击密集度,表示兵器(枪、炮、火箭、导弹等)及其配用弹药的综合质量,是兵器系统在射击时一切偶然射弹散布因素的综合反映,主要包括兵器本身的各种偶然散布因素,如枪支的振动、弹丸的质量偏差、发射药的质量偏差、弹丸与枪管间隙、枪支身管的弯曲和枪口锥角的大小等,还包括瞄准误差、测地误差、观测器材的精度,射手误差(将枪支固定在枪架上,可以减少射手操作产生的误差),阵风风速及风向、气温、气压等气象条件的偶然变化产生的误差等。总之,一切偶然的变化都影响射击密集度。密集度用弹着点分布的密集程度来衡量。弹着点越密集,密集度越高,反之则越低。

2. 准确度

准确度反映一组或一次射击中的一切系统综合误差。这个系统误差主要反映射手的水平,以及枪支某些固定的疵病,如身管弯曲、弹丸平均质量偏重或偏轻、弹丸平均速度偏高或偏低,也反映气象条件测定的系统误差,如温度计、气压计本身的系统误差偏高或偏低等,还反映测地误差、射表误差等。准确度用弹丸的散布中心与目标中心偏差程度来衡量。

3. 射击精确度

射击精确度与密集度和准确度有着密切的关系,它可以综合反映密集度与准确度。如果目标大小一定,精确度可以反映命中率(确切地说是命中概率),因为命中概率是以精确度、射距、目标大小为函数关系的。散布综合偏差直接影响命中概率。因此,命中概率可以反映射击精确度,射击精确度也可以反映命中概率。在兵器性能良好、射手技术熟练的情况下,可以取得好的命中率。上述两个条件(密集度和准确度)中,如果有一个条件达不到要求,也不会取得好的命中率。枪械射击的密集度、准确度、射击精确度和命中概率可以用图 2-4 胸靶上弹着点的位置清楚地看出。

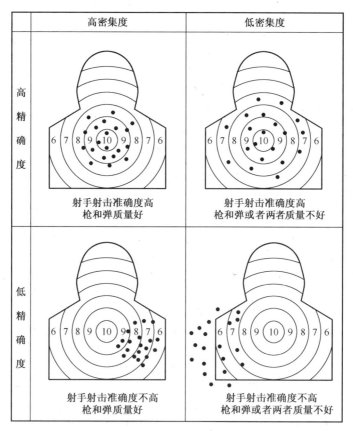

图 2-4 密集度、准确度、射击精确度和命中概率的关系

2.1.4 室内式枪械射击试验场

1. 试验场的组成及设施

(1)试验场可建设在工厂装配车间的附近,相距宜 6~15m,可用走廊连接,用传送带传送往返的枪支。

（2）试验靶道的长度。手枪精度试验靶距为 25m，靶道的长度可为 45~50m，靶道的宽度可为 3m；步枪精度试验靶距为 100m，靶道的长度可为 145~150m，性能试验靶道长度为 70~80m，宽度为 3m；试验靶道的数量，可依据枪支试验的工时定额计算确定。一般年产 1 万支枪的枪厂，通常需设计 4 条靶道。

（3）自动精度靶，由放靶机和收靶机组成。射击时由射手电动遥控靶纸上下的收放动作，不设看靶人员。

（4）每条靶道上设置一台幻影放靶机，靶形可以预先设定，可按验收要求更换靶形。

（5）每条精度靶道上设置一台摄像机，实时摄取弹头命中靶纸的情况，并显示在射击间的显示器上，经计算机处理后显示射击效果并进行打字或存储记录。

（6）每条靶道的起点枪位上设置一台射击枪架。

（7）每条精度靶道的终点上设置一个挡弹装置。

（8）在靶场内设有枪弹临时存放间及装弹间等。

2. 室内式枪械试验场方案

室内式枪械试验场布置方案可参考图 2-5 的地下部分。在一个试验场上可以依据试验纲领设计多条试验靶道，并在其上进行手枪、步枪、冲锋枪的射击试验。

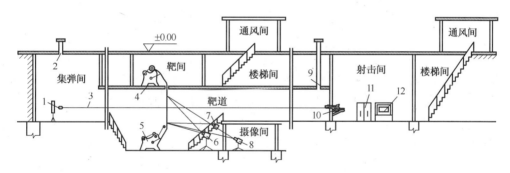

图 2-5 某地下式枪械试验场剖示图

1—挡弹板；2—自动排风系统；3—弹道轨迹；4—收靶机；5—放靶机；6—辅助光源；7—幻灯机；8—视频摄像机；9—机械排风筒；10—枪支及射击枪架；11—控制系统柜；12—视频监视器及数据显示和存储系统。

2.1.5 地下式枪械试验场

地下式枪械试验场与室内式枪械试验场的试验任务、试验项目、试验要求等均相同。如将其建设在总装配车间之下，优点是来往运输枪支十分方便，具有降低枪口噪声的传出、环保、便于生产管理、保卫保密和节省占地面积等。

1. 地下式试验场的组成及设施

（1）试验场由射击间、枪支擦拭间、靶道、靶间、摄像间、集弹间、枪弹装弹及存放间、数据记录处理存储间、通风间等组成。

（2）试验场可以建设在工厂总装配车间的下面，也可以建设在工厂总装配车间附近的地下，相距宜 6~20m，可用地下走廊连接，用传送带往返枪支。

2. 试验项目

以某班用机枪为例，其试验项目如下：

（1）枪管的强度试验，100%，每挺枪管射击 2 发。

（2）闭锁机构强度试验，100%，每挺射击 2 发。

（3）射击精度试验：射校矫正试验，100%，每挺射击 12 发。

        射校矫正试验，抽验，每挺射击 12 发。

（4）散布精度试验，抽验，每挺射击 60 发。

（5）可靠性（灵活性）试验，100%，每次射击 75 发。

（6）可靠性（灵活性）抽验，每次射击 300 发。

（7）寿命试验，抽验，每 5000 挺抽 1 挺，每挺射击 13000 发。

（8）互换性试验，抽验，每 5000 挺抽 10 挺，每挺射击 300 发。

（9）枪族互换性试验，抽验，每年抽 5 挺，每挺射击 300 发。

3. 地下式枪械试验场方案

某地下式枪械试验场布置（剖示图），如图 2-5 所示。

2.1.6　室内式枪械训练射击场

室内式枪械训练射击场的四周和顶盖均应设有防护结构，但考虑到射手需在自然光线瞄准情况下进行射击训练的条件，其相适应的射击场部分宜为敞开式的或半封闭式的。这类训练射击场按其自身的防护情况宜建设在使用单位内部的某一角落处或其附近。

1. 射击训练项目

部队在实弹射击训练中一般有六个练习项目。第一练习项目的目的是锻炼射手对不动目标准确射击的技能；第二练习项目的目的是锻炼射手对隐显目标射击的技能；第三练习项目的目的是锻炼射手对隐显集团目标准确迅速射击的技能；第四练习项目的目的是锻炼射手对运动目标射击的技能；第五练习项目的目的是锻炼射手在进攻战斗中，对各种目标准确迅速射击的技能和其他技术的应用；第六练习项目的目的是锻炼射手在防御战斗中，对各种目标迅速准确射击的技能。

在该训练射击场上可以完成手枪第一、第二、第三练习项目的实弹射击，也可以完成步枪、冲锋枪、机枪第一练习项目和第二、第三练习项目实弹射击的部分内容。

2. 训练射击场的设施

（1）每个射击枪位和靶位上均设置一套摄像机及显示系统，实时地摄取弹头命中靶纸的情况，并显示在射击枪位的显示器上，供射手下一次射击瞄准参考，也可以采用原始的人工报靶方式。

（2）射击场枪位的顶部均设有天窗,使用时打开便于排除火药气体烟尘和减小噪声,同时也要考虑到射弹命中靶挡时扬起尘土的处理。

3. 室内式某枪械射击训练射击场

图 2-6 所示为某军事学院室内式枪械射击训练射击场。该枪械试验射击场上可以进行手枪、步枪、冲锋枪的射击试验。

该射击场长 128.98m,宽 24m。靶道防护墙高度 5.5m,靶挡高度 6m。在靶道的 25m、50m 和 100m 处设有射击位置。

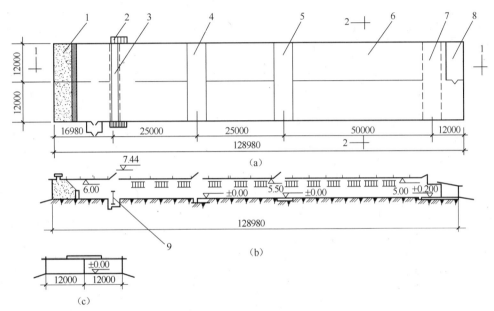

图 2-6　某军事学院室内式枪械射击训练射击场
(a)平面图;(b)1—1 剖面图;(c)2—2 剖面图。

1—靶挡;2—靶壕进出口;3—靶壕;4—25m 手枪射击枪位;5—50m 手枪射击枪位;6—靶道;
7—100m 步枪、冲锋枪和机枪射击枪位;8—工作间;9—射击靶。

2.1.7　露天式枪械训练射击场

露天式枪械训练射击场光线比较自然,可以训练的科目也比较多。按其自身的防护情况不应建设在使用单位的内部或附近,宜设置在某一偏僻的角落或靠近山区处。

1. 射击训练项目

在该训练射击场上可以完成手枪第一、第二、第三、第四练习项目的实弹射击,也可以完成步枪、冲锋枪、机枪第一练习项目和第二、第三、第四练习项目实弹射击部分内容。

2. 训练射击场的设施

（1）该射击场长约 600m,宽 50m。靶道两侧防护墙高度 5m,靶挡高度 6m。

（2）在靶道的 25m、50m、100m、200m 和 400m 处设有射击位置。

（3）该射击场设有活动目标的射击靶,这是完成第四练习的必要条件。

图 2-7 所示为某部队射击场。在其射击场上可以进行手枪、步枪、冲锋枪和机枪的射击训练。该射击场的射击方向朝北,有利于射击瞄准。射击方向有靶挡和比较陡峭的山体,有利于防止射弹的跳飞,但还应考虑万一射弹飞出的可能性,因此,应在其前方 2000m 内没有村庄等居民点。靶道的两侧设有挡墙,也是防止射弹的飞出或跳飞出靶场的必要措施。

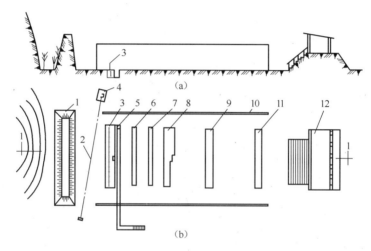

图 2-7　某部队射击场

（a）1—1 剖面图;（b）平面图。

1—靶挡;2—活动靶;3—固定升降靶;4—牵引靶房;5—靶壕;6—25m 手枪射击枪位;7—50m 手枪射击枪位;
8、9、11—100m 步枪、200m 冲锋枪和 400m 机枪的射击枪位;10—侧挡墙;12—参观台及指挥所。

该射击场的靶挡、侧挡墙、靶壕和观察人员的防护是工程设计防护的重点,应按射击的枪弹的质量、着速和着角对其防护设施进行侵彻计算,建议单发射击采用值见表 2-2,多发时应适当增厚。

表 2-2　防护层材料及厚度

防护材料	防护层厚度/mm		
	口径 5.56mm	口径 7.62mm	口径 12.7mm
混凝土	127	178	305
碎石	356	508	762
干沙	406	610	813

防护材料	防护层厚度/mm		
	口径 5.56mm	口径 7.62mm	口径 12.7mm
湿沙	635	914	1219
圆木，用铁丝捆在一起	711	1016	1422
夯实或堆积土壤	813	1219	1524
不含草的密实土壤	889	1321	1676
新翻的土壤	965	1422	1829
塑性黏土	1118	1651	2540

2.1.8 露天式枪弹射击场

企业生产的制式枪弹，在交付订货方之前应按验收条件的要求在企业的射击场上进行批量抽试射击试验验收，合格后开具合格证并随产品一起交付。产品在正式生产之前，还应在研究单位和鉴定部门的试验场上进行相关射击试验等。枪弹射击场可以设计成室内式和露天式两种形式。

世界上的枪械品种繁多，其配用的枪弹种类也很多。用口径表示，中国有5.8mm、7.62mm、9mm、12.7mm、14.5mm 的；用功能表示有杀伤、爆炸、燃烧、照明、曳光、穿甲和信号弹等。

中国、苏联（俄罗斯）和第二次世界大战期间使用的枪弹分别见图2-8～图2-10。

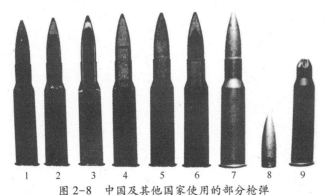

图 2-8　中国及其他国家使用的部分枪弹

1—普通重弹；2—钢心普通弹；3—捷克钢心普通弹；4—曳光弹；5—捷克曳光弹；
6—穿甲曳光弹；7—普通轻弹；8—普通轻弹弹头；9—空包弹。

1. 试验项目

（1）初速、膛压试验；

（2）立靶精度试验；

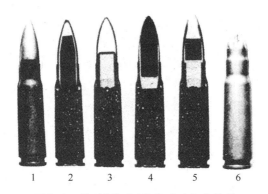

图 2-9　苏联(俄罗斯)使用的部分枪弹

1—普通重弹;2—PS 普通弹;3—曳光弹;4—穿甲燃烧弹;5—燃烧试射弹;6—空包弹。

图 2-10　第二次世界大战期间使用的枪弹

1—德国 7.92mm 毛瑟步枪弹;2—德国 7.92mm 步枪短弹;3—德国 6.5mm 步枪短弹;4—德国 7.62mm×
38mm 步枪短弹;5—德国 7.62mm×40mm 步枪短弹;6—美国 7.62～15.24mm(0.30～0.6 英寸)步枪弹;
7—美国 7.62mm 步枪弹(弹壳长 51mm);8—美国 7.62mm 步枪弹(弹壳长 49mm);
9—美国 7.62mm(0.30 英寸)步枪弹(弹壳长 51mm)。

（3）弹头壳破裂试验;

（4）发射速度试验;

（5）特种枪弹的性能试验,如曳光试验、燃烧试验、穿甲试验和穿甲燃烧试验;

（6）弹链试验等。

2. 射击场的组成及设施

（1）室内式枪弹射击场宜建设在工厂内的某一角落上,或在枪弹装药装配车间附近为好。信号弹试验和曳光弹试验要求露天式且场地较大,其试验场应建设在场外的单独场地上。

（2）普通枪弹试验靶道的长度:手枪精度试验为 25m,宽度为 3m;步枪机枪弹精度试验条件允许为 100m、200m 或 300m,实际上我国多采用 200m,宽度为 4m;性能试验长度为50～100m,宽度为3m;试验靶道的数量,可依据枪支试验的工时定额计算确定。特种枪弹如穿甲、燃烧弹等的试验靶道与普通枪弹的靶道不同,可按其功能试验要求确定靶道的数量及其长度和宽度。

（3）目前,我国靶场大都采用自动牵引精度靶,靶车在轨道上水平(或上下)滑动,设计两个精度靶,交替使用,在靶间设有人工检靶人员。也可以设计电子精度靶,弹头命中靶的情况显示在射击间的显示器上,经计算机处理后显示射击效果并进行打印或存储记录。

（4）每条靶道的起点均设置射击枪架,供安放试验的枪支。

（5）每条精靶道的终点上设置挡弹装置,以收集并控制弹丸飞散方向。

（6）在靶场上设有枪弹装弹间及临时存放间,提供当天射击使用的枪弹的装填及存放。

3. 室内式枪弹射击场和露天式枪弹试验靶场

图2-11是某厂室内式枪弹射击场,图2-12是某厂露天式枪弹射击场。两种不同形式的射击场均可以进行手枪、步枪、冲锋枪或高射机枪的水平射击试验。具体选择哪一种形式的试验靶场,主要依据当地的环境条件确定。

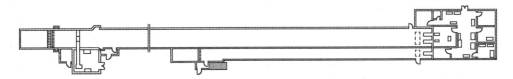

图 2-11　某厂室内式枪弹射击场平面布置图

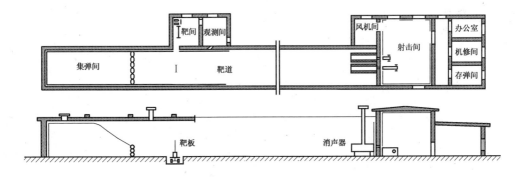

图 2-12　某厂露天式枪弹射击场平面图和立面图

4. 测试仪器和测试设备

根据试验的产品和试验项目,枪弹射击场一般应设有枪械的检测设备、枪弹的检测设备、枪弹的内弹道测试仪器和射击精度测试仪器等。有代表性的测试设备和测试仪器见表2-3。

表 2-3 枪械射击场主要测试设备和测试仪器

名称	型号	主要技术性能
枪械内膛检测系统	XLG3SYS-P5020 XLG3P8430	探头外径:5.0mm 和 8.4mm;探头前端具备 360° 全方位导向;照明为金属弧光灯,功率:>75W,强度:>4300lx
水平天幕靶系统	XGK-08	测速范围:40~2000m/s;相对误差:<0.1%;适用弹径:2mm 及以上弹丸;探测视场:30° 扇形;灵敏度:300 倍弹径
大靶面光幕靶测速系统	XGK-2002Y-2000 *2000 型	有效测试靶面:>(1m×1m);测速范围:50~2500m/s;适用弹径:4.5~100mm 弹丸;相对测速误差:当速度小于 1500m/s 时,<0.1%
室内 CCD 精度靶测量系统	XGK-CCD-4000 型	有效探测靶面:4m×4m;坐标测量误差:每组 X 轴 Y 轴精度偏差均小于 4mm;弹丸弹径:5~30mm;弹丸速度范围:20~1800mm/s;环境温度:0~60℃
高灵敏度天幕立靶测量系统	XGK-12-85 型	有效靶面:探测视场 65° 扇形;探测距离 800~1200 倍弹径(灵敏度与天空亮度有关,在限定照度计视场的前提下,天空亮度不小于 1800lx 时);测速误差:<0.1%;坐标测量误差:靶面半径小于 10m 时坐标测量误差:每组 X 轴 Y 轴精度偏差均小于 10mm;测速范围:50~2000m/s
分体式大面积光幕靶	XGK-2012 型	测速范围:20~2000m/s;测速误差:<0.2%;适用弹径:4.5~40mm 弹丸;有效靶面:10m×10m;捕获弹丸率:>98%;环境温度:-15~50℃
自动光电检靶系统	Type 340	适用弹径:3.5~40mm;靶面:5m×5m
铜柱测高仪系统	Type 1086	测量范围:0~12.5mm;测杆最大移动速率:1.5m/s
枪械动态参数测试系统	NI PXI 型	采集频率:IMSPS;通道数:16CH;精度:16bit;总线:PXI 总线;主频:2.5GHz
压电传感器(高压、低压)	6215 型(高压)/6203 型(高压)/6229A 型	两段标定(精度不变):0~6000bar;过载:0~6600 bar;灵敏度:-4pC/bar;固有频率:240kHz;上升时间:1μs;线性:≤±1%FSO
传感器标定系统	6906/6963A/8000 型	量程范围:100~500MPa;压力波形:半正弦;压力脉宽:(0.5±5)ms
便携式气象观测仪	DZQ03A 型	大气温度:-40~50℃;地表温度:-45~80℃;相对湿度:0~100%RH;大气压范围:500~100hPa;风向:0~360°;低温箱、高温箱容积:1.5m³
移动靶车		移动靶车速度:10~50km/h;靶面尺寸:2m×2m
越野起重机	非标	起重量:5~6t;载重量:5t;4 轮驱动
备用电源	6F-100	柴油发电机组:输出功率100kW;交直流电压
组合式弹丸回收装置	非标	设置在 25m、50m、100m、200m 处 尺寸:6m×3m×3m(长×宽×高)
射击枪架	非标	适合各种步枪、冲锋枪、坦克机枪等
高低温保温车	非标	车箱长度:6m;车箱宽度:2.2m;载重量:大于 4t;低温箱、高温箱容积各为 1.5m³;温度控制范围:-70~50℃

5. 外部安全距离

在《火药、炸药、弹药、引信及火工品工厂设计安全规范》(以下简称"安全规范")中规定:口径 5.56~9mm 枪械野外射击,前方设有挡弹防护措施的试验靶道,其前端至零散住户的距离不应小于1000m,至二级公路的距离不应小于2000m,至村庄边缘的距离不应小于2000m,至大于500人工厂的距离不应小于2500m,至10万人以下的城镇距离不应小于3000m。表2-4中给出的危险宽度与最大射程有关数据(其中的危险宽度是指目标两侧的弹着区和目标两侧的跳弹区)可以作为枪械野外射击试验以及设计和制定相关规范参考。

表 2-4　枪械射击时的危险宽度与最大射程

序号	名　　称	宽度/m	最大射程/m
1	5.56mm 长管步枪	100	1400
2	M193 式 5.56mm 步枪与机枪弹	100	3100
3	M80 式 7.62mm 步枪与机枪	100	4100
4	M2 式 7.62mm 步枪与机枪弹	100	4800
5	7.62mm 卡宾枪	100	2300
6	M41 式 9.65mm 左轮手枪弹	100	1600
7	手枪	100	1300
8	微型冲锋枪	100	1400
9	M33 式 12.7mm 机枪弹	100	6500
10	M2 式 12.7mm 飞机机枪	100	6100
11	M41 式 9.65mm 左轮手枪弹	100	1600
12	PGU-1218 式 9.65mm 左轮手枪弹	100	1900
13	1908 年式 7.62mm 轻弹	100	3000
14	1938 年式 7.62mm 重弹	100	5000
15	56 式 7.62mm 半自动步枪	100	4000(估)
16	56 式 7.62mm 冲锋枪	100	3000(估)
17	54 式 7.62mm 手枪	100	1800(估)
18	猎枪 12GA 长管与飞靶射击(7 号子弹或更小子弹)	100	275
19	猎枪 12GA 散弹(00 大号铅弹)	100	600

考虑到野外射击的靶场前方均设有挡弹防护措施,射弹飞出的可能性较少,但仍有飞出的可能,因此,选场时应避免射击场的前端和两侧射弹或跳弹范围内有居民区。

2.1.9　高射机枪及枪弹野外射击试验场

企业生产的高射机枪及枪弹,在交付订货方之前应按验收条件和试验项目的要求,在企业的试验场进行射击试验验收,合格后开具合格证并随产品一起交付。

中国制造的口径 12.7mm 系列机枪,有 54 式 12.7mm 舰用机枪、59 式 12.7mm 坦克用机枪、59 式 12.7mm 航空机枪、54 式 12.7mm 高射机枪、77 式 12.7mm 高射机枪 和 85 式 12.7mm 高射机枪(图 2-13),发射 54 式 12.7mm 各种枪弹,理论射速 800~1000 发/min,用以攻击 1600m 内的空中或地面目标,电击发。经多年的努力,中国的设计师们已将 12.7mm 高射机枪的枪重减至 40kg。

图 2-13　85 式 12.7mm 高射机枪

下面介绍高射机枪及枪弹的试验项目和射击场方案。

1. 高射机枪试验项目

高射机枪试验项目如下:

(1) 枪管强度试验,100%,每挺枪管射击 2 发;

(2) 闭锁机构强度试验,每挺枪管射击 2 发;

(3) 弹链射击试验,抽验,每次射击 51 发;

(4) 枪身单发射击精度试验,100%,每挺射击 4 发;

(5) 成品单发射击精度试验,100%,每挺射击 4 发;

(6) 枪身散布精度试验,抽验,每挺射击 20 发;

(7) 枪架散布精度试验,抽验,每挺射击 60 发;

(8) 成品散布精度试验,抽验,每挺射击 20 发;

(9) 寿命试验,抽验,每 100 挺抽 1 挺,每次射击 6000 发;

(10) 互换性试验,抽验,每 100 挺抽 10 挺,每次射击 50 发。

2. 露天(野外)12.7mm 高射机枪及其特种枪弹试验场方案

(1) 按上述的试验项目,凡是进行水平射击的,均可在上述相应的射击场内进行。

(2) 高角度的射击,应按其最大射程角及方位角大小确定靶场的位置和面积,目前最大射击距离不应小于 8km,方位角宜为 120°。图 2-14(a)为扇形射距示意图,图2-14(b)为扇形射高示意图。

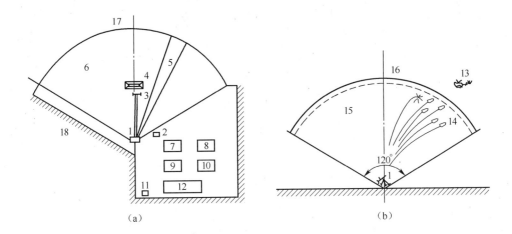

图 2-14　野外 12.7mm 高射机枪及其特种枪弹试验场方案

（a）扇形射距示意图；（b）扇形射高示意图。

1—射击枪位；2—射手掩体；3—甲板及燃烧体；4—靶挡；5—曳光弹、照明弹试验场地；
6—高射机枪方向射击场地；7—枪械准备工房；8—弹药准备工房；9—测试仪器室；
10—储存库；11—值班室；12—管理办公室；13—空中航模；14—飞行弹丸；
15—高射机枪方向射击空域；16—最大射高线；17—最远射程线；18—围墙。

3. 外部安全距离

在"安全规范"中规定:口径 12.7～14.5mm 高射机枪野外射击靶道的前端至零散住户的距离不应小于 300m,至二级公路的距离不应小于 800m,至村庄边缘的距离不应小于 1000m,至大于 500 人工厂企业围墙的距离不应小于 1500m,至 10 万人以下的城镇区规划边缘距离不应小于 2500m。

2.1.10　枪弹头(弹丸)的收集方法

在射击场上,枪支射击出的弹头数量很大,且其速度均在每秒几百米之高,采取什么方法收集使其不跳飞,并非容易。我国枪支试验靶道的终点均设计有集弹间,借助集弹间内的介质"软着陆"缓冲能量和阻挡高速飞行的弹丸能量,使其减速停止,达到收集弹丸的目的。集弹间应可靠地收集弹丸,确保其不飞出、不跳出,以防发生危险。收集弹头(弹丸)的方法,通常是采用集弹间或挡弹堡,对枪弹收集的称集弹间,对炮弹收集的称挡弹堡,它是一个钢筋混凝土的构筑物,其内填充收集弹头用的介质,介质不同,收集弹丸的方法也不同,目前常用的介质有砂土介质、水介质、铁屑介质、钢板和特殊介质等。

1. 砂介质的集弹间

采用砂子或砂土为介质的集弹间很普遍。其原因是取材方便、价格便宜、建设速度快。但这种方法存在如下问题:①砂子被弹丸多次冲击后变成粉末,到处飞扬,影响射手的瞄准视线,有可能造成误判断的结果。有的射击场采取喷水的办法,可以解决尘土的问题,但不适用于北方冬天。②部分弹丸在砂子表面或砂中产生跳弹,而打坏集弹间顶盖。砂子的安息角为32°,弹丸在砂子表面或砂中产生跳弹是必然的。据调查,厚度为300mm的顶盖仅能承受约50万发普通子弹的射击。要想延长寿命,解决的办法通常是在顶盖的内表面增贴钢板,或设计可更换的顶盖板。

2. 水介质的集弹间

我国南方某室内式射击场采用水介质来吸收弹丸的能量,达到收集弹丸的目的。水池的长度为25m,宽度为12m,深度为2m。采取俯角射击。入水的弹丸绝大部分在水中运动不远就跳出水面而落在约10m处的集弹间之内或之前,自然堆积。采用水介质的优点是靶道不起灰尘,缺点是南方要解决防腐问题,北方要解决冰冻问题。

3. 铁屑介质的集弹间

我国某高射机枪试验场,采用铁屑为介质,压成蜂窝状的铁屑块堆放在集弹间内,以阻挡和收集穿甲弹丸,效果明显,但日久天长铁屑块易被弹丸毁坏,需重新堆放。铁屑最好选择细长的韧性较好的。铁屑块的尺寸约400mm×400mm×400mm为好,以便于压制、运输和堆放。

4. 钢板的集弹间

用钢板挡弹收集弹丸也是一种行之有效的方法。这种方法比较容易实现。把一块特制的钢板悬吊或架设在集弹间内,使钢板与靶架相应结构配合,与飞行弹道相垂直或成一定的角度,阻挡飞行的弹丸,使弹丸破碎变形或改变方向,达到收集弹丸的目的。

挡弹钢板的姿态可以是多种多样的。常见的有三种:第一种是垂直地将钢板固定在靶架上,或悬吊在空中。这种状态的靶板与命中的弹丸法线角接近0°,是一种"硬碰硬"的方法,所以不会产生跳弹,普通枪弹碰撞后弹头壳会破裂,四处飞散;铅套由于高速碰撞后产生高温融化效应,钢弹心在高压高温的碰撞下,会缩变成一个"礼帽"形状,并大部分落在挡弹板附近,个别的最远可能会跳飞回距离挡弹板约20m远处。

第二种是将钢板倾斜一个角度固定在靶架上,这也是一种"硬碰硬"的方法,不过破碎的弹头大部分会落在挡弹板附近的下方,其下方可以设计一个回收坑槽。

第三种不是"硬碰硬"的方法,而是靠钢板的弧度导流弹丸到水中或砂中吸收弹丸的能量。这种方法特别适用于收集射击穿甲弹。

2.1.11 事故案例及防范措施

事故案例:7.62mm 步枪试验靶道上伤人

发生事故的时间	1969 年 8 月
发生事故的地点	某射击场 200m 试验靶道
事故性质	责任事故
事故主要原因分析	违反操作规程
伤亡情况	重伤 1 人

1)事故概况

在某枪弹射击场 200m 的试验靶道上进行立靶密集度试验时,已进行了两次试验,R_{50}、R_{100} 符合要求,当进行第三靶试验时,发现靶板未到位,于是检靶人从两靶板的缝隙中进入靶道,企图复位靶板,这时,射手开始了第三靶的射击,其中一发弹命中检靶人。

2)原因分析

检靶人违反操作规定,射击时自行进入靶道,两靶板间缝隙尺寸留得过大,客观上形成了进入靶道的可能性。射击的火线高度为 1.2m,从表 2-5 可以看出:射距 200m 时的弹道高度为 0.13m,实际射弹高度约为 1.33m,与检靶人的身高为 1.68m 接近,可见,被射中可能性的概率是很大的;在 200m 处的杀伤动能为 113kg·m,也超过致伤的标准。

表 2-5 56 式 7.62mm 冲锋枪射表(摘录)

射距/m	瞄准角 /mil	落角 /mil	弹道高 /m	弹道高 处射距/m	飞行 时间/s	落速 /(m/s)	动能 /(kg·m)	概率误差/m		
								距离	高低	方向
100	3.1	1.2	0.03	51	0.15	611	122	0.04	0.04	0.10
200	4.2	2.9	0.13	105	0.33	524	113	0.07	0.07	0.20
300	5.8	5.5	0.35	162	0.54	450	83	0.1.	0.10	0.31
400	7.8	9.3	0.75	224	0.74	389	61	0.14	0.14	0.44
500	10	14	1.4	281	1.05	341	46	0.19	0.18	0.59
600	12	20	2.4	342	1.35	305	37	0.25	0.23	0.76
700	16	28	3.8	403	1.69	281	32	0.32	0.29	0.96
800	21	36	5.7	464	2.07	268	29	0.40	0.35	1.19

注:初速为 710m/s;弹头质量为 7.9g

3)经验教训和防范措施

(1)射击守则中规定,射击时不允许任何人进入靶道,但检靶人却忽略了自已。应引以为戒。

（2）现代的靶场应设置可发现靶道上有人员活动的信息设施，并显示现场情况，发现异常时，应报警并自动停止射击。

（3）应建立可靠的通信手段，加强射手与检靶人的联系。

（4）两靶板间缝隙尺寸留得过大，应进行整改。

2.2 单兵武器试验场

2.2.1 手榴弹试验场

手榴弹是手投武器，是近战时的重要武器之一。手榴弹是对付敌碉堡、火力点及其他类似目标的有效武器，手榴弹在夜间使用效果尤佳，它比其他弹药具有显著的优越性。我国生产过22个品种的手榴弹，目前在世界各国的部队中也装备手榴弹。中国82-2式进攻防御两用手榴弹见图2-15，美国 M26 手榴弹见图2-16。

图 2-15　中国 82-2 式手榴弹

图 2-16　美国 M26 手榴弹

国内外几种手榴弹的性能见表2-6。

表 2-6　国内外几种手榴弹的性能

名称和种类	效能	发火方法	发火时间/s	有效杀伤半径/m	全弹及装药质量/g	平均投掷距离/m	破甲厚度/mm
中国 82-2 式进攻防御两用手榴弹	杀伤	定时爆炸	2.8~3.8	6（临界安全半径30m）	260，TNT 75	—	破片330片
中国 82-2 式全塑手榴弹	杀伤	定时爆炸	2.8~3.8	6（安全距离 30m）	260，装药量 40		钢珠1600余颗
美国 M26 式防御手榴弹	杀伤	定时爆炸	4~5	15（安全距离 20m）	455，B 炸药 155	—	—

名称和种类	效能	发火方法	发火时间/s	有效杀伤半径/m	全弹及装药质量/g	平均投掷距离/m	破甲厚度/mm
苏联 РПГ-33 式进攻防御两用手榴弹	杀伤	定时爆炸	3.2~3.8	不带铁套 5，带铁套 25	不带铁套 500，带铁套 62~750	30~40	—
苏联 РПГ-42 式进攻手榴弹	杀伤	定时爆炸	3.2~4	15~20	400	30~40	—
苏联（俄罗斯）ф-1 防御手榴弹	杀伤	定时爆炸	3~4	15~20	600	35~45	—
中国 80 式反坦克手榴弹	定向爆破	—	出手保险 4m 解脱保险 10m	1000，梯/黑 390	25~35	200/30°
苏联（俄罗斯）РПГ-43 式反坦克手榴弹	定向爆破	碰炸	瞬燃爆	20	1200	15~20	75
苏联（俄罗斯）РПГ-3 式反坦克手榴弹	定向爆破	稳定伞碰炸	瞬燃爆	20	1070，梯/黑 562	20	165
美国 AN-M14 TH3 式特种燃烧手榴弹	—	—	延时 0.7~2	—	900，装铝热混合燃烧剂 725	—	产生 2200℃ 高温

　　批量生产的手榴弹在交付订货方之前，要抽取一定数量的成品和半成品在试验场上进行验收试验，合格后交付订货方使用。在生产之前还应在鉴定部门的试验场上进行产品定型试验，以检验产品的战术技术性能是否符合要求。因此，手榴弹试验场是生产企业和鉴定部门必不可少的组成部分。下面根据手榴弹的试验要求介绍其试验场的设计。

1. 试验项目及要求

　　手榴弹试验项目主要分为企业验收项目和定型试验项目两大类。下面以拉发式和击发式延期发火手榴弹为例，综合介绍其主要试验内容。

　　（1）勤务性能试验（跌落等）；

　　（2）发火延期时间测定；

　　（3）投爆试验；

　　（4）有效破片数量试验；

　　（5）破片飞散方向性试验；

　　（6）威力圈试验，扇形靶试验；

（7）对动物杀伤试验等。

2. 试验条件、设施及场地选择

1）振动试验

振动试验的目的是模拟运输和携带产品的动作情况。试验采用振动机。试验时按立、倒、横三种姿态将手榴弹装入专用的试验箱中，再把试验箱固定在振动机的台板上。振动机带动台板上的试验箱做中心落高（10±0.1）cm 和（15±0.1）cm 的上下振动，振动频率为每分钟（60±1）次，振动1h后将试验箱绕垂直轴转动180°后再振动1h。我国振动机有标准图纸。工程设计时可以将振动机布置在手榴弹性能实验室内。

2）浸水试验

浸水试验的目的是模拟泅渡江河及水网地区作战的状态。试验采用一个钢质或塑料水槽。水槽长宽高约为 1.2m×0.8m×1.0m，试验时将手榴弹在水温为（20±5）℃的水槽内浸放24h，如发现有影响发火性能的问题，应进行拉爆或击发试验。工程设计时可以将水槽布置在手榴弹性能实验室内。

3）跌落试验

跌落试验的目的是模拟携带其上下交通工具时的意外跌落。我国手榴弹允许最大跌落高度为3m。试验时可以将手榴弹装在距地面3m高的可解脱的吊具上，吊具悬挂在 Ⅱ 形或 Γ 形吊架上，吊架宜采用钢质支柱。产品应重复两次自由下落于混凝土地面上，产品不发火则为合格。吊架可以安放在投爆试验场地上。

4）拉爆或击发试验

拉爆或击发试验的目的是代替投爆。试验时将上述序号1）、2）、3）项试验过的手榴弹全部拉爆，不允许早炸，发火率应符合规定。拉爆试验可以在投爆试验场上，也可以在专用的抗爆箱中进行。

5）发火延期时间测定

测定发火延期时间时，手榴弹的发火件应放置在专用的抗爆容器内。该容器内可以形成气压分别为（350±5）mm、（450±5）mm、（650±5）mm 和（750±5）mm 汞柱高的压力，以模拟拔海高度4000m、2000m、600m 和 0m 的标准大气压值。容器内还可以形成（50±2）℃的高温、（20±5）℃的常温和（-45±2）℃的低温来模拟不同的气候环境。高温和低温只作正常气压试验，而常温除进行正常气压试验外还要进行三项低气压试验。

测定发火延期时间使用电子测试仪，在其输入端接上两对输入信号线路。第一对线接在拉火绳（击发机构）上，拉火后断路，计时启动。第二对线束在雷管壳体上，爆炸时断路，计时停止。计时启动至计时停止的时间即为发火延期时间。

我国生产的几种杀伤手榴弹延时一般为 2.8~5s，多为 2.8~4s，如 82-2 式针刺发火手榴弹、77-1 式木柄手榴弹和塑料柄手榴弹的延期时间均为 2.8~4s。

36

该项试验可以在手榴弹的实验室内完成。

6）投爆试验

投爆试验的手榴弹应分别进行 24h 以上的高温、常温和低温恒温。延期手榴弹应对混凝土地面和卵石地条件进行投掷，瞬爆手榴弹还应对新翻松土地和水面等目标投掷，各种目标的面积为 $100 \sim 400 m^2$。

场地的长度应满足立姿、跪姿进行徒手投掷的最大距离。场地上应设置若干个投掷位置、视频监控系统及人员掩体和准备间。投掷场地的面积约为 $10000 m^2$，此外还应留有 $30000 m^2$ 的警戒区。如投掷的是半备弹，即仅装有发火件及非爆炸装药代替全备弹时，上述警戒区的面积可以适当减少。

7）破片试验

破片试验的目的是确定手榴弹的有效杀伤破片数量。试验的手榴弹应分别在常温、高温和低温箱中进行恒温。试验通常在试验砂箱或试验水井中进行。爆炸前手榴弹在沙箱内的示意图如图 2-17 所示。

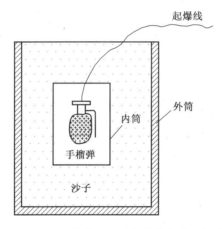

图 2-17 爆炸前手榴弹在沙箱内的示意图

试验沙（或其他介质）箱由内筒、外箱和河沙组成。内筒用硬纸板或胶合板制成，其直径一般为弹径的 6 倍，即约为 400mm。沙层厚度以破片不能被穿透为限。外箱可为钢质的或木质的。总的来说，试验箱需适应手榴弹装药为 $50 \sim 100g$，弹体质量 $0.25 \sim 0.39kg$，破片数量一般为 $270 \sim 300$ 片，钢珠手榴弹的装药质量为 $40 \sim 50g$，钢珠直径为 5mm 时，钢珠数量约为 350 粒，钢珠直径为 $2.5 \sim 3mm$ 时，钢珠数量可达 1600 粒的需要。总之，试验箱应能满足上述装药爆炸和破片飞散收集的要求。

8）杀伤威力试验

为了检查手榴弹的威力，在试验场上通常要进行破片飞散方向性试验、威力圈和投掷安全性试验。

（1）破片飞散方向性试验。试验扇形靶的场地布置以 8m 为半径，每个象限布置 2 块靶，全圆周共 8 块靶，靶高 1.7m、厚度 25mm。手榴弹位于靶的圆心，平放在高于地面 10~15cm 的木桩上。试后绘出破片飞散的方向图，求出 8m 处的单发平均穿靶率。

（2）威力圈试验。此项试验使用 4 个扇形靶，每个靶的高度为 1.7m，厚度为 25mm，分别以 4m、8m、12m 和 16m 为半径布置在 4 个象限。手榴弹立放于 4 块靶的弧心上。试后绘出破片分布图，得出密集杀伤半径和 8m 处每一个靶的平均穿透破片数。我国目前几种杀伤手榴弹的杀伤半径均在 6~8m 之间。

（3）投掷安全性试验。此项试验的目的是测定投掷的安全距离，确保投掷人的安全。临界安全投掷距离为 0.5% 的穿靶率所对应的距离。这样设定的出发点是：一个班每人投出一发弹，爆炸时当投弹手位于临界安全距离上时，不会有一人（次）被穿透破片所击中。试验时在距爆炸中心 20m、30m 和 40m 的距离上均应布置扇形靶，并立 20 个立人靶。

9）破片对动物的杀伤试验

破片对动物的杀伤试验只需提供一块平坦的场地和几个台架即可。试验时，在半径 8m 的圆周上均匀放置 18 只动物（狗或羊），动物侧面面向爆点，并在高出炸点 1.5m 的台架上自由站立。手榴弹立放在高出地面 10~35cm 的木板上。试后评定有效杀伤片数。

3. 试验场的组成和面积

手榴弹试验场一般由下列建筑物和构筑物组成，其参考面积如下：

（1）手榴弹试验准备及测试工房，面积约 200m²；

（2）振动试验间，面积约 12m²；

（3）跌落试验间（场地）或吊架，面积约 12m²；

（4）抗爆容器放置间，面积约 12m²；

（5）破片试验装置（塔、井、箱），筛分处理间，面积约 30m²；

（6）靶具存放间，面积约 40m²；

（7）各种投掷地面，如软土地面、硬土地面、水泥地面、水面及装甲靶板等，各种地面的面积约 400m²；

（8）威力试验场地，面积约 400m²；

（9）活动人员掩体，4~6m²；

（10）值班室及公共管理设施。

4. 手榴弹试验场布置及方案

手榴弹试验场的布置方案如图 2-18 所示。

试验时，82-2 式手榴弹使用方法及注意事项：①摘掉塑料护套；②一手将保险握片连同弹体一并握住，用食指压住保险握片上端；③另一手勾住拉环保险销的轴

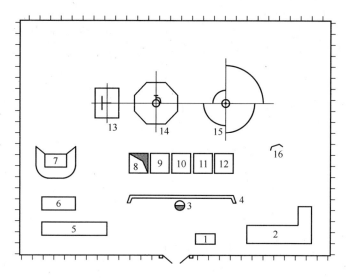

图 2-18　手榴弹试验场布置方案

1—值班室；2—试验场管理部建筑物；3—投掷位置，图上表示对 10 号目标进行投弹；4—防护墙；
5—手榴弹准备工房；6—靶具存放间；7—危险品存放间；8—水目标—水池；9—混凝土目标；10—卵石目标；
11—软土目标；12—装甲目标；13—手榴弹跌落场地；14—飞散方向性木靶板；15—威力圈木靶板；
16—移动掩体及视频监控仪器。

线方向,用力将保险销拉出,此时发火机构处于待发状态;④将弹投向目标(用立姿、跪姿或卧姿),通常在弹投出手后即应卧倒或掩蔽;⑤在运输或携带过程中,注意不要使弹产生撞击或机械损伤,以免发火机构产生变形或发生意外事故;⑥如不慎使保险销脱出,或将保险销拉出后不用时,应握住保险握片,将保险销装回原位,同时把保险销开口长端重新弯成 90°。

图 2-18 所示手榴弹试验场长度为 600~700m,宽度为 500~600m,该方案的布置是考虑建设在平坦的场地上,如果有山区、丘陵等屏障地形时可以利用,则其场地大小和其外部距离可以适当缩减。在投弹手的后方及其两侧应留出适当的空地,以便于应急处理落地的待发手榴弹。

2.2.2　榴弹弹射器及其弹药试验场

榴弹弹射器是一种称为"插管"(Spigot)的发射装置。由于武器系统采用了弹射原理,具有"三新"(发射原理新、发射器新、弹药新)和"三无"(发射时无声、无光、无烟)以及口径小、结构简单、携带方便的特点,是设伏、偷袭及火力侦察的理想武器。

发射器主要包括弹射装置、击发装置、座板和背带四部分。

中国 89 式 50mm 榴弹弹射器系统、比利时 NR8111R1 弹射器和比利时 NR8464 多联弹射器分别如图 2-19~图 2-21 所示。

图 2-19　中国 89 式 50mm 榴弹弹射器系统

图 2-20　比利时 NR8111R1 弹射器

图 2-21　比利时 NR8464 多联弹射器

中国 89 式 50mm 榴弹弹射器吸收了比利时 NR8111R1 弹射器结构的优点,其口径为 50mm,采用前装、单发射击,可以使用杀伤榴弹。弹射器重 4.1kg,全长 600mm,弹重 700g,初速 100m/s,最大射程 800m,有效杀伤半径大于或等于 16m。

比利时 NR8464 多联弹射器,是 12 联的榴弹弹射器,可在 359°范围内装定方位角。弹射器重 101kg,长 476mm,宽 476mm,高 315mm。手动前装、单发或连发射击。最大射程 800m,有效射程 200~800m,战斗射速 12 发/min。采用电发火。

1. 试验项目

榴弹弹射器及其弹药主要试验项目如下:

(1) 地面精度试验;

(2) 初速、膛压试验;

(3) 引信发火角试验;

(4) 引信保险试验;

(5) 最大有效射程试验;

（6）静态爆炸试验；

（7）有效杀伤半径试验；

（8）榴弹弹射器强度及机构动作可靠性试验等。

2. 试验场的组成

通常榴弹弹射器试验场上一般建设有下列设施：

（1）地面精度及最大射程试验靶道，长度为 200~800m，宽度为 100~200m；

（2）初速、膛压和引信保险试验靶道，长度为 50~80m（适用于弹道炮试验），宽度为 10m；

（3）弹射位，钢砧；

（4）地面精度试验场地；

（5）榴弹弹射器准备工房；

（6）弹药准备间及弹药存放间；

（7）测试仪器室；

（8）靶具存放间；

（9）管理部门建筑物；

（10）供水、供电、供暖保障设施等建筑。

3. 榴弹弹射器试验场布置设计方案

榴弹弹射器试验场按照试验项目和试验要求结合场地的实际情况（平坦场地）进行布置，如图 2-22 所示。落弹区的设计长度为 900m，场地的长度约为 1200m，宽度约为 400m。依据试验项目的危险程度，该试验场地的边缘到射向前方村庄的距离应在 500m 以上，其他方向可为 300m 以上。

2.2.3　自动榴弹发射器试验场

榴弹发射器是一种以枪炮原理发射小型榴弹的轻武器。其装备于步兵，适用于单人或小组携带使用，口径一般为 20~60mm。发射杀伤、破甲、燃烧、烟幕、照明、信号等弹种。中国 87 式自动榴弹发射器可发射尺寸为 35mm×32mmSR 榴弹，6 发和 15 发弹鼓供弹，可实施自动发射和半自动发射。武器全重 20kg（带含三角架），发射器 12kg，发射器长 970mm，发射架战斗全长 1060mm，榴弹初速 200m/s，理论射速 450 发/min，战斗射速 45 发/min，最大射程 1750m，可有效对付 600m 内的轻型装甲目标和 800~1200m 内的集团生动目标。

中国的 87 式自动榴弹发射器、美国的 MK19Mod3 式自动榴弹发射器和俄罗斯（苏联）的 МГС-17 式自动榴弹发射器分别如图 2-23~图 2-25 所示。

1. 试验项目

国内外几种自动榴弹发射器及其弹药的靶场试验项目综合如下：

（1）自动榴弹发射器强度试验；

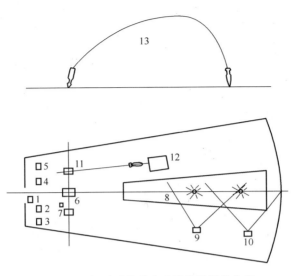

图 2-22 榴弹弹射器试验场总图设计方案

1—值班室;2—试验场管理部建筑物;3—测试仪器室;4—弹射器准备工房;5—靶具存放间;

6—地面精度弹射试验位;7—人员掩体;8—地面精度试验弹着区;9—近距离观测隐蔽所;

10—远距离观测隐蔽所;11—内弹道试验弹射位;12—内弹道试验弹着区;13—弹射弹飞行的弹道曲线。

图 2-23　中国的 87 式自动榴弹发射器(轻型)

图 2-24　美国的 MK19Mod3 式
自动榴弹发射器

图 2-25　俄罗斯(苏联)МГС-17 式
自动榴弹发射器

（2）自动榴弹发射器机构动作可靠性试验;

（3）立靶密集度和地面密集度试验;

（4）有效射程试验,对单个目标为 150m,对集团目标为 350m;

（5）表尺射程及最大射程试验,前者为375m,后者为400m,试验用弹一般为7~20发;

（6）最小安全射程试验,训练时为80m,作战时为30m;

（7）战斗射速试验,射速为5~7发/min;

（8）寿命试验,一般从合格的发射器中抽一支,发射1000发榴弹,考核发射器的耐久性和可靠性;

（9）内弹道试验,表定初速为76m/s,最高膛压为21MPa;

（10）弹体强度试验和破片试验;

（11）装药安定性和爆炸完全性试验;

（12）引信各项试验等。

2. 自动榴弹发射器及其弹药试验场布置方案

依据试验项目和试验要求将自动榴弹发射器试验场布置在平坦的场地上,如图2-26所示。场地的长度约为2000m,宽度约为300m。依据试验项目的危险程

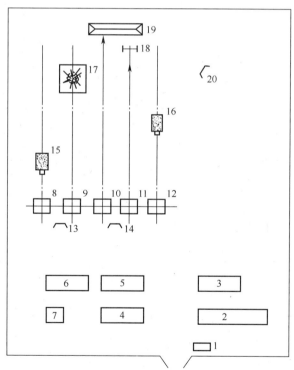

图2-26　自动榴弹发射器的试验场总图设计方案

1—值班室;2—试验场管理部建筑物;3—测试仪器室;4—靶具存放间;5—武器准备工房;6—弹药准备工房;

7—弹药库;8—弹体强度试验发射位;9—爆炸完全性发射位;10—90°命中角钢板靶架发射位;

11—立靶精度试验发射位;12—内弹道试验发射位;13、14—可移动掩体;15、16—挡弹堡;

17—场地;18—立靶精度靶架;19—防护土挡墙;20—观察掩体。

度,该试验场地的边缘到射向前方村庄的距离应在 2500m 以上,其他方向可在 700m 以上。

2.2.4 单兵火箭发射器及其弹药试验场

单兵火箭发射器,又称单兵火箭或火箭筒,是一种便携式火箭、无坐力发射器。发射的弹药一般由火箭发动机和战斗部组成。战斗部有杀伤、破甲、发烟和其他战斗部。

中国 PF89 式单兵反坦克火箭发射器、中国 69 式 40 火箭发射器和德国"铁拳"-3 式火箭发射器分别如图 2-27~图 2-29 所示。

图 2-27 中国 PF89 式单兵反坦克火箭发射器

图 2-28 中国 69 式 40 火箭发射器

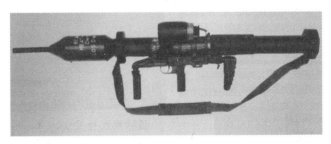

图 2-29 德国"铁拳"-3 式火箭发射器

中国 PF89 式单兵火箭反坦克发射器,其发射筒口径为 80mm,发射器长度为 900mm,武器系统全重为 3.7kg。火箭弹重为 1.84kg,对装甲目标的有效射程为 200m,最大有效射程为 400m,对均质装甲钢板穿透深度为 550mm。

中国 69 式 40 火箭发射器相比 56 式火箭发射器有很大的提高,如弹上装有延期点火的火箭发动机。火箭发动机在弹飞离发射筒 10~14m 开始点火,将火箭弹二次加速,使弹的初速由 120m/s 增加到最大速度 295m/s,从而使直射距离提高到 300m。发动机延期点火,也保证了射手的安全。在 300m 处的立靶密集度只有 0.45m×0.45m,对静止坦克靶的命中概率大于 0.95。

20 世纪 70 年代,德国在"铁拳"火箭发射器上增加了发动机,定型号为"铁拳"-3。将火箭弹二次加速,使初速由 165m/s 增加到最大速度 250m/s,对运动的目标有效射程达到 300m,对静止的目标有效射程达到 400m,可穿透装甲钢板的厚度高达 700mm。

1. 试验项目

（1）每支火箭发射器在试验场上均要求进行小型试验和定期进行大型抽验试验，一般进行试验的项目如下：

① 火箭发射器的强度试验；

② 火箭发射器的动作可靠性试验；

③ 初速、膛压试验；

④ 立靶密集度试验；

⑤ 最大有效射程试验；

⑥ 发射速度试验；

⑦ 寿命试验等。

（2）火箭发射器的弹药要求在试验场上进行抽验，一般进行如下试验项目：

① 初速、膛压试验；

② 立靶精度试验；

③ 动、静破甲威力试验；

④ 侵彻砼墙的能力试验；

⑤ 引信发火角试验；

⑥ 保险试验；

⑦ 对静止目标的射击效果试验等。

2. 试验场的组成及数据

通常在火箭发射器及其弹药试验场上建设有下列设施：

（1）破甲威力和引信发火角试验靶道，长度为 75~300m，宽度为 20m；

（2）侵彻砼墙试验靶道，长度为 75~300m，宽度为 20m；

（3）立靶精度及最大射程试验靶道，长度为 75~300m，宽度为 30m；

（4）初速、膛压和引信保险试验靶道，长度为 50m，宽度为 10m；

（5）对活动目标射击试验靶道，射击距离为 100~300m，起点宽度为 20m，终点宽度为 300m，靶板在钢轨道上可以往返移动，牵引动力设计在牵引间内；

（6）法线角 0°破甲试验靶架，装甲板厚度 300mm；

（7）法线角 68°破甲试验靶架，装甲板厚度 300mm；

（8）射击间及枪位，钢砼 15m×15m；

（9）精度试验靶板，3m×3m；

（10）砼墙或砼试验块，其厚度为 500~600mm；

（11）在射击方向的靶板后面设计挡弹防护土挡墙，长度由设计确定，其高度一般为 6m 以上；

（12）发射器及其弹药准备间；

（13）弹药存放间,存放实弹、底火、黑火药、发射药及填沙弹;

（14）测试仪器实验室;

（15）靶具存放间;

（16）管理部门建筑物;

（17）供水、供电、供暖保障设施等建筑。

3. 某单兵火箭发射器试验场

按照试验项目和试验要求结合山丘场地的实际情况,某单兵火箭发射器试验场布置如图2-30所示。

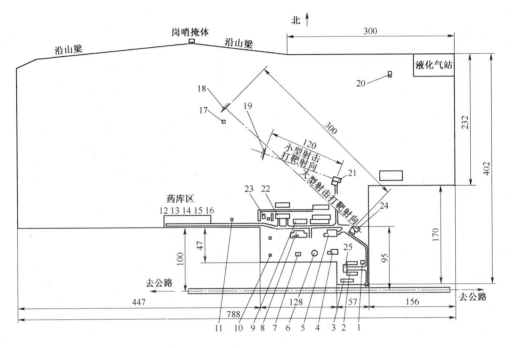

图2-30　某单兵火箭发射器试验场

1—变电所;2、3—宿舍;4—锅炉房;5—桶装油库;6—水塔;7—岗楼;8—火箭弹准备工房;9—沙弹库;

10—工具库;11—靶具库;12—装卸站台;13—发射药库;14—黑火药库;15—实弹库;16—底火库;

17—观测隐蔽所;18—300m处靶挡;19—120m处靶挡;20—水泵房;21—小型试验发射位;

22—火箭发射器准备工房;23—备用试验发射位;24—大型试验发射位;25—食堂。

场地的长度为402m,宽度为788m。依据试验项目的危险程度,该试验场地的边缘到射向前方村庄的距离应在1000m以上,其他方向可为400m以上。对照试验项目的要求和现行的有关安全规范,这个试验场在安全上存在许多问题,主要是对比较大的目标外部安全距离不足。

4. 某单兵火箭发射器弹药试验场

某单兵火箭发射器弹药试验场布置如图2-31所示。

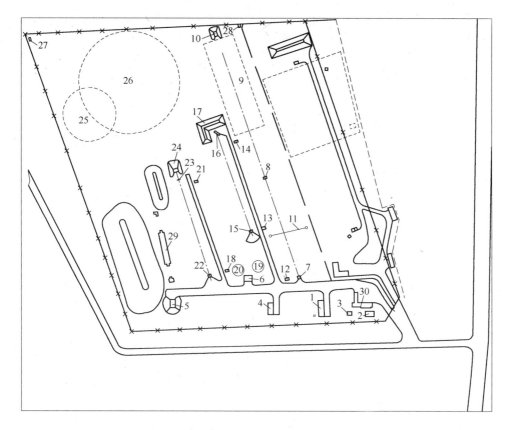

图 2-31　某单兵火箭发射器弹药试验场布置

1—变电所；2—锅炉房；3—水泵房及水塔；4—火箭弹准备工房；5—弹药库；6—测试仪器室；7—远距发射位；
8—近距发射位；9—弹着场地；10—集弹间；11—信息试验吊架；12—远距发射位炮手掩体；13—破甲炮手掩体；
14—破甲观测隐蔽所；15—破甲发射位；16—钢板靶架；17—破甲试验挡弹墙；18—发射位炮手掩体；
19—高压实验场地；20—起爆试验场地；21—精度试验发射位炮手掩体；22—精度试验发射位；23—精度试验靶板；
24—精度试验挡弹墙；25—静破甲试验；26—销毁场地；27、28—临时岗哨；29—枪械射击靶道；30—管理工作室。

5. 场地存在的问题和解决的办法

该单兵火箭发射器弹药试验场场地存在的问题和解决的办法如下：

（1）对照现行的"安全规范"有关规定，这个试验场在安全上存在许多问题，如试验场的一侧距最近高速公路 85m，未达到规定 300m 距离的 1/3，另一侧邻近某化工厂不到 200m，未达到规定 400m 距离的 1/2 等，因此，该单兵试验场存在较大安全隐患，需要移地进行另建。

（2）在本试验场内设计有单兵火箭弹准备工房，是十分必要的。这里要提出的是，在单兵火箭弹进行试验前或试验之后有时需要对其进行拆分作业，有的单位在拆分火箭发动机作业时曾经发生过燃爆事故，造成伤亡。其主要原因是操作者失误，但与发动机的装药组分敏感也不无关系。该发动机的装药组分主要有硝化棉33.6%、硝化甘油27.1%、高氯酸铵30.0%、铝粉5.0%等。超细高氯酸铵与典型的炸药摩擦感度和冲击感度比较见表2-7。

表 2-7　高氯酸铵的感度与典型的炸药比较

名称	冲击感度/%	名称	摩擦感度/%
奥克托金	100	奥克托金	100
"超细"高氯酸铵	94~96	"超细"高氯酸铵	100
黑索今	72~88	"球形"高氯酸铵	90~100
特屈儿	48	"针状"高氯酸铵	82
梯恩梯	8	黑索今	68~84
"球形"高氯酸铵	4~6	特屈儿	16

从表2-7可看出,超细高氯酸铵的摩擦感度很高,因此,在使用组分有超细高氯酸铵的发动机装药的弹药,除了操作时应十分注意避免摩擦以外,工程上还应采取隔离措施。

2.2.5　湖北卫东破甲杀伤枪榴弹试验场

枪榴弹是用枪和枪弹(或空包弹)发射的一种榴弹。破甲杀伤枪榴弹是一种具有破甲和杀伤效应的枪榴弹,是一种步枪点目标破甲和杀伤能力为一体的轻武器,是近距离单兵实用的弹药。破甲杀伤枪榴弹一般由破甲杀伤战斗部、引信和弹尾组成。中国40mm破甲杀伤枪榴弹和中国70mm枪榴弹分别如图2-32、图2-33所示。

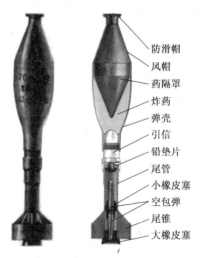

防滑帽
风帽
药隔罩
炸药
弹壳
引信
铅垫片
尾管
小橡皮塞
空包弹
尾锥
大橡皮塞

图 2-32　中国 40mm 破甲杀伤枪榴弹　　　　图 2-33　中国 70mm 破甲枪榴弹

国内外装备的破甲枪榴弹的主要战术诸元:弹径为 40~75mm,弹重为 0.60~0.8kg,弹长为 390~470mm,炸药装药量为 0.24~0.34kg,装药一般为 B 炸药或梯黑炸药,有效射程为 75~150m,破甲深度为 200~300mm/0°,侵彻砼深度为 500~580mm,初速为 40~52mm/s。

1. 试验项目

90 式 40mm 破甲杀伤枪榴弹具有破甲和杀伤的性能,下述只介绍破甲项目,杀伤试验项目与炮弹的杀伤试验项目基本相同,请参考下述的有关章节,燃烧枪榴弹、发烟枪榴弹及防暴枪榴弹此处不再赘述。

(1) 动、静破甲威力试验;

(2) 侵彻砼墙的能力试验;

(3) 立靶精度试验;

(4) 初速、膛压试验;

(5) 引信发火角试验;

(6) 引信保险试验;

(7) 最大有效射程试验;

(8) 对运动目标的射击效果试验等。

2. 试验场的组成及其设施参考数据

通常在破甲枪榴弹试验场上建设有下列设施:

(1) 破甲威力和引信发火角试验靶道,长度为 75~100m,宽度为 20m;

(2) 侵彻砼墙试验靶道,长度为 75~100m,宽度为 20m;

(3) 立靶精度及最大射程试验靶道,长度为 75~150m,宽度为 30m;

(4) 初速、膛压和引信保险试验靶道,长度为 50m,宽度为 10m;

(5) 对活动目标射击试验靶道,长度为 75~100m,起点宽度为 20m,终点宽度为 50m,活动目标通常设计为牵引靶,靶板在钢轨道上可以往返移动,牵引动力设计在牵引间内;

(6) 法线角 0°破甲试验靶架,装甲板厚度 300mm;

(7) 法线角 68°破甲试验靶架,装甲板厚度 300mm;

(8) 射击间及枪位,钢砼 3m×3m;

(9) 精度试验靶架,靶位 3m×3m;

(10) 砼墙或砼试验块,其厚度为 500~580mm;

(11) 在射击方向的靶板后面设有防护土挡墙,长度依据射弹方向散布大小由设计确定,其高度一般为 6m 以上;

(12) 武器弹药准备间;

(13) 弹药存放间;

(14) 测试仪器实验室;

（15）靶具存放间；

（16）管理部门建筑物；

（17）供水、供电、供暖保障设施等建筑。

3. 破甲杀伤枪榴弹的试验场方案

按照试验项目和试验要求结合场地的实际情况，湖北卫东破甲杀伤枪榴弹试验场布置如图 2-34 所示。场地的长度约为 600m，宽度约为 500m。依据试验项目的危险程度，该试验场地的边缘到射向前方村庄的距离应在 400m 以上，其他方向可为 200m 以上。

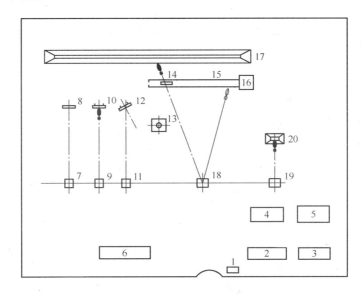

图 2-34　湖北卫东破甲杀伤枪榴弹试验场方案

1—值班室；2—试验场管理部门建筑物；3—保障设施建筑；4—测试仪器室；5—武器准备工房；6—靶具存放间；

7—精度试验枪位；8—精度靶架；9—动破甲试验枪位；10—90°命中角钢板靶架；11—动破甲试验枪位；

12—法线角 68°钢板靶架；13—破甲杀伤枪榴弹静破甲试验场地；14—活动木板靶架；15—轨道；

16—有防护的动力牵引间；17—防护土挡墙；18—活动靶射击枪位；19—内弹道试验枪位；20—挡弹防护墙。

2.2.6　火焰喷射器试验场

火焰喷射器是一种非常有效的攻坚武器，在复杂多变的战场环境下，它往往能发挥出其他武器达不到的效果。火焰喷射器通常用于消灭掩蔽部、沟涧、防空洞、工事、暗堡中的近距离敌人。我国装备的 74 式轻型火焰喷射器，由油瓶组、输油管、喷火枪组成。其口径 14.5mm，全长 850mm，全重 20kg，配备 3 个燃料筒，最大射程 40~45m，可以一次喷射完所有油料，也可以分为 10 余次短点射。后坐冲量 65N·s，重新装填时间约为 4min。74 式轻型火焰喷射器试验情况如图 2-35~图 2-37 所示。

图 2-35　74 式火焰喷射器点火试验

图 2-36　对近距离目标射击试验

图 2-37　对远距离目标射击试验

1. 试验场的组成及数据

通常火焰喷射器试验场上建设有下列设施：

（1）火焰喷射器喷火位；

（2）喷火场地；

（3）观测掩体；

（4）各种试验靶板；

（5）火焰喷射器准备间，约 200m²；

（6）调油工房，约 100m²；

（7）存放间；

（8）管理部门建筑物；

（9）供水、供电、供暖保障设施等建筑。

2. 火焰喷射器试验场布置方案

按照试验项目和试验要求并结合场地情况一般将试验场布置在平坦的场地上，如图 2-38 所示。场地的长度约为 120m，宽度约为 90m。依据试验项目的危险程度，该试验场地的边缘到射向前方村庄的距离应在 50m 以上，其他方向可为 20m 以上。

51

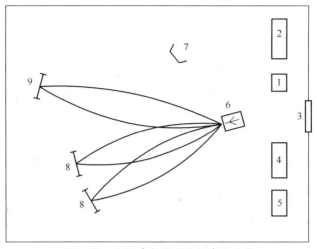

图 2-38　火焰喷射器试验场布置方案

1—值班室；2—试验场管理部建筑物；3—大门；4—测试仪器室；5—武器准备工房；6—发火位；
7—观测掩体；8—对近距离目标射击靶架；9—对远距离目标射击靶架。

2.2.7　信号枪和信号弹试验场

信号枪和信号弹是现代战争不可缺少的辅助联络工具。我国生产的手枪信号枪名为 1957 年式 26mm 信号枪。其具有重量轻、机构简单、机构动作可靠、操作方便、经久耐用等优点。图 2-39 是在用 1957 年式 26mm 信号枪发射信号弹的姿态。

图 2-39　1957 年式 26mm 信号枪发射信号弹

图 2-40 是用步枪发射的单星枪榴信号弹外貌。全弹长 51mm，全弹重 62g，燃烧时间 8s，发射高度 160m，光色为红光或绿光。

图 2-41 是用步枪发射的双星枪榴信号弹外貌。全弹长 81mm，全弹重 95g，燃烧时间 120s，发射高度 120m，光色为红绿、双红或双绿。

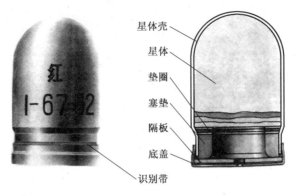

星体壳
星体
垫圈
塞垫
隔板
底盖
识别带

图 2-40　单星枪榴信号弹

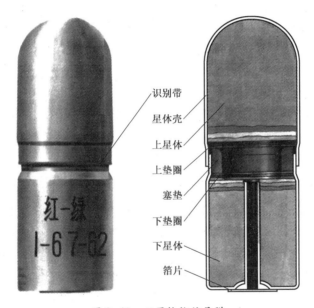

识别带
星体壳
上星体
上垫圈
塞垫
下垫圈
下星体
箔片

图 2-41　双星枪榴信号弹

1. 试验任务

试验任务是检验信号枪和信号弹是否符合产品图纸和技术条件的要求,以确定其是否达到战术技术指标和能否交付订货方使用。

2. 试验项目

在试验场上信号枪和信号弹试验的项目如下:

1)某手枪信号枪试验

(1)强度试验;

(2)机构动作可靠性试验;

(3)射击速度试验,每 45s 发射 1 发;

(4)最大弹道高试验,应不小于 90m。

2）某信号弹试验

（1）药筒强度试验；

（2）星光体发光时间试验，应不小于6.5s；

（3）光色辨别距离试验，应不小于7km；

（4）底火试验；

（5）弹道试验，确定装药量；

（6）最大弹道高试验，射角80°~90°时，应不小于90m。

3. 试验场的组成及相关数据

通常在试验场上建设有下列设施：

（1）射击场地一处，其面积约为100m×100m；

（2）射击观测点一处，位于发射点的前方不小于7km处；

（3）弹药准备间，面积约为40m²，如试验场距生产企业较近时，可以利用企业的装药工房完成定药量工作；

（4）靶道，长度为75~150m，宽度为30m；

（5）初速、膛压和保险试验靶道，长度为50m，宽度为10m；

（6）测试仪器间，面积约为40m²；

（7）射击准备间，面积约为40m²；

（8）信号弹库，供临时试验用弹的存放；

（9）振动试验间4m×3m，可以设在企业内。

4. 信号枪和信号弹试验场

信号枪和信号弹试验场布置见图2-42，试验场占地面积约为100m×100m。租用或借用场地的长度约为10km，宽度约为200m。考虑到发光体落下时的引燃危险，租用试验场的边界距村庄的距离应不小于100m。

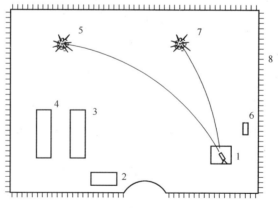

图2-42　信号枪信号弹试验场布置方案

1—发射位置；2—值班及测试室；3—射击准备间；4—存放间；5—远距离空中星光；

6—观测室；7—高角度星光；8—试验场围墙。

2.2.8 事故案例及防范措施

事故案例1:某型手榴弹试验时提前爆炸

(1)事故。1980年在某地检验某型手榴弹时,发生提前爆炸事故。这种手榴弹的起爆系统是:击针击发火帽—火帽发火—点燃延期管中的延期药(4.6s)—点燃火雷管起端的起爆药—传爆火雷管终端的起爆药—起爆炸药—手榴弹爆炸。起爆系统如图2-43所示。

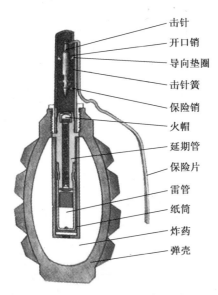

图2-43 某种手榴弹的起爆系统

(2)手榴弹提前爆炸的原因。分析一,很可能是起爆系统延期管中的延期药未起作用,而火帽发火直接起爆雷管的装药,雷管起爆了炸药。但火帽发火的能量能否起爆雷管的装药,通过什么途径起爆雷管的装药要经过试验确定。分析二,延期管内可能漏装填了延期药或装填量较少。如果手榴弹的延期管是铅质拉制的,一般拉伸长度为5~6m。如果是延期管出的问题,就不止是一发弹的问题了。可用X光机进行透视检查或批量试验。如果手榴弹的延期管是钢质的,单独装药的,偶有漏装药的可能性不大,即使发生也尚未达到小概率事件,也很难再重复出现。

事故案例2:某型手榴弹投掷时发生"出手炸"

发生事故的时间　　　2015年3月

发生事故的地点　　　某手榴弹实弹投掷场

事故性质　　　　　　偶发事故

事故主要原因分析　　延期(2.8~4s)起爆功能未能正常实现

伤亡情况　　　　　　伤2人

55

1）事故概况

2015年在某手榴弹实弹投掷场进行某型手榴弹投掷训练时,在投掷时发生"出手炸"事故,伤2人。

该事故手榴弹的正常起爆过程:手握投掷的手榴弹—拔出保险销—保险握片飞离—释放翻板击针—击发火帽—点燃延期药—引燃雷管的炸药—引爆手榴弹炸药—手榴弹爆炸。

"出手炸"意为,火帽被击发后,火帽的点火能量机械动作传给雷管装药,雷管装药起爆了弹体的炸药装药,事故手榴弹延期雷管示意见图2-44。

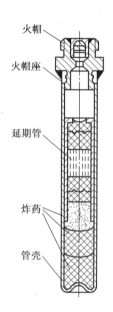

火帽

火帽座

延期管

炸药

管壳

图2-44 某事故手榴弹延期雷管示意图

正常使用时手榴弹不可能在手中爆炸,而是出手后有个时间过程才能发生爆炸。即这个时间过程,就是手榴弹"出手炸"的时间过程。

2）原因分析

（1）手榴弹实弹投掷场地设置规范;投掷员操作要领准确无误,保护员站位合适,符合相关规范要求。排除投掷人的不安全行为和场地的不安全条件。

（2）对事故现场残留物的检测结果表明,残留物为该事故手榴弹的火帽座和延期管壳的残骸。对延期管壳表面附着物检测表明有延期药特征元素钡、铬,可以排除漏装延期药和延期管的可能。

（3）手榴弹出手瞬间完全爆炸,说明延期（2.8~4s）起爆功能未能正常实现,延期管中延期药未能正常作用,延期雷管炸药瞬时爆炸,起爆了手榴弹装药爆炸,导致手榴弹"出手炸"事件发生。

（4）手榴弹完全爆炸表明,传爆系列中雷管装药和手榴弹炸药装药正常作用。作者分析,很可能是火帽的点火能量通过机械动作直接传给延期雷管的炸药装药,进而雷管的装药起爆了手榴弹的炸药装药。在查找事故原因过程中,设计的大量试验证明作者分析正确,改进措施是管壳外加环铆工艺,使延期管固定,避免火帽点火能量使近期管向下压缩雷管起爆药。

第3章 火炮及弹药试验场

3.1 火 炮 试 验

火炮及其配用弹药的弹丸,依口径不同各国分法不同,我国分为大、中、小口径三种,见表3-1。

表3-1 火炮按口径大小分类

炮种/口径	小口径/mm	中口径/mm	大口径/mm
地面炮	20~75	>75~152	≥152
海军炮	<60	≥60~130	≥130
高射炮	20~60	>60~100	≥100
航空机关炮	20~45	—	—

小口径57mm高射炮、大口径155mm加农榴弹炮见图3-1和图3-2。

图3-1 小口径57mm高射炮   图3-2 大口径155mm加农榴弹炮

3.1.1 大口径自行火炮试验

我国中、大口径自行火炮中有122mm、152mm和155mm口径自行火炮等。历经10年的时间,我国又研制成PLZ-05型155mm履带式自行加农榴弹炮(以下简称05型火炮),见图3-3和图3-4。05型火炮不仅在我国火炮发展进化史上处于前沿位置,而且从表3-2中数据比较可以显示,05型火炮某些诸元还超越了西方某些国家同口径的火炮。

图 3-3　某 155mm 火炮单炮发射

图 3-4　PLZ-05 型 155mm 火炮群炮发射

表 3-2　世界典型大口径自行火炮的性能对比

诸元 国别	中　国 （05 型火炮）	俄罗斯 （2d19-152）	美国 （M109A6）	德国 （PZH2000）
火炮口径/mm	155	152	155	155
最大射程/km	46	41	42	40
最大发射速度/（发/min）	7~8	8	4	9
最大行驶里程/km	500	500	350	420
战斗时全重/t	53	42	28.8	55

　　05 型火炮采用长身管,52 倍口径,身管长度 8.06m。发射低阻底排弹射程超过 46km,发射火箭增程底排弹射程可更远。05 型火炮采用自动供弹,射速提高到 8~10 发/min,备弹量 30 发,6 个品种弹药。05 型火炮车体长度大于 10m,宽度 3.23m,高度 2.9m,最大时速:公路大于 55km/h,土路大于 40km/h。上述数据均是在靶场试验后得出的,这里作者主要以 05 型火炮为代表产品对靶场试验和工程设计技术进行描述。

1. 试验项目和小型射击试验工艺流程

1）试验项目

　　火炮试验场是火炮生产企业进行射击检验试验的部门。试验项目主要有小型试验和大型试验。小型试验每门火炮都要进行射击试验,大型试验按年度或按批量抽取一门进行试验。依据火炮品种的不同,其具体的试验项目也不同,一般有:

(1)火炮的战斗性能及使用性能的测试射击试验;

(2)火炮的强度及工作可靠性射击试验;

(3)最大射角和最小射角射击试验;

(4)左、右最大方向角射击试验。

研制过程的火炮射击试验还有:

(1)火炮的内、外弹道试验;

(2)火炮零部件运动速度的测量及应变和应力的测量,反后坐装置内的液体压力测量,炮口制退器效率的测量;

(3)火炮试验时,炮身、驻退筒外表面温度和驻退液温度的测量;

(4)火炮牵引试验时,车轮海绵体温度的测量;

(5)发射速度试验;

(6)炮口压力波及流场的测量;

(7)发射后,自行火炮(含坦克或步兵战车)战斗室内火药气体的含量测量;

(8)炮膛抽气装置的效果试验;

(9)自行火炮原地试车、行驶间试车(含坦克炮)试验;

(10)自行火炮(含坦克炮的)行驶试验;

(11)牵引火炮的动态特性测量;

(12)牵引火炮操作方便性测定;

(13)瞄准装置试验等。

火炮发射是一瞬态过程,弹丸在炮管内运动过程具有以下特征:

① 发射时间为高瞬态(单发射击时间几毫秒到十几毫秒);②炮膛内高温(2500~3600K);③炮膛内高压(最大膛压达 250~450MPa);④弹丸初速度高达1800m/s;弹丸加速度达几万 g;⑤结构撞击载荷大,时间短。这些特征都应在靶场的试验项目中得到验证。

2)小型射击试验前的准备及射击后的处理工艺流程

小型射击试验前的准备及射击后的处理工艺流程如图 3-5 所示。

3)自行火炮对地面目标靶射击试验

战场上,自行火炮对地面目标射击试验是最基本的项目,主要是考核射弹命中目标的情况。在靶场上检验的方法,通常是实地测量弹着点的位置与瞄准点的距离,而目前通用的方法是用数字式经纬仪间接测量,并把测得的数据传给计算机,进行计算处理,得出弹着点的位置、平均弹着点的位置及与瞄准点的距离等打印数据。火炮发射及弹着点测试布置见图 3-6,图上画出一对数字式经纬仪,而实际上多为三点或更多点同时测试。

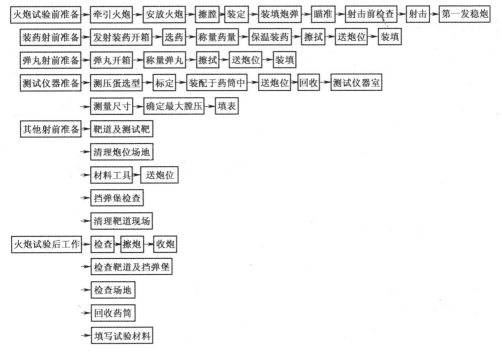

图 3-5　小型射击试验前的准备及射击后的处理工艺流程

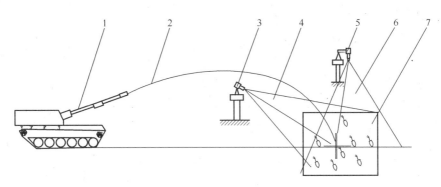

图 3-6　自行火炮对地面目标射击试验测试图

1—自行火炮炮身;2—弹道线;3—数字式经纬仪(a);4—数字式经纬仪(a)测量夹角;

5—数字式经纬仪(b);6—数字式经纬仪(b)测量夹角;7—地面靶。

2. 大口径自行火炮试验场组成

在大口径自行火炮试验场上,一般应建设下列建筑物和构筑物,参考某火炮试验场的名称、用途和规模如下。

1) 发射区或炮位区

(1) 口径 122mm、155mm 自行火炮钢筋混凝土炮位,用于安放射击的自行火炮;

61

（2）口径 122mm、152mm 牵引式火炮钢筋混凝土炮位，用于安置牵引式射击的火炮；

（3）口径 155mm 牵引火炮钢筋混凝土炮位，用于安置牵引式射击的火炮；

（4）口径 122mm、155mm 变角度射击钢结构炮位，用于安置无炮架的射击的火炮；

（5）人员掩体，供射手实施射击和隐蔽，钢筋混凝土结构，长度约为 9m，宽度约为 4m，高度约为 2.5m；

（6）弹药掩体，供弹药临时存放，钢筋混凝土结构，长度约为 4m，宽度约为 2m，高度约为 2.5m；

（7）临时仪器掩体，供测试仪器临时放置，移动式钢结构，尺寸长度约为 2m，宽度约为 2m，高度约为 2.2m；

（8）试验靶道，一条或几条，地面为混凝土构造，长度为 150～250m，宽度为 2.5～3.0m；

（9）挡弹堡，一座或几座，钢筋混凝土结构，内衬钢板，长度约为 20m，宽度约为 6m，高度约为 8m，厚度为 1.5～2.5m。

从数个挡弹堡的使用效果调查得知，挡弹堡的寿命一般为几千到万发炮弹（定期清理）之间。由于弹丸命中挡弹介质后，将改变弹丸直行而为向前和向上的运动规律，因而，其顶盖首先被损坏。因此，设防的重点是顶盖，作者曾梦想设计一个可更换顶盖的挡弹堡，但一直未能如愿。

2）技术区

（1）火炮准备工房，面积约为 72m×12m，如距离本厂较近，可以利用本厂总装配工房进行射前准备和射后处理工作；

（2）弹药准备工房，供进行弹药检查、装药、称量、装配、保温、磁化弹丸等工作，危险等级为 C_2 级，框架结构，面积约为 60m×12m；

（3）测试仪器实验室，供布置测速、测压、测温、测振、高速摄影及气象测量等仪器，面积约为 42m×12m；

（4）靶具库，供存放线圈靶、精度靶、测试导线等靶具。

3）管理及保障区

（1）值班室；

（2）办公楼兼瞭望台，二层或三层，面积约为 144m×12m；

（3）生活用房；

（4）汽车及消防车库，如距离城市消防队较近，可以利用城市消防条件进行靶场消防工作，但靶场应有供水点；

（5）油库，存放筒装汽油、柴油和炮油等；

（6）动力用房，如锅炉房、水塔、水泵房、变电所及发电机房等。

4）危险品库区
（1）炮弹成品库；
（2）发射药库；
（3）底火等火工品库；
（4）发射药筒及部件库；
（5）模拟弹库等。

3. 大口径自行火炮试验场设计方案

大口径自行火炮试验场设计方案如图3-7所示。

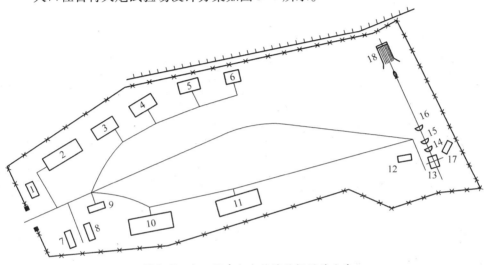

图3-7 大口径自行火炮试验场设计方案

1—值班室；2—弹药准备工房；3—药筒准备间；4—弹丸准备间；5—测试仪器室；6—油库；7—发射药筒库；
8—底火等发火件库；9—成品库；10—动力工房；11—火炮准备工房；12—炮手掩体；13—变角度射击钢结构炮位；
14—155mm牵引火炮钢筋混凝土炮位；15—122mm、152mm牵引火炮钢筋混凝土炮位；
16—122mm、155mm自行火炮钢筋混凝土炮位；17—观测掩体；18—挡弹堡。

该试验场方案的场地只能满足水平射击和固定方向角射击的需要，大射角射击和方向角射击可以外协或另选择相适应的专用炮位及靶道。

内部距离要求：炮位距技术区、危险品库区的所有建筑物的距离均应大于400m。发射区及技术区内的建筑均应采取防冲击波和抗地震波的措施，特别是精度高的仪器工作台和建筑物门窗及其玻璃。

外部距离要求：该靶场方案靶道前方4000m内，两侧800m内，后方700m内不应有村庄。

4. 试验场使用过程出现的问题

1）挡弹堡的跳弹问题

大口径火炮试验场的挡弹堡经过多年射弹（见图3-8清理出的弹丸）使用后，最易出现的问题是挡弹堡破损，特别是挡弹堡顶盖的损坏最突出。图3-9所示挡

63

弹堡的原顶盖已被弹丸毁伤殆尽，临时用钢板和废炮管等搭建以阻挡高速飞临的弹丸，但弹丸易从钢板的缝隙间飞出，历史记载已出现过多次弹丸飞出事件，幸未造成事故。

图 3-8　从挡弹堡中清理出的弹丸　　　　图 3-9　挡弹堡顶盖损坏外貌

该挡弹堡损坏的原因：一是设计抗侵彻寿命年限已到；二是挡弹堡内填充的介质不完全适应弹丸侵彻需求；三是对弹丸在填充介质内的运动规律认识不足，采取措施不力。经安全鉴定后，提出该挡弹堡应报废，并可在原址按相关规范要求重建。

2）弹药保温存在的燃爆问题

不论是弹药检验试验还是火炮检验试验，在靶场均要使用弹药进行射击，其中，对内弹道试验，即对初速或膛压有测试要求的试验，弹药均应进行保温，温度视试验要求确定，我国火炮弹药试验保温规定，其高温为50℃，低温为-40℃，常温为15℃，高空使用的弹药低温为-70℃，枪械弹药常温为20℃。

弹药保温的方法目前有两种：一是将准备试验的弹药放置在控制保温房间内；二是用保温箱本身升温或降温。目前，对炮弹大都采用后者进行保温，特别是保温车更适合临时野外试验条件。

如上所述，若干个弹药保温箱，我国目前大都集中设置在一间或几间保温间内，这些都无可非议。但关键的是安全问题，保温箱的工艺布置不安全。例如，某试验场保温间内的保温箱布置成两排，并把两排保温箱的开启门相对布置。又如，某试验场保温间内的保温箱布置为一排，但却把保温箱的开启门对着隔墙。这两种布置方法很有代表性，均不可取。不但在许多试验场这样布置，而且在许多弹药生产厂也是这样布置。这样布置弹药保温箱存在很大的风险，如果其中一个保温箱出现燃烧或爆炸，整个房间内的保温箱均将可能殉燃或殉爆，甚至造成墙倒屋塌，室内人员也难逃厄运。西北、华东一些单位历史上多次的事故警示我们，正确的布置方法，应将保温箱单排布置并将开启门朝向室外，这样布置一旦保温箱内发生燃烧事故，产生的冲击波或火球不会留在房间内，而会直接泄出室外。

3）该靶场设计方案没有将发射区、技术区与危险弹药库区分区（块）布置，混在一起存在相互影响的问题。

3.1.2 小口径高炮试验

我国小口径高炮有双 35mm 牵引高炮、双 37mm 牵引高炮、双 37mm 舰炮和双 35mm 自行高炮等。瑞典厄利空双 35mm 牵引高炮射击、双 35mm 自行高炮和双 35mm 舰炮及其配用的弹药如图 3-10~图 3-13 所示。下面以瑞典厄利空双 35mm 高炮为例介绍其诸元、试验项目和设计方案等。

图 3-10　瑞典厄利空双 35mm 牵引高炮

图 3-11　瑞典厄利空双 35mm 自行高炮

双 35mm 高炮射速为 $2×550＝1100$ 发/min,初速为 1175m/s,射角为 $-5°~92°$,火炮质量为 6400~6800kg。

图 3-12　瑞典厄利空双 35mm 舰炮

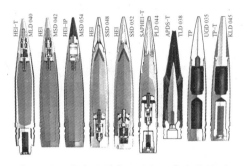
图 3-13　瑞典厄利空双 35mm 高射炮炮弹

弹丸初速为 1175m/s,APDS-T 弹初速为 1385m/s,全弹质量为 1580g,发射药质量为 330g,弹丸质量为 550g,APDS-T 弹丸质量为 380/294g,炸药装药质量为 112g,HEI 炸药装药质量为 80g,SAPHEI-T 炸药装药质量为 22g。

1. 试验项目

双 35mm 高炮在靶场上一般应进行小型、大型和随动系统三项射击试验及试车试验。以瑞典厄利空双 35mm 高炮试验为例,其试验内容如下。

1) 小型射击试验

(1) 温炮试验,高低角 0°;

(2) 自动机强度试验,高低角 0°;

（3）射速试验,高低角0°;

（4）高低角中等速试验,高低角0°～14°;

（5）方位角中等速试验,高低角0°,方位角0°～86°;

（6）高低角正弦试验,高低角0°～14°;

（7）方位角正弦试验,高低角0°,方位角0°～86°;

（8）200m立靶密集度试验,高低角0°;

（9）低温弹连发性能试验,高低角-5°;

（10）高射角连发性能试验,高低角大于80°。

2）大型射击试验

（1）内弹道试验,温炮,标准温度、高温、低温弹的初速试验,火炮装定:高低角0°,方位角0°。

（2）外弹道试验,温炮,火炮装定:高低角0°,方位角0°;最大射程和最小射程试验。

（3）低温弹机构动作可靠性试验,火炮装定:高低角-5°,方位角任意。

（4）强度试验,火炮装定:高低角0°,方位角任意。

（5）立靶密集度试验,随动定点。

（6）工作可靠性试验,角度随动控制射击。

（7）牵引试验后不除尘射击,火炮装定:高低角0°,方位角0°。

3）随动系统射击试验

（1）方位角低等速试验,高低角随动定点,方位角33mil/s向左/向右;

（2）方位角中等速试验,高低角随动定点,方位角470mil/s向左/向右;

（3）方位角中正弦试验,高低角随动定点,方位角$T=6.83s$,左拐点,$2A=938mil$,右拐点$2A=500mil$;

（4）高低角等速试验,高低角33mil/s向上,高低角250mil/s向下;

（5）高低角中正弦试验,高低角,$T=6.283s$,下拐点,$2A=500mil$;

（6）高低角大正弦试验,高低角,$T=6.283s$,下拐点,$2A=938mil$。

4）试车试验

（1）每门火炮均进行校验惯性导航精度检验、瞄准线稳定性能检验、射击线稳定性能检测;

（2）50km行驶试验;

（3）每18门炮抽1门火炮,对固定目标进行行进间射击交验试验。

5）行驶射击试验

每18门炮抽1门火炮,在土路上以10～15km/h速度行驶,行驶过程中保持稳定跟踪,在行驶规定射击区域内时,炮手对目标进行射击。在纵向和横向采取连发方式,对大于或等于1000m的固定目标各射击三组,每组2×10发。

6）试车场及生产厂到靶场的道路

为了满足上述4）、5）条的试车要求,应在生产厂附近建设一条长1.5km、路基宽9m、两端可调头的环形碎石路面试车道。

车辆特殊试验,可参见本书第7章7.2节坦克试车场设计方案。生产厂到靶场的道路可按具体情况进行设计。

2. 小口径高射炮靶场组成

小口径高射炮的靶场一般应建设下列建筑物和构筑物,其名称、用途和参考尺寸如下。

1）发射区(阵地区)

（1）双35mm自行高炮钢筋混凝土炮位;

（2）双37mm自行高炮钢筋混凝土炮位;

（3）双35mm牵引高炮钢筋混凝土炮位;

（4）双37mm牵引高炮钢筋混凝土炮位;

（5）双35mm舰炮钢筋混凝土炮位;

（6）多管30mm舰炮钢筋混凝土炮位,同时应适应瞄准、火线高度、供弹、排除弹壳的需求,因此,该火炮炮位相当于安装在军舰甲板上,高于地面2~3m,周围应设计操作场地、竖向柔性弹链供弹间、地下装弹箱存弹间和动力及控制系统工作间等;

（7）人员掩体兼射手控制间,钢筋混凝土结构,3m×4m;

（8）弹药掩体,钢筋混凝土结构,2m×2m;

（9）靶道,混凝土构造,长度200m;

（10）扇形射击靶道,长度宜为1000m,宽度视方向的瞄准速度和射弹发数确定,通常需要几百至几千米;

（11）靶场的挡弹墙,为钢筋混凝土结构,宽度60m,高度8m,具体尺寸可视射距和地形而不同。

2）技术区

（1）火炮准备工房约为72m×12m,如距离工厂较近,可以利用本厂装配工房进行射前和射后的处理工作;

（2）弹药准备工房,危险等级为1.3级或C_2级,框架结构,约为30m×12m;

（3）测试仪器实验室,约为30m×12m;

（4）靶具库,约为12m×6m。

3）管理及保障区

（1）值班室;

（2）办公楼、通信站及生活用房,二层,约为240m×12m;

（3）汽车及消防车库,如距离城市或工厂消防队较近,可以利用其消防条件进

行靶场消防工作,但靶场应有供水点;

（4）油库;

（5）动力设施,如锅炉房、水塔、水泵房、变电所及自备发电机房等。

4）危险品库区

（1）炮弹成品库;

（2）发射药库;

（3）弹丸、药筒及其配件库;

（4）火工品库;

（5）模拟弹库。

3. 双35mm高炮试验靶场建设方案

双35mm高炮试验靶场方案应能满足双35mm高射炮水平射击、固定方向角射击和高角度射击的需求。图3-14表示射程11.2km内、射高8500m内的高低射弹包络图形,靶场的场地应满足上述落弹区的要求,一般场地为扇形,视目标的航速、火炮随动系统的速度及射弹的发数确定方位角的大小,可为60°~120°,靶道射程应不小于13km。图3-15是57mm高炮高低射界落弹包络图形,对57mm高炮的靶道射程应不小于15km。图3-16是100mm高炮高低射界落弹包络图形,对100mm高炮的靶道射程应不小于24km。

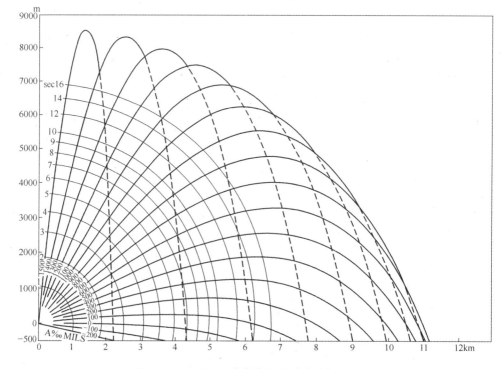

图3-14 双35mm高炮高低射界落弹包络图形

68

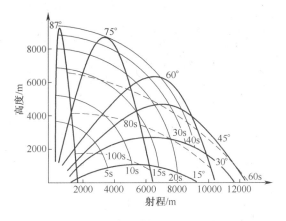

图 3-15　57mm 高炮高低射界落弹包络图形

图 3-17 所示为某靶场在 540m 处设置固定目标，自行高炮射手在行驶间对其进行射击，方位角为 5958~42mil，高低角为 117mil，射弹 2×20 发的试验场方案示意图。同时在此靶场上也给出双 37mm 牵引高炮的射击位置。

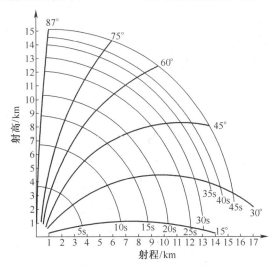

图 3-16　100mm 高炮高低射界落弹包络图形

行驶间对目标进行射击是检验双 35mm 高炮的重要内容。图 3-17 表示双 35mm 高炮以 10~15km/h 的速度行驶，对距离 500m 的固定靶进行射击的示意图。A 为准备射击开始点，0 点为射击点，B 为终止射击点，对应的方位射界为 89mil。射击点相对高度假定为 0.00m，目标高度为 +60m，射角应设置为 117 mil，方位角为 0°~90°。

依据某靶场射距为 2km 内的地形和无居民点情况，考虑到射弹飞出或跳出的可能性，宜在靶板处开凿一个长度为 60m、深度为 10m、高度为 12m 的集弹洞，控制弹丸落在挡弹洞中。

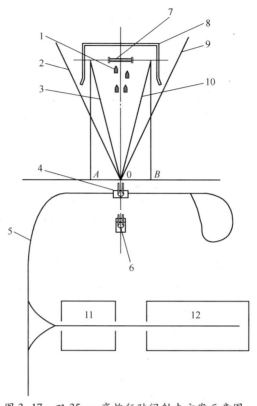

图 3-17　双 35mm 高炮行驶间射击方案示意图

1—射弹;2—左射击安全线(标桩显示);3—左边射线;4—行驶间双 35mm 高炮;

5—道路;6—固定时双 37mm 高炮;7—靶板;8—挡弹堡;9—右射击安全线(标桩显示);

10—右边射线;11—管理区;12—技术区。

内部距离要求:炮位距技术区、危险品库区的所有建筑物的距离均应大于200m。发射区及技术区内的建筑物均应采取防冲击波和抗振措施,特别是建筑物的门窗及其玻璃。

外部距离要求:高角度射击时,在该靶场方案靶道的前方 1500m 内、两侧 600m 内、后方 500m 内不应有村庄;水平或低角度射击时,在该靶场方案靶道的前方 2500m 内、两侧 700m 内、后方 600m 内不应有村庄。

4. 该试验场正常使用过程中出现的问题

调查得知,在该试验场射击 0 位线的前端 7~9km 处修建了高速公路,使得靶道被拦腰切断为前后两段,该靶场不得不停止现有的部分试验项目,让路于地方建设发展。

3.1.3　中大口径火炮水平射击试验

中大口径的加农炮、榴弹炮、加农榴弹炮、迫击炮、高射炮、反坦克炮、舰炮等品种很多,图 3-18 所示为双管 130mm 舰炮。

下面以某型 122mm 榴弹炮为例,介绍其试验场的设计和建设方案。

图 3-18 双管 130mm 舰炮

交付订货单位前,每门榴弹炮均应按要求进行交验射击试验,因此,企业应有自己的试验靶场,并完成交验试验。某 122mm 榴弹炮在靶场上试验时的外貌如图 3-19 所示,配用的弹药如图 3-20 所示。

图 3-19 某 122mm 榴弹炮战斗状态外貌

图 3-20 某 122mm 榴弹炮炮弹外貌

1. 火炮试验项目

火炮在工厂靶场上的主要试验项目有小型试验、牵引试验和大型试验。

(1)每门火炮均应在靶场上进行交验试验,一般发射 7 发炮弹,其中 4 发为装填非爆炸物质的弹丸,在场地有困难的情况下,另外 3 发可发射模拟弹,如"水弹"或易碎弹丸等。

(2)火炮方向角试验,如身管不动可以移动火炮大架完成。

(3)火炮最小射角和最大射角试验均可使用非装填炸药的弹丸,在靶场条件受到限制时,也可以采用发射模拟弹,如"水弹"弹丸或易碎弹丸进行大角度状态射击。

(4)牵引试验可参见本书 7.2 节有关试验内容及要求。

2. 火炮试验场组成

火炮试验场的组成,视试验火炮品种和数量的不同,其差别也较大,以某榴弹炮试验场为例,可由以下建筑物或构筑物组成:

（1）长度150~200m试验靶道；

（2）试验炮位，按试验品种和试验量，确定炮位数量，舰炮科研试验炮位还应适用军舰在海中摇摆情况的需要；

（3）挡弹堡，按试验品种和试验量，确定挡弹堡数量；

（4）炮位炮手掩体，按试验品种和试验量，确定炮手掩体数量；

（5）炮位弹药掩体，按试验品种和试验量，确定炮位弹药掩体数量；

（6）弹着点观测隐蔽所（有时用）；

（7）火炮准备及维修工房；

（8）弹药准备工房；

（9）炮弹高低温保温工房；

（10）测试仪器室；

（11）炮弹库；

（12）发射装药库；

（13）底火及发火件库；

（14）模拟炮弹、假引信等元件库；

（15）公用性建筑：办公室、变电所、水塔或高位水池、锅炉房等建筑。

3. 火炮试验场的设计方案

依据试验任务和组成，火炮试验场可选择在山区并不进行大射角（<3°）实弹射击的情况下，火炮试验场的布置方案如图3-21所示。

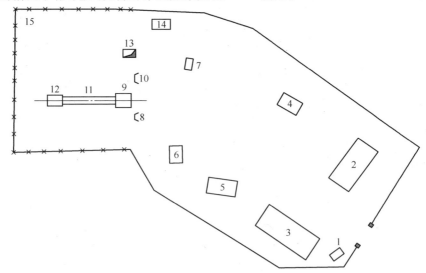

图3-21　某榴弹炮水平射击试验场设计方案

1—值班室；2—火炮准备维修工房；3—停车场；4—发射药库；5—弹药准备工房；6—测试仪器室；
7—黑火药底火库；8—炮手掩体；9—试验炮位；10—弹药掩体；11—试验靶道；12—挡弹堡；
13—水池；14—高位水池；15—靶场密实围墙及非密实围墙。

图 3-22 和图 3-23 是某试验场的靶道举例,该试验场的靶道选在一条山沟里,沟的长度为 300~350m,宽度约为 60m,自然地形标高:挡弹堡处为 645.00m,炮位处标高 617.10m,坡向炮位,设计标高均为 613.00m。靶道的长度为 150m,起点和终点的宽度取 8m,射击方向朝向正北方向的标高为 665.08 的小山头。该山头比炮位高出 52.08m,能起到一定的屏障作用。

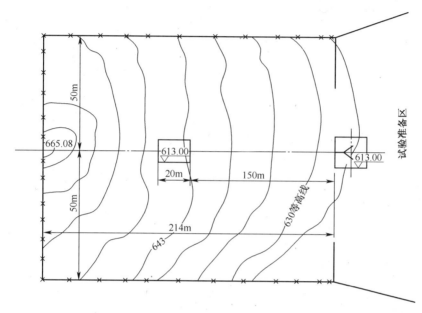

图 3-22　某榴弹炮水平射击试验靶道平面图

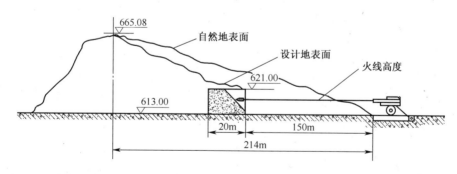

图 3-23　某榴弹炮水平射击试验靶道剖面图

靶场分为两个区:一区为准备区;二区为试验区。一区、二区分开布置,并保持一定的安全距离,以防止膛炸、射击时火炮冲击波和火炮振动对准备区建筑物造成危害。

4. 大中口径火炮水平射击靶场外部安全距离

图 3-24 绘出了大中口径火炮水平射击靶场与零散住户间的外部安全距离示

意图,靶道边线两侧500m及靶道边线前端2000m和边线后端500m粗线外为零散住户外部安全距离。

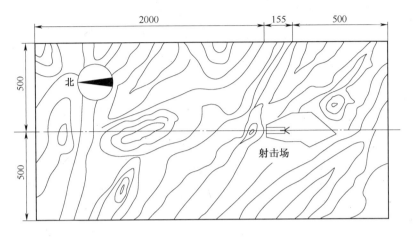

图 3-24　大中口径火炮水平射击试验靶场与零散住户间的外部安全距离

5. 建设方案存在的问题和解决的方法

1) 弹丸的跳弹问题

该靶场试验靶道设计的亮点是能充分利用现场的地形条件,把射击方向朝向山体并把挡弹堡镶嵌在山体内,基本上解决了射击方向的飞弹问题。基本上解决,即还应注意到一旦瞄准偏高、偏左或偏右,以及弹丸落在山体上在着角小于20°,仍有可能发生跳弹并飞出试验场范围的可能,见表3-3的详细说明。

该靶场试验靶道的前方500~900m有零散住户29户,为预防跳弹意外事故的发生,宜从挡弹堡起至标高为665.08小山头止,尽量将这一段地表坡度改大。

在射击过程中,当落角 Q_C 很小时,弹丸侵入地面介质后,在介质中划过一道较浅的弹道或入侵介质不深的一条弹道,又重新从介质表面或介质中跳出,这种现象称为跳弹;当落角 Q_C 不很小时,弹丸如果着在硬质的地面上,如山体地面、硬土地面、冻冰地面也会跳飞,也称为跳弹。

产生跳弹的百分数与弹丸落角、落点的介质及其软硬程度有关。有人统计过,在中等硬度的土质地面上,不同着角弹丸在其介质中运动的路线特点及跳弹的百分数见表3-3。

表 3-3　弹丸着角与跳弹的百分数

着角 Q_C/(°)	跳弹/%	在地面介质中弹道的着角和跳角/(°)	弹道情况
0~10	约100	<10	在地面上滑沟
		着角约10 跳角约15	地面深度10~15cm,长度1~1.5m,露在表面上浅沟

着角 Q_c/(°)	跳弹/%	在地面介质中弹道的着角和跳角/(°)	弹道情况
10~20	75	着角约 20 跳角约 30	在地面上浅沟,深度 20~30cm
		着角约 20	侵入土壤中的弹丸有跳至地面的倾向
20~30	40~50	着角约 30	留在地下,深度约为 50cm
		着角约 30	在土壤中的部分弹丸运动线路不规则
30~40	约 10	着角约 40	在土壤中的弹丸运动线路不规则
>40	0	着角大于 40	在土壤中的弹丸运动几乎是直运动线

2）大角度试验问题

如前所述,该靶场试验靶道设计亮点是能充分利用现场的地形条件,把射击方向朝向山体的挡弹堡内,解决了水平射击的试验项目,但火炮小型试验还要求进行大角度试验,如仰角+70°试验等,在这个靶道上用实弹射击是无法完成的,设计者采用"水弹"或易碎模拟弹代替实弹进行大角度试验,较好地解决了场地的限制问题。

3）周边设施

该靶场的炮位距离测试室、黑火药及底火库、装药工房、发射药库、维修工房、高位水池分别为 25m、60m、60m、90m、70m,距离均在 100m 以内,在此范围内不宜布置建筑物,如布置,则应按"安全规范"要求对上述建筑物采用钢筋混凝土柱及屋盖,并应按规定采取结构构造措施,特别是建筑物的门窗,以防被震坏。

4）靶道边界线

宜划出以标高+665.08 的小山头作为射击靶道前端的边界线,并以小山头东西两侧各 500m 为两侧的边界线。

5）场内道路

试验场内的道路应便于汽车牵引火炮和往炮位运送弹药的需求,路面、坡度及转弯半径应适合车辆的要求。

6. 水平射击靶道长度的计算

水平射击靶道长度主要取决于三点:①试验火炮性能及试验的项目;②靶道上放置的测试仪器、靶位及其数量;③相关的安全要求。

1）水平射击内弹道测速靶道长度的计算公式

水平射击内弹道测速靶道长度为

$$L = L_1 + L_2 + L_3 + L_4 + L_5$$

式中:L 为靶道的总长度(m);L_1 为炮位的长度(m),按火炮战斗状态的长度及操作范围大小确定;L_2为火炮炮口至测速第一靶的距离(m),可参考表3-4中的数据;L_3为第一测速靶与第二测速靶间的距离(m),可参考表3-5中的数据;L_4为第二测速靶与挡弹堡间的距离(m),火炮与挡弹堡间的瞄准偏差不应大于2mil,以确保射弹100%地命中挡弹堡内,并反跳距离不大于20m,设计靶道可取其为30~50m;L_5为挡弹堡的长度(m),可取挡弹堡设计长度的1.5~2倍。

表3-4　炮口至测速第一靶的距离

火炮名称	口径/mm	炮口至测速第一网靶的距离/m
加农炮	<45(含)	15
加农炮	50~76	20
加农炮	85~100	30
加农炮	>100	40
榴弹炮	<122(含)	30
榴弹炮	>122	40
加农榴弹炮	>152	60(估)

表3-5　第一测速靶与第二测速靶间的距离

口径/mm	预计速度/(m/s)	第一测速靶与第二测速网靶间的距离	
		预计速度/%	距离/m
小于45mm的火炮	1000		50
	>1000		60
大于45mm的火炮	<800	10	—
	801~1000	—	80~90
	1001~1200	—	90~100
	>1200	约8	>100

2)立靶射击试验及其靶道的长度

所有的地面炮、坦克炮、自行火炮都要进行立靶射击试验,试验目的是检查小射角射击时火炮的射击密集度和弹形系数,特别是对于坦克炮和反坦克炮,该试验项目是其基本试验项目之一。

靶道的长度主要取决于立靶射击的距离,对近战火炮来说,这些距离应当接近于它们对直立目标的最大有效射程。根据弹丸初速和弹径,立靶射击试验的距离在500~4000m之间,具体试验的距离在产品技术条件内有规定。

立靶的尺寸依据弹丸的散布椭圆大小确定,但立靶的尺寸应比散布椭圆大。经实践,试验的立靶通常采用表3-6所列立靶的尺寸。

表 3-6 　射击试验距离与立靶尺寸

立靶射击试验的距离/m	靶高/m	靶宽/m
500	6	8
1000	6	10
1500	7	12
2000	8	14
2500	9	14
3000	9	14
4000	10	16

通常,在立靶中心均标出一个直径为 0.5m 的黑色瞄准点,供直接瞄准射击。在立靶侧面 200~300m 处设置观测隐蔽所,供射击时观测人员进行隐蔽。

3）山区立靶射击试验靶道的选择

如前所述,立靶射击试验的距离一般在 500~4000m 之间,而且要求火炮与立靶应在同一水平面上。在山区选择那么大的平地作为试验场地很难实现。图 3-25 所示的是江西某靶场建设在山区的一个 1000m 火炮立靶精度的试验靶道。这条靶道的特点是把火炮的炮位设置在一个山头上,越过沟壑、削平山头将射距 1000m 的立靶设置在另一个山头上,既保持了水平射击的条件,又利用了山区的地形,对射距大于 1000m 的立靶试验,也可以参照此方法予以解决。

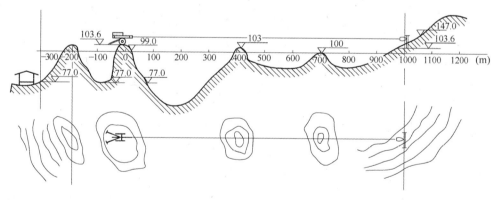

图 3-25 　1000m 射距立靶试验靶道地形

3.1.4 　火炮牵引试验

火炮牵引试验的目的是测定被试火炮及其零部件的强度和寿命,特别是火炮运动部分的强度和寿命,以及火炮与牵引车连接是否方便可靠等,火炮牵引行军状态见图 3-26。自行火炮行驶试验,请参见本书第 7 章的有关条款。

靶场设计者应考虑生产厂到试验场的道路,一般约为几千米至几十千米,可以

图 3-26 火炮牵引行军状态

利用部分国道或省道,连接到试验场的道路为专用道路,应按试车要求设置相关设施。

1. 试验条件

火炮牵引试验最严格的条件是在夏季,夏季道路不平,土尘和泥浆会造成火炮摩擦表面的磨损及对火炮机构沾污。火炮牵引里程,应根据火炮运动部分或某些元件(轮胎、扭力杆等)的预计寿命确定,其里程为 2000~3000km。

试验场上试验道路的类型,应根据火炮用途和战斗使用条件选择,一般在难行路面上牵引 60%~80% 的里程,在易行路面上牵引 40%~20% 的里程。

行驶的速度,应按具体情况确定。如装有新式缓冲装置的火炮,应在良好的公路上以最大允许的行驶速度进行试验,在卵石路上以平均速度为 25~35km/h 行驶,在土路上以平均速度为 20~30km/h 行驶,在无路地带以平均速度为 5~10km/h 行驶。

牵引试验后,火炮要进行总检查并进行射击试验,射角为 1°~20° 和 45°,每一射角射击 2~3 发弹,炮身位于大架中间位置。

试验过程中要测出:火炮列车的通行能力、在难行道路上的牵引阻力;在软土上的通行能力;克服障碍的适应性;火炮列车的回转性、灵活性,如回转半径的大小测定;行驶中的稳定性,如侧翻的角度测定;列车车体的灵活性,即越壕沟的能力;炮手短距离运炮试验;等等。

射击后进行火炮的总擦洗,此时,要注意擦洗每个机构的方便性和可能性,以及各机构的沾污程度。

把擦洗好的火炮进行完全分解,并对零件和部件进行划线检查,损伤、折断和严重磨损的火炮零件进行登记存档。

2. 试验实施和结果的整理

试验实施要求:①应按规定的速度规定道路牵引火炮;②在行驶过程中观察和检查火炮的状态。

牵引试验中应定期停歇,测定轮毂的发热程度,检查火炮行军固定机构、大架连接机构和反后坐装置漏气漏油情况。牵引500~600km之后,还应检查复进机和平衡机内压力,以及检查火炮从行军状态转为战斗状态和检查火炮由战斗状态转为行军状态的方便性、可能性。在公路和卵石路上牵引试验时,应检查制动器的制动距离。

牵引试验后还应进行射击检查,夏天在土炮位上使用夏用驻锄,冬天在钢砼炮位上使用冬用驻锄进行射击试验。具体射击试验内容及要求请见有关射击条款。牵引试验和射击检查后,应将计算机内存储的数据,如日期、天气状况、试车里程、道路、速度、出现的问题及损坏情况等调出进行综合整理填表存档。

3.1.5 地下式小口径舰炮航炮试验

中国舰艇装备过的小口径舰炮有:1961年式双装25mm舰炮,杀伤弹质量0.64kg,弹丸质量0.28kg,初速890m/s,射速400~450发/min,高低射界-10°~85°,方向射界360°,有效射程2700m,单炮质量110kg,装满65发炮弹的炮弹箱质量55kg,后坐阻力39kN,正常后坐距离175mm,最大旋回半径2150mm,火炮质量(无弹及备附件)1735kg。

1969年式双装30mm舰炮,初速1050m/s,单管快射速大于或等于1000发/min,单管快慢射速250~400发/min,高低机械极限角12°~87°,方向机械极限角±180°,有效水平射程3333.6m(18链),有效斜射程4000m,有效射高3300m,高低最大稳定跟踪速度50(°)/s,方向最大稳定跟踪速度70(°)/s,高低最大稳定跟踪加速度100(°)/s²,方向最大稳定跟踪加速度100(°)/s²,单管后坐部分质量80kg,单管后坐最大阻力36162N,全炮质量1650kg,弹箱容量2×500发。

H/PJ13型6管30mm舰炮,发射速度3000发/min,射程3800m。

H/PJ12型7管30mm舰炮,它是舰艇末端防御武器。该炮采用外能源转管式发射系统,该系统由机匣、炮箱、后盖、传动装置、闭锁机、发火机和缓冲器组成。高发射速度3800~4200发/min,中发射速度2000~2200发/min,低发射速度1000~1200发/min,初速大于或等于1150m/s,立靶射击精度均方差(脱壳穿甲弹):高低小于或等于1.3mrad,方向小于或等于1.3mrad,对导弹目标(采用脱壳穿甲弹)有效射程2500m,对飞机目标(榴弹)射程3500m,高低射界-25°~87°,方向射界-180°~180°,高低最大跟踪速度大于或等于100(°)/s,方向最大跟踪速度大于或等于100(°)/s,高低最大跟踪加速度大于或等于170(°)/s²,方向最大跟踪加速度大于或等于140(°)/s²,弹鼓储弹量640发。在近战炮的电子系统中有一部小型圆形雷达,用于搜索来袭目标,在右侧U形支柱上安装有彩色摄影机、热感摄影机和激光测距仪。雷达对小型目标探测距离为8km,对大型目标探测距离为15~20km,可在3000m的距离对目标进行射击,最佳精度射击距离是在1000~1500m。中国近年又研发了性能先进的 1130 型 11 管 30mm 速射炮,据称最大射速可达 11000 发/min。

H/PJ13 型 6 管 30mm 舰炮,它是舰艇末端防御武器。发射速度大于 4000 发/min,初速 890m/s,200m 立靶射击精度均方差:高低小于或等于 2.38mrad,方向小于或等于 2.3mrad,最大射程 4000m,最小射程 500m,射高 2000m,高低射界-12°~88°,方向射界-180°~180°,高低最大跟踪速度大于或等于 50(°)/s,方向最大跟踪速度大于或等于 70(°)/s,高低最大跟踪加速度大于或等于 50(°)/s²,方向最大跟踪加速度大于或等于 70(°)/s²,射击后坐力 68.6kN,主弹箱弹量 2000 发,备用弹箱弹量 1000 发,电源功率:三相 380V/50Hz 小于或等于 20kW,单项 110V/400Hz 0.05kW,全炮质量 2530kg。

中国飞机装备过的航炮有:23-1 型、23-2 型、23-3 型等 23mm 航炮,其中 23-3A 型身管数 2 个,弹丸质量 174g,初速 715m/s,射速 3000~3400 发/min,航炮质量 50.3kg,膛线 10 条,平均最大膛压 300MPa,最大后坐力 34.3kN,配用杀伤、燃烧和穿甲弹,装备歼-10 飞机。

30-1 型、30-2 型、30-4 型 30mm 航炮。其中 30-4 型身管数 1 个,弹丸质量 389~400g,初速 1500~1800m/s,射速 3000~3400 发/min,航炮质量小于 50kg,膛线 16 条,平均最大膛压小于 345MPa,最大后坐力小于或等于 78.5kN,配用杀伤、燃烧和穿甲弹,装备歼-11 飞机。

图 3-27 是 7 管 30mm 舰炮射击外貌图,图 3-28 是 30mm 舰炮射击外貌图。

图 3-27 7 管 30mm 舰炮舰上射击外貌　　　　图 3-28 30mm 舰炮舰上射击外貌

小口径舰炮航炮的检验试验靶场,依据其试验的内容、要求和建设条件,实践证明,建设地下试验靶场有如下优点:

(1) 对口径 25~30mm 的舰炮、航炮试验靶场来讲,可以节省几十平方千米土地;

(2) 小口径舰炮、航炮试验靶场可以建设在生产企业总装配车间的地下及附近,这样使用、管理、运输方便,但目前 6 管、7 管的全舰炮试验场宜建设在露天场地上;

（3）地下试验比较安全、环保和保密；

（4）建设投入比较小。

1. 小口径舰炮、航炮地下试验靶场组成

（1）试验靶道、炮位的数量，按生产产品数量计算确定，图3-29的设计方案为6条，靶道长度50m～100m，宽度4m，高度为3m；

（2）射击炮位6间；

（3）射击及隔声间6间；

（4）挡弹堡（集弹间）6间；

（5）测速及测压室；

（6）弹药准备及保温间；

（7）炮弹临时存放间；

（8）舰炮、航炮准备及擦拭工作间；

（9）靶具间；

（10）通风间；

（11）配电间；

（12）数据处理及办公室。

2. 舰炮、航炮发射系统地下式靶场建设方案

按某舰炮、航炮试验的需求及当地环境条件，将其试验靶场布置在某城市的地下，经40年的使用效果很好，见图3-29（单位：mm）。

3. 靶道数量的计算

靶道数量的计算，有两种方法，即按劳动量计算或按生产需要成套配备。设计时究竟采用哪一种方法可依据具体条件确定。这些条件是：

（1）舰炮、航炮的年生产量。

（2）舰炮、航炮生产试验的劳动量，新产品一般没有劳动量，可参考试制的资料。

按生产试验的劳动量计算靶道的数量是比较精确的。对生产试验量比较多的产品或有成熟的试验工艺时，均可采用此方法。

（3）靶道（炮位）数量的计算可按下式计算：

$$N = S\tau/T$$

式中：N 为靶道的计算数量（条）；S 为年产量（门）；τ 为炮位的台时（h/门）；T 为靶道的年时基数（h）。

例如，年产1000门，每门航炮的炮位台时为8h，每门舰炮的炮位台时为9h，平均每门舰炮和航炮的炮位台时为8.5h，每天单班制，炮位的年时基数为2350h，则靶道（炮位）数量取5条，精度试验单独1条，靶场设计采用6条靶道（$N = 1000 \times 8.5/2350 = 3.617 \approx 4$）。

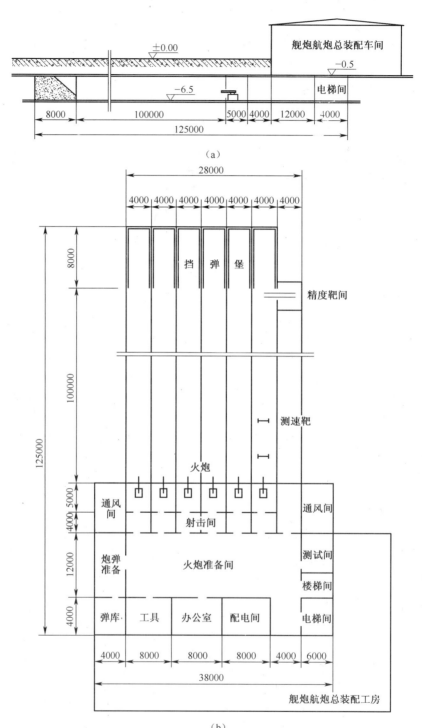

（a）

（b）

图 3-29　某地下式舰炮、航炮试验靶场建设方案

（a）剖面图；（b）平面图。

（4）炮位的负荷率可按下式计算：

炮位的负荷率是炮位的计算数量除以实际采用的炮位数所得的百分数，即

$$\eta = N/N_s \times 100\%$$

式中：η 为炮位负荷率（%）；N 为靶道的计算数量（条）；N_s 为实际采用的靶道数量（条）。

将上述数据代入公式后，计算得出靶道（炮位）的负荷率为80%，经验验证其值可取。

3.1.6 机载航炮地面试验

歼击机、轰炸机、武装直升机等作战飞机，均装备有航炮，一般装备1~2门，有的装备3~4门，大都安装在机身或机头的两侧。凡是装备有航炮的飞机均应在其安装之后，对航炮进行射击试验。航炮有口径23mm的23-1型、23-2H、23-2K型、23-3型、623型和口径30mm的30-1型。23-3型是我国自行研制的，双管射速为同口径的2.5倍以上，达3000~3400发/min，重50.5kg。623型6管转膛炮见图3-30，其与美国的6管M61A1炮类似，炮重151kg，初速820m/s，射速达6000发/min。各国作战飞机装备的航炮、航炮的型号、航炮在飞机上的安装位置及后坐力等部分数据见表3-7。

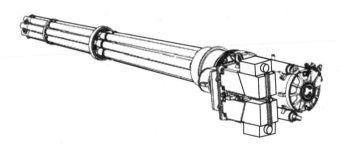

图3-30 多管转膛航炮外貌

表3-7 各国作战飞机装备的航炮

国别	飞机型号	航炮型号及数量		航炮安装位置	炮口装置类型
美国	F-101A	M-39	4门	机头两侧各2门，在进气道前方	集气—导气装置
	F-104	M-61	1门	前机身左侧，在进气道前3.38m	由发动机引气吹出火药气体，经专用排气管排除
	F-105	M-61	1门	前机身左侧，在进气道前4.8m	燃气偏流器
	F-4E	M-61A1	1门	前机身雷达舱下方，在进气道前4.45m	燃气偏转装置

国别	飞机型号	航炮型号及数量	航炮安装位置	炮口装置类型
美国	F-5A	M-39　2门	机头两侧各1门,炮口在进气道前方3.88m	集气—导气装置
	F-14A	M-61A1　1门	前机身左侧,炮口在进气道前方4.3m	
	F-15	M-61A1　1门	右机背进气道上方,炮口在边条后1.1m	燃气分流扩散
	F-16	M-61A1　1门	左机背进气道上方,炮口在边条后1.1m	燃气分流扩散
	F-18	M-61A1　1门	机头上方正中,炮口在进气道前	燃气偏流器
	A-10	GAU-8　1门	机头下方正中,炮口在进气道前6m	燃气偏流器
	A-37	"卡特琳"6管机枪	机头右侧上方,炮口在进气道前	燃气偏流器
	B-52	M61A1　6管	口径20mm 射速7200发/min	后坐力16.99kN
	F-18	GAU-13/A　4管	口径30mm 射速2400发/min	后坐力53.446kN
	A-10	GAU-8/A　7管	口径30mm 射速2100~4200发/min	后坐力84.533kN
苏联/俄罗斯	МИГ-15和МИГ-17	H-37 1门,和HP-23　2门	H-37在机头右侧,2门HP-23在机头左侧,炮口均在进气道后0.5m	两侧排气型炮口帽
	МИГ-19C	HP-30　3门	机头右侧1门,炮口在进气道后0.5m,翼根各1门炮口在进气道后2m	多气室两侧排气型炮口帽
	МИГ-21ф-13	HP-30　1门	前机身右侧下方,炮口在进气道后方2.8m	气体补偿器
	МИГ-21Мф	ГШ-23　1门	中机身正下方,炮口在进气道后方3.9m	气体补偿器
	МИГ-23MC	ГШ-23　1门	中机身正下方,炮口在进气道后方	多气室两侧排气型炮口帽
	МИГ-27	ГШ-6-23　6管	口径23mm 射速5000发/min	
	T-58	ГШ-6-30　6管	口径30mm 射速4000发/min	
英国	"鹞式"	Aden　2门	机身两侧外挂炮舱各1个,炮口在进气道前	集气—定向排气
	"闪点"	Aden　2门	前机身两侧各1门,炮口在进气道后	燃气分流扩散
	"标枪"	ADEN	口径30mm 射速1200发/min	后坐力22kN
法国	"幻影"Ⅲ	"德发"552　2门	中机身两侧各1门,炮口在进气道后0.9m	燃气偏转装置
	"幻影"FⅠ	"德发"553　2门	中机身两侧各1门,炮口在进气道后1m	两侧排气炮口帽
	"幻影"2000	DEFA554	口径30mm 射速1100~1800发/min	后坐力29.420kN

国别	飞机型号	航炮型号及数量	航炮安装位置	炮口装置类型
中国	强-5	23-2　2门	机头两侧各1门,炮口在进气道前2.5m	导气—定向排气装置
	强-5	23-2　2门	左右翼根各1门,炮口在进气道后1.3m	双气室炮口帽
	歼-6 Ⅲ	30-1　3门	同 МНГ-19C	МНГ-19C
	歼-7 Ⅰ	30-1　2门	前机身两侧各1门,炮口在进气道后3m	气体补偿器
	歼-8	30mm 速射炮2门	前机身两侧各1门,炮口在进气道后3m	气体补偿器
	歼轰-6	23-2　1管	口径23mm 射速大于或等于1200发/min	后坐力26kN
	歼轰-7	23-3　2管	口径23mm 射速3000~3400发/min	后坐力28.42 kN
	歼-10	23-3A　2管	口径23mm 射速3000~3400发/min	后坐力34.30kN
	歼-11	30-4　1管	口径30mm 射速1500~1800发/min	后坐力小于或等于78.50kN
	未装备	6-23　6管	口径23mm 射速6000发/min	后坐力44.10kN

1. 地面机载航炮试验场任务及组成

1）任务

靶场试验任务是检测航炮安装的正确性和可靠性。每门航炮安装后均应进行单连发射击试验。研制的产品还应进行炮口冲击波和热效应的试验,以检验炮口附近的机身、机头罩、翼面和外挂物的影响等。有时还同时进行几门炮射击试验,以检验发动机是否喘振、停车等。

2）组成

（1）射击试验场:供射击试验的停机坪、靶道和挡弹堡。

按歼轰-6 考虑,试验停机坪的长度为44.65m(为机长的2倍),宽度为25.4m(为翼展的2倍),承载力560kN(为机重的3倍,不含外挂重量);靶道的长度宜为100~150m,宽度宜为15m;挡弹堡的宽度宜为18m,高度宜为14m(机身高度的2倍),深度应按初速、弹重、介质和射击距离计算后并乘以1.5倍确定。

（2）弹药准备间:23mm 航炮弹间、30mm 航炮弹间、装弹链的航炮弹间、弹射弹间、废弹间等。准备间面积的大小宜按年试验量确定。

（3）弹射弹准备间:弹射弹间、发火件间等。准备间面积的大小宜按年试验量确定。

上述炮弹及弹射弹的存放和上机前的准备及检查,应设置相应的库房和工作间,对飞机装配厂宜设置单独的火工区,对飞机修理厂存放的弹药量一般在几百千克到吨级,依据品种多、数量少的特点可设置单独的多间抗爆间室,分别存放炮弹、弹射弹、抛放弹等弹药。图 3-31 所示为某歼击机座椅弹射弹装药,图 3-32 所示为各种抛放弹药的外貌照片。

座椅弹射弹是用来产生高温高压的火药气体,发生强大的弹射力,以便将座椅连同飞行员一起弹出座舱。使用的座椅弹射弹有椅弹-1~椅弹-10等。通常座椅弹射弹由顶盖、外壳、发射药、引火药和火帽组成。

座椅弹射弹在生产厂交付前应进行抽验试验,主要试验内容有①座椅弹射弹的推力试验,试验要求、方法详见火箭发动机试验台的固体火箭发动机试验部分;②模拟弹射座椅试验,通常是在生产厂的某一合适的角落,建设弹射试验台,或在试验场上进行检验试验工作,弹射试验台的弹力一般在10~100kN之间。限于篇幅这里不详细介绍弹射试验台及抛放弹药的试验。

图 3-31　某歼击机座椅弹射弹装药

图 3-32　抛放弹药外貌

2. 机载航炮地面试验场建设方案

按飞机生产厂或其修理厂的航炮试验需求及当地环境条件,一般将其试验场布置在企业的某一角落上或跑道的一端。图 3-33 所示为地面机载航炮试验场建设方案。

3. 存在的问题和解决的办法

(1)在飞机生产厂或维修厂内一般均设有机载航炮地面射击试验场、模拟弹射椅试验场和其相应的弹药库。弹药库内存放航炮炮弹、弹射弹、抛放弹、干扰弹

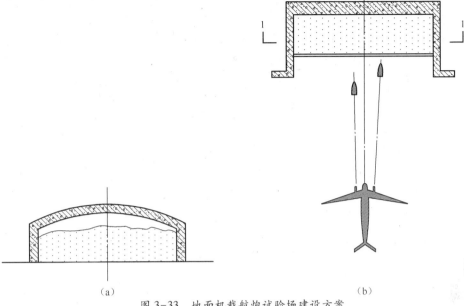

图 3-33　地面机载航炮试验场建设方案

(a)1—1 剖面图;(b)平面图。

等。据作者看到的某些弹药库,从安全的角度来说均存在不规范问题,如危险品混存、防火等级不达标和安全距离不足等。建议按国家安全生产监督管理局的有关要求进行现状评价,之后进行整改。

(2)据报道,苏联、美国和法国的飞机在机上航炮射击过程中,也出现许多问题,简述如下:

① 苏联 МИГ-23МС 歼击机的 ГШ-23 航炮的后坐力为 35kN,影响飞机的性能,经改造后,给航炮增加了炮口装置,ГШ-23л 航炮的后坐力为 29kN,减少了 17%,有利于飞机在跟踪瞄准敌机时的运动姿态。

② 苏联 МИГ-19С 歼击机,三炮齐发时发生发动机停车事故,安装炮口帽后不再出现。美国 F101A 也存在发动机停车问题,经改进炮口装置后,可在任何高度、速度和攻角射击时不发生发动机失速或停车。

③ 法国的"幻影"F1 飞机存在炮口冲击波激励的振动问题,新研制的炮口装置降低了炮口压力、偏转炮口燃气和炮口冲击波的方向,解决了振动问题。

④ 20 世纪 60 年代,美国 F104 飞机飞行高度 14475m 时,进行 M61 航炮射击曾引起燃烧室熄火。F104D 飞机在进行 M61 航炮射击时曾发生发动机喘振0.4~0.5s。

⑤ 美国 F105 和 F-14 飞机曾在地面测试过 M61A1 六管航炮射击时的炮口燃气与冲击波对机身、机头罩、悬挂物和翼面结构的压力及热能的影响。F105 飞机上的航炮当射速为 4600 发/min 时,发射 300 发炮弹后,火药气体燃烧区压力为 20~50 磅/英寸^2(0.14~0.35 MPa),燃烧室温度最高达 900℉(482.2℃);F-14 飞

机上的航炮炮口压力为 35MPa,温度为 1480℃,分流器前后的温度为 1020℃。

3.1.7　事故案例及防范

事故案例 1:某 120mm 滑膛炮炮管强度试验膛炸

发生事故的时间　　　1970 年 7 月

发生事故的地点　　　某靶场炮位

事故性质　　　　　　责任事故

事故主要原因分析　　产品设计缺陷

危险程度　　　　　　有引起多人伤亡的可能

1)事故概况和经过

120mm 滑膛炮炮管强度试验时,使用的炮弹是填沙弹丸、假引信。射击第一发就膛炸。测得最大膛压为 250MPa。炮管被炸坏,形成多块炮管碎片。其中:一块重 200kg,飞到炮位右侧 120m 处;一块重 60kg,飞到炮位左侧 70m 处;一块重 100kg,向上飞起,落下后砸入水泥地面内约 1m 深处,另有多块小碎片飞散。

当时,在炮位侧后方 7m 处的操作间内有射手 3 人,在炮位侧后方 20m 处的休息间内有参观及其他人员 10 人,都在大碎片的飞散范围之内,经检查,这些构筑物又无足够的防护能力,一旦大碎片击中或落入上述建筑,后果不堪设想。

2)原因分析

该 120mm 滑膛炮炮管的钢材是试制品,既无合格证又无质量说明,很可能是材质问题。从膛炸后的炮管断口看,是在旧裂痕处炸开,说明炮管强度不足,不能承受 250MPa 的压强而破坏。另外,炮管材质的韧性也不符合要求,合格材质即使发生膛炸,炮管也限于撕裂不应形成碎片。

3)经验教训和防范措施

(1)研制的炮管钢材,在加工之前除了检查其生产合格证之外,还应在火炮生产厂的材料实验室进行材料性能检查。

(2)为炮位服务的附近建筑,如炮手掩体、弹药掩体、观测掩体等应与其炮位保持一定的安全距离,并应有一定的防护能力。

事故案例 2:某 152mm 榴弹炮检验射击试验膛炸

发生事故的时间　　　1956 年 3 月 30 日 7 时 30 分

发生事故的地点　　　某靶场炮位

事故性质　　　　　　责任事故

事故主要原因分析　　违反操作规程

危险程度　　　　　　有引起伤亡的可能

1)事故概况和经过

在 152mm 榴弹炮小型试验中,用苏制 1943 年生产的弹丸,倒出阿马托炸药

（A+TNT13.6%），改装为"填沙弹"，射击到第 6 发时，发生膛炸。

射击现场听到声音异常。检查炮口制退器发现上部径向变形并有裂纹。炮管阳线出现凹坑。通样柱从炮口进入炮管 1380mm 处，不能再进入。膛内出现大量划痕、破损和变形。

在炮口前 1000~3000m 内有大小不同的破片 7 块，其中 2 块尺寸较大。有的破片上还能清楚地看出试验弹的印记。

2）原因分析

原因有二：一是对试验剩余的弹丸进行检查，发现弹底和弹体内壁上还残留未倒净的炸药（阿马托）；二是弹体内的装填物未固定，射击后，弹丸在加速过程中，残留的阿马托受装填物冲击、摩擦而爆炸。阿马托较 TNT 炸药冲击敏感，阿马托冲击感度为 20%~30%，而 TNT 炸药冲击感度为 4%~6%。弹丸破碎后，破片损坏炮管内壁和制退器。

3）经验教训和防范措施

弹体倒药之后，不论弹体报废还是重新装药均应进行检查，不应留有残药。

事故案例 3：某 130/50 岸舰炮榴弹密集度试验膛炸

发生事故的时间 　　　1972 年 9 月 28 日

发生事故的地点 　　　某靶场炮位

事故性质 　　　　　　责任事故

事故主要原因分析 　　设计缺陷

危险程度 　　　　　　有引起伤亡的可能

1）事故概况和经过

在杀伤爆破榴弹和海榴-1 式引信工厂摸底及定型试验中，已进行多项试验，均正常。在进行最大射程地面密集度试验的第 2 组的最后 1 发时，膛炸，全爆。

距膛线起点部 300mm 处的炮管被炸断；长 4.35m 的一段炮管被炸飞，落到火炮前方 6m 远的地方；重 2.5t 的防盾板被炸成多块，其中一块飞至距火炮 150m 的地方。

2）原因分析

弹丸装药是塑态装药，引信是全保险型机械着发引信（尚待定型）。从膛炸和弹丸全爆的现场分析，最大的可能是起爆系统，特别是引信起爆了弹丸装药。

3）经验教训和防范措施

（1）尚待定型的引信和塑态装药工艺，两者应分别进行定型试验，之后再对弹药试验，两个未知数或多个未知数的方程式不易求解。

（2）对引信试验的弹丸装药，可以采用惰性物质，对塑态装药工艺弹丸试验可以采用假引信。

（3）火炮射击试验时，炮手和有关人员必须进入掩体。

3.2 火炮的弹药试验

现代的火炮通常都配备多种类型的弹药,如美 155mm 加农榴弹炮配备约 30 个品种弹药。含全部或部分的有:主用弹的榴弹、穿甲弹、反装甲多用途弹(如 M483A1 子母弹)、火箭弹和增程弹药;常规特种弹的照明弹、发烟弹、宣传弹;新概念特种弹的干扰弹(通信、红外、箔条、声音干扰等)、红外诱饵弹(烟火型、复合型、燃料型等)、云爆弹(又称油气弹或窒息弹)、超空泡弹药(对水下鱼雷进行拦截,对水雷、深水炸弹进行清除等);非致命的电磁脉冲弹、射线弹、激光致盲弹、微波弹、计算机病毒弹;信息化弹药的制导炮弹、弹道修正弹、侦察弹和巡飞弹等;此外,在靶场上还有辅助用弹,如训练弹、稳炮弹(温炮弹)、模拟弹(填沙弹、钢柱弹、铅弹等易碎弹)。下面提及的试验场主要是介绍试验主用弹药和靶场用弹,其他弹药试验在增加必要的条件后也可以在下述的试验场上完成。

3.2.1 露天式迫击炮弹试验

迫击炮是一种常用的伴随步兵的火炮,用来完成消灭敌方有生力量和摧毁敌方工事的任务,中国曾生产过 60mm 迫击炮、82mm 迫击炮、100mm 迫击炮、107mm 迫击炮、120mm 迫击炮和 160mm 迫击炮及其配用的迫击炮弹等,它们在过去的战争中发挥了很大的作用,在未来的战争中仍然是一种十分重要的武器。中国的 SM4 型 120mm 自行迫榴炮见图 3-34,160mm 迫击炮外貌见图 3-35,82mm 迫击炮见图 3-36。近几十年来,中口径的迫击炮机动性发展很快,已不用靠人扛肩背,而是用牵引或车载,SM4 型 120mm 自行迫击炮使用 WZ551 型 6×6 轮式装甲运送车底盘,弹药基数 30 发,火力比以前强大,最大射速 12～15 发/ min,最大射程在 7500～13000m;瑞典的 AMOS 120mm 双管自行迫击炮能在 15s 内发射 6 发炮弹。与线膛火炮相比,迫击炮具有如下优点:

图 3-34 SM4 型 120mm 自行迫榴炮　　图 3-35 160mm 迫击炮　　图 3-36 82mm 迫击炮

(1)弹道弯曲,落角大,死角与死界小,并且容易选择射击阵地。

（2）质量小、结构简单、易拆卸、机动性好，可以抵近射击。

（3）发射速度高。一次装填，省去了退壳、关闩和击发动作。

（4）炮弹经济性好，弹体材料及装药价格较低廉。

迫击炮的上述优点，给了它存在和发展的生命力。但是，由于迫击炮的初速低、射程近、散布大，且难以平射，因而也限制着其使用和发展。

PP87式82mm迫击炮诸元如下：口径82mm，全炮重39.7kg，炮身长1400mm，最大射程4660m（6号装药）或5700m（远程装药），初速265m/s（6号装药），射速30发/min，最小射程120m，高低射界45°～85°，方向射界左右各3.5°，炮口保险距离40m。

PP87式82mm迫击炮配用：钢珠榴弹质量4.5kg，密集杀伤半径20m；杀伤燃烧弹内装有纵火剂，纵火半径大于14m；发烟弹内装有黄磷发烟剂，单发烟幕效应高度大于4m，宽度大于25m；照明弹质量4.75kg，照明炬燃烧时间大于35s，平均下降速度5m/s。

1. 试验任务和试验项目

工厂迫击炮弹试验场是供迫击炮弹弹药生产企业进行射击检验试验的场所。其主要的试验项目如下：

（1）迫击炮弹强度试验；

（2）迫击炮弹精度试验；

（3）各种装药弹道性能试验；

（4）迫击炮弹装药安定性试验；

（5）迫击炮弹爆炸完全性试验；

（6）迫击炮弹杀伤破片试验；

（7）引信的发火（最大落角和最小落角）试验；

（8）引信延期作用时间试验；

（9）基本药管强度、初速和膛压试验；

（10）引信（时间引信）时间精度试验；

（11）引信（时间引信）散布精度试验等。

2. 迫击炮弹试验场组成

视试验迫击炮弹品种的不同，迫击炮弹试验场组成差别也较大，以82mm迫击炮弹（杀伤弹）为例，其组成可为：

（1）强度试验炮位及靶道；

（2）精度试验炮位及靶道；

（3）装药安定性试验炮位及靶道；

（4）炮弹爆炸完全性试验炮位及靶道；

（5）弹道性能试验炮位及靶道；

（6）引信试验炮位及靶道；

（7）炮位炮手及弹药掩体；

（8）弹着点观测隐蔽所；

（9）迫击炮准备工房；

（10）弹药准备工房；

（11）迫击炮弹高低温保温工房；

（12）测试仪器室；

（13）炮弹库；

（14）发射装药库；

（15）引信及发火件库；

（16）公用性建筑，如办公、供电、供水、供汽等。

3. 靶道长度和宽度的计算

靶道长度和宽度是依据试验的迫击炮型号及其弹种，并结合靶场所在地的地形和当地的气象条件计算得出的。在炮兵使用的射表中，给出了不同装药量、不同地形条件和不同气象条件等的修正量。计算时应按实际情况对标准的射击条件进行修正。

1）标准的射击条件

（1）地形条件：

① 弹着点位于炮口的水平面上；

② 炮耳轴水平。

（2）弹道条件：①表定初速；②装药温度为15℃；③表定迫击炮弹重量；④带引信的弹形符合标准。

（3）气象条件：

①无风，弹道任意点上风速均为0；②标准气压、气温。拔海高度0m时，炮口水平面上气压为750mmHg（1mmHg=0.133kPa），虚温为15.9℃。

2）82mm迫击炮靶道最大长度的计算

82mm迫击炮靶道最大长度的计算公式为

$$X_m = X_B + 4E_X + \Delta X_{Ww} + \Delta X_t + r_x + \Delta X$$

式中：X_m 最大射程（m）；X_B 表尺最大射程（m）；E_X 为距离概率误差（m）；ΔX_{Ww} 为纵风速度修正量（m）；ΔX_t 为气温对射程修正量（m）；r_x 为弹丸爆炸破片飞散最大半径（m）；ΔX 为发展的射程距离（m）。

使用十尾翼弹并结合实际射击条件，从射表查得，标尺1000mil，即射角45°时，表尺射程为3130m；最大射程时的距离或然误差为45m；纵风风速为20m/s时修正量为112m；气温为30℃时射程修正量为33m。弹丸爆炸破片飞散最大半径取200m。射程的安全距离取最大射程的20%，即600m。

则

$$X_m = 3130 + 4 \times 45 + 2 \times 112 + 3 \times 33 + 200 + 600 = 4433 \approx 4500(m)$$

对使用杀伤迫击炮弹计算射程可取4500m,对非使用杀伤迫击炮弹(如惰性装填物质弹丸等)计算射程可取4300m。上述计算的迫击炮其型号比较陈旧,但方法可用。如试验已列装的120mm轮式迫榴炮其最大射程可按上述方法进行重新计算,并取大值。

3)82mm迫击炮靶道终点的宽度计算公式为

$$2z_m = 2(4E_Z + \Delta z_w + r_B + \Delta z_{wa})$$

式中:z_m为靶道终点计算宽度的1/2(m);E_Z为方向概率误差(m);Δz_w为横风速度修正量(m);r_B为弹丸爆炸破片飞散最大半径(m);Δz_{wa}为方向的安全距离(m)。

结合我国高原的实例,从射表查得,标尺1000mil,即射角45°时,最大射程时的方向概率误差为10m;横风风速为20m/s时修正量为23m。弹丸爆炸破片飞散最大半径取200m。方向的安全距离取最大射程的方向概率误差的32倍,即320m。则

$$2z_m = 2(4×10+23+200+320) = 2×583 = 1166 ≈ 1200(m)$$

对使用杀伤迫击炮弹计算为1200m,对非使用杀伤迫击炮弹可取1000m。

PP87式82mm迫击炮及新型号的82mm迫击炮有较大改进,计算时应相应考虑其变化。

4. 露天式迫击炮弹试验场设计方案

依据迫击炮弹试验任务和组成,可布置成如下的迫击炮弹露天试验场设计方案,如图3-37所示。

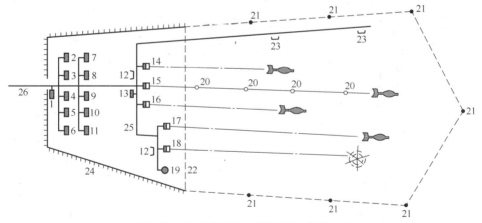

图3-37 露天式迫击炮弹试验场建设方案

1—警卫室;2—发火件库;3—发射药库;4—发电机房;5—锅炉房;6—水井及水泵房;7—迫击炮库;

8—迫击炮弹准备工房;9—迫击炮准备工房;10—办公室;11—食堂及伙房;12—炮手掩体;

13—测试仪器室;14—强度试验炮位及靶道;15—精度试验炮位及靶道;16—发射装药试验炮位及靶道;

17—迫击炮弹炸药装药安定性及引信试验炮位及靶道;18—迫击炮弹的爆炸完整性和引信试验炮位及靶道;

19—迫击炮弹破片试验装置;20—千米标桩;21—厂界标桩;22—铁网围墙;23—观察隐蔽所;24—密实围墙;

25—场内道路;26—场外道路。

93

靶场可分为三个区:一区为准备区;二区为发射区;三区为落弹区。一区、二区应分开布置,并保持一定的安全距离,二区与三区自然地连在一起。

发射区的炮位一般排列成两排,前排为使用全备弹或装填有炸药的迫击炮弹发射的炮位,后排为使用模拟弹或装填非爆炸物质的迫击炮弹的发射炮位。如果两排炮位同时进行发射,则前后两排及左右之间应保持一定的内部安全距离,以防止炮弹膛炸、早炸或其他偶然事故的发生造成相互的危害。

从图 3-37 可以看出,迫击炮弹露天试验场的场地形状为扇形。起点和终点的宽度主要依据试验的产品和数量来确定。一般起点的宽度为 300～800m,终点的宽度为 1300～2000m,以前试验 82mm 迫击炮的靶场长度为 6000m;目前试验120mm 迫击炮靶场的长度取为 9km(计算值长度 8km,宽度 2.5km)。

从图 3-37 上还可以看出,作者有意把弹药准备等有危险性的工房、库房均布置在准备区的一个角落处,而把另一些非危险性的建筑物布置在准备区的另一个角落处,这样布置的目的:一是考虑作业流程合理,即作业流程最短,危险品与非危险品的物流不发生交叉;二是考虑危险品作业或存放场所便于集中管理。

从口径 160mm 迫击炮射击靶道的前端、两侧和后端的边缘到村庄的边缘外部安全距离宜分别不小于 1500m、1000m、1000m。口径小于 160mm 的迫击炮试验场的外部安全距离可适当减小。

5. 迫击炮弹试验场常用设备仪器的选择

迫击炮弹露天试验场常用设备仪器见表 3-8。

表 3-8 迫击炮弹露天试验场常用设备仪器一览表

序号	设备仪器名称	型号	简要规格	主要用途
1	初速测试雷达	MVR-1	工作频率 10.525kHz,测速范围 50～2000m/s,作用距离 2000～6000 倍弹径	测量弹丸初速
2	双路存储测时仪	DCS-75A	100～999999μs,0.0001～10s	测量弹丸初速
3	通用计数器	E321A	频率范围 1Hz～100MHz	校正测速仪
4	天幕靶	GD-79	光幕中心 0.28mm,光幕边缘 0.35mm	测量弹丸初速
5	线圈靶	CSL-1	直径 850mm	测量弹丸初速
6	数字式处理机	PC-1580		计算初速
7	直流稳压电源	WJ-50-5A	0～50V,0～5A	测速仪电源
8	兆欧表	ZC11-8	500V,0～100±0.05mΩ	检查测速线路
9	磁化仪	QDF-653	口径 120mm 以下	磁化迫击炮弹
10	电子秒表		1/100s	测量时间
11	调压稳压电源	ZDY-2	1kV·A	
12	水银气压计	DYM2	(400～1000±0.5)mmHg	测量大气压

序号	设备仪器名称	型号	简要规格	主要用途
13	三杯风速风向表	EDMS	（0.8~30±0.5）m/s	测量地面风速风向
14	自记温度计	DWJ	0~30℃	测量装药间温度
15	自记湿度计	DHJ1	30%~100%	同上
16	毛发湿度计	DHM4	30%~100%±5%	同上
17	双金属温度计	DWJ1	−35~45℃	测量室外温度
18	防爆电子标准天平	TG51	称量1kg,感量2mg	称量装药重量
19	防爆电子工业天平	TG65	称量10kg,感量1g	称量弹重
20	防爆式常温保温箱		15~80℃,自动显示和记录	保温全弹或装药
21	基本药管压装机		60mm、82mm、100mm、120mm迫击炮弹	装配
22	尾管压力测量装置		活塞面积0.2cm²	测量火药气体压力
23	旋入式测压器		活塞面积1.0cm²	测量火药气体压力
24	测压铜柱		锥形 ϕ6×9.8mm	测量火药气体压力
25	弹道炮		在105mm火炮上改装成60mm、82mm、100mm、120mm迫击炮弹道炮	检验发射装药
26	精度迫击炮		60mm、82mm、100mm、120mm一级	检验迫击炮弹
27	强度迫击炮		60mm、82mm、100mm、120mm二级	检验迫击炮弹
28	合膛器		60mm、82mm、100mm、120mm迫击炮弹用	检验全弹装配正确性
29	送弹保温车		60mm、82mm、100mm、120mm迫击炮弹	射前保温
30	方向盘		16×	测量弹着点坐标
31	经纬仪	YJDZ−83		同上
32	望远镜		8×7°30′	
33	警报器		声音和灯光	试验时发出信号
34	电子起爆器		60mm、82mm、100mm、120mm迫击炮弹用	处理不发火弹药
35	破片试验装置		60~120mm	杀伤性能分析
36	组网机		—	—

序号	设备仪器名称	型号	简要规格	主要用途
37	无线对讲机		多频道	通信联系
38	视频远距离传输系统		远距离视频摄像、传输、终端显示处理	弹着点显示及处理
39	高速数字摄像系统		与计算机连接测火炮立靶密集度	数值、弹序
40	投影仪	PJ-A3101 OF-100	范围:$d=500$	
41	高温试验箱	WG71	温度范围:$(20\sim150\pm1)$℃,升温时间:$20\sim80$℃$\leqslant60min$	广州爱斯佩克公司
42	低温试验箱	WD71	温度范围:$[(-65\sim20)\pm1]$℃,升温时间:$\leqslant90min$	广州爱斯佩克公司
43	跌落试验台		最大荷载:150kg;跌落高度:5m,跌落方式:自由跌落;试品最大尺寸:1200mm×1200mm×1200mm	西北机器厂
44	冲击试验台	Y5250-5/ZF	最大荷载:50kg,冲击方式:自由跌落;冲击加速度:$150\sim5000m/s^2$;脉冲宽度:$30\sim1ms$	西北机器厂

从表3-8中可以看出,大部分设备仪器均可以在我国的市场上购买到,但是迫击炮的弹道炮是非标准的,需要单独设计制造,具体设计和选择请见本书8.4节弹道炮试验靶道的有关单独介绍。

3.2.2 地下式迫击炮弹射击试验

在3.2.1节中已介绍迫击炮及其炮弹的有关露天靶场试验内容,下面就地下式迫击炮弹试验靶场的任务、试验项目及迫击炮弹装药试验靶场的方案进行介绍。图3-38所示为装有发射药包和基本药管的迫击炮弹外貌。

迫击炮弹装药试验即发射药包和基本药管的试验,规定在制式的迫击炮上进行,而制式的迫击炮射角为45°~85°,这样的射击条件必须具备露天式的射击场,而露天式的试验场占用面积很大。为解决这个问题,我国研制了弹道炮,详见本书8.4节弹道炮试验靶场。用弹道炮代替制式迫击炮进行内弹道试验,可以不建设露天式试验场,也给建设地下试验场创造了条件。建设地下试验场有如下优点:

(1)对82mm迫击炮弹和160mm迫击炮弹试验的靶场而言,可以分别节省几十平方千米至几百平方千米的土地;

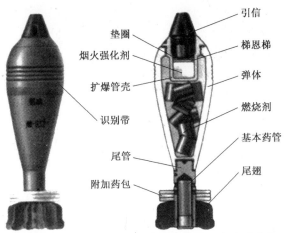

引信

梯恩梯

弹体

燃烧剂

基本药管

尾翅

垫圈

烟火强化剂

扩爆管壳

识别带

尾管

附加药包

图 3-38 装有发射药包和基本药管的迫击炮弹外貌

（2）地下式试验靶场可以建设在生产企业的内部或附近,使用、管理、运输方便,我国有成熟的经验;

（3）地下式试验比较安全、环保和保密;

（4）比较经济。

1. 82mm 迫击炮弹装药试验地下式试验场组成

按年产 10 万发迫击炮弹发射装药的规模,其地下试验靶场可由下述建筑物组成:

（1）迫击炮弹试验靶道一条,靶道长度 60~90m,宽度 4~5m;

（2）发射炮位间;

（3）发射兼炮手控制间;

（4）集弹间;

（5）测速及测压室;

（6）发射装药准备及保温间(保温箱);

（7）迫击炮弹准备间;

（8）迫击炮准备及擦拭工作间;

（9）靶具间;

（10）通风间;

（11）配电间;

（12）办公室。

2. 82mm 迫击炮弹装药地下式试验靶场建设方案

按迫击炮弹装药试验的需求及当地环境条件,我国某 82mm 迫击炮弹装药试验场布置在某城市工厂的地下,经过 40 年的使用效果很好,见图 3-39。

3. 存在的问题

（1）考虑到弹道炮进出靶场、运送迫击炮弹及其装药的方便,废弹和介质更换

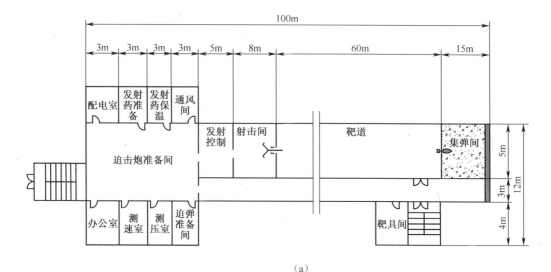

(a)

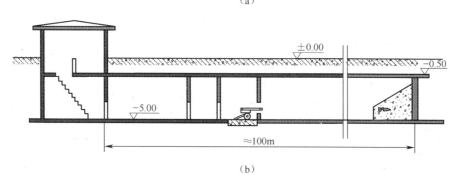

(b)

图 3-39 某 82mm 迫击炮装药试验地下式试验靶场建设方案

(a) 平面图; (b) 剖面图。

的运出,建议在现有的地下式靶场增设坡道或电梯间。

(2) 在射击间的炮口火药烟尘和集弹间的灰尘不能及时排除,影响瞄准和下一发的射击,建议增加机械排风设备。

(3) 炮口压力流场与炮口前的防护空间大小有一定的比例关系,设计时应进行计算。

3.2.3 火炮杀伤爆破榴弹试验

杀伤爆破榴弹多是利用火炮发射,完成杀伤、爆破、侵彻的弹药。杀伤爆破弹、杀伤弹、爆破弹统称为榴弹。榴弹炮、加农炮、加榴炮、迫击炮、高射炮、反坦克炮、机载火炮、舰载火炮、火箭炮和榴弹发射器等均配有榴弹弹种。

杀伤爆破榴弹在交付使用订货单位前,均应按要求进行抽验交验试验,企业应有相应的试验靶场,并完成交验试验。152mm 榴弹弹丸和发射装药分别见图 3-40 和图 3-41。

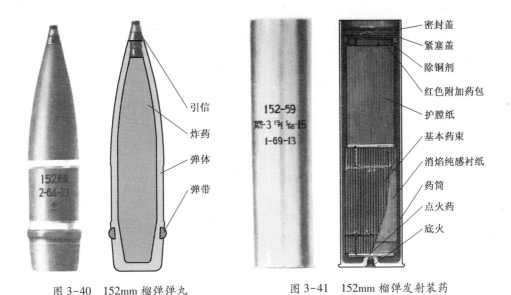

图 3-40 152mm 榴弹弹丸　　　　　图 3-41 152mm 榴弹发射装药

（图中标注，从上至下）
引信
炸药
弹体
弹带

密封盖
紧塞盖
除铜剂
红色附加药包
护膛纸
基本药束
消焰纯感衬纸
药筒
点火药
底火

1. 火炮杀伤爆破榴弹试验任务和试验项目

火炮弹药试验场是供火炮弹药生产企业进行射击检验试验的部门。其主要的试验项目一般有：

（1）弹体强度试验；

（2）弹丸精度试验；

（3）各号装药弹道性能试验；

（4）弹丸装药安定性试验；

（5）弹丸爆炸完全性试验；

（6）弹丸杀伤破片试验；

（7）引信的发火件（最大落角和最小落角）试验；

（8）引信延期作用时间试验等。

2. 火炮杀伤爆破榴弹试验场组成

火炮杀伤爆破榴弹试验场通常由以下建筑物和构筑物组成，视试验火炮及配用的弹药品种的不同，其差别也较大，以榴弹试验场为例，其组成可为：

（1）弹体强度试验炮位及靶道；

（2）炮弹精度试验炮位及靶道；

（3）装药安定性试验炮位及靶道；

（4）弹丸爆炸完全性试验炮位及靶道；

（5）引信试验炮位及靶道（按我国习惯，引信制造厂单独设置引信试验靶场，且其规模并不小于其配置的炮弹厂）；

（6）炮位炮手掩体；

（7）炮位弹药掩体；

（8）弹着点观测隐蔽所；

（9）火炮准备工房；

（10）弹药准备工房；

（11）炮弹高低温保温工房；

（12）测试仪器室；

（13）炮弹库；

（14）发射装药库；

（15）引信及发火件库；

（16）公用性建筑，如办公室、供电、供水、供气等建筑。

3. 火炮杀伤爆破榴弹靶道长度和宽度的计算

靶道的设计长度和宽度，是依据使用火炮的弹道条件、弹药条件、靶场所在地的地理、地形条件和气象条件计算得到的。在1959年式130mm加农炮使用的射表中摘出部分数据，见表3-9。

表3-9　1959年式130mm加农炮射表（摘录）

（机械瞄准具，杀爆—穿甲—全装药，海拔高4500m，杀爆－482，全号装药初速930m/s）

射距/m	表尺/mil	高角变化—密位距离改变量/m	飞行时间/s	落角/(°)	概率误差/m		
					距离	高低	方向
200	1	178	0.2	0.1	38	0.1	0.1
1000	6	177	1.1	0.3	36	0.2	0.2
10000	70	100	13	5.4	33	3.2	3.2
27000	339	45	52	35	70	49	12
37000	601	34	85	53	117	155	25
38000	632	31	88	54	123	169	27
39000	663	29	92	55	129	184	29
40000	700	25	96	56	135	200	31
41000	747	18	102	58	141	226	33
410063	750	18	102	58	142	227	33

从表3-9上可以看出，选定了杀伤爆破弹、曳光穿甲弹和有伞照明弹的炮弹，在海拔高0m、1500m、3000m、4500m（表3-9只列出4500m），可查得不同装药量和不同气象条件的修正量。计算时按实际情况对标准的射击条件进行修正。

标准的射击条件如下。

1）地形条件

（1）榴弹、甲弹的弹着点位于炮口的水平面上,照明弹的标定炸高为600m;

（2）炮耳轴水平。

2）弹道条件

（1）标定初速;使用过的火炮,其药室增长,初速将减小,应按表3-10进行修正。

表3-10 药室增长与初速减小的关系（全装药）

药室增长量/mm	4	10	17	26	37	53	78	210	408	600
初速减退量/%	-0.5	-1.0	-1.5	-2.0	-2.5	-3	-3.5	-4.0	-4.5	-5.0
药室增长量/mm	654	675	691	706	719	732	745	757	770	
初速减退量/%	-5.5	-6.0	-6.5	-7.0	-7.5	-8.0	-8.5	-9.0	-9.5	

（2）装药温度为15℃。

（3）表定弹丸重量。

（4）带引信的弹形符合标准。

3）气象条件

（1）无风,弹道任意点上风速均为0;

（2）标准气压、气温。海拔高度为0m时,炮口水平面上气压为750mm,虚温为15.9°;炮位的海拔高度不同,其气压、气温值不同,应按表3-11进行修正。

表3-11 海拔高度与标准气压、气温的关系

海拔高度/m	在炮口水平面上		海拔高度/m	在炮口水平面上	
	气压/mm	气温/℃		气压/mm	气温/℃
0	750	15.9	3500	488	-6.0
500	707	13.0	4000	457	-9.0
1000	666	10.0	4500	428	-13.0
1500	626	6.0	5000	401	-16.0
2000	589	3.0	5500	375	-19.0
2500	554	0	6000	351	-22.0
3000	520	-3.0	6500	327	-25.0

例1 59式130mm加农炮靶道最大长度的计算公式为

$$X_m = X_B + 4E_X + \Delta X_{Ww} + \Delta X_t + \Delta X_P + \Delta X + r_x + \Delta x_a$$

式中:X_m为靶道最大计算长度（m）;X_B为射表最大射程（m）;E_X为距离概率误差

（m）；ΔX_{Ww} 为纵风（顺风）速度修正量（m）；ΔX_t 为气温对射程修正量（m），对工程设计可以忽略不计；ΔX_P 为气压对射程修正量（m），对工程设计可以忽略不计；r_x 为弹丸爆炸破片飞散最大半径（m）；Δx_a 为射程的安全距离（m）。

在海拔高 4500m 使用机械瞄准具，杀爆—穿甲—全装药杀爆—482，全装药初速 930m/s 的条件下，从射表查得，标尺为 747mil，射程为 41000m，最大射程时的距离或然误差为 141m，纵向射程量为 13.5mil，弹丸爆炸破片飞散最大半径取 1100m。发展的射程距离取射表最大射程的 20%，即 820m。

则

$$X_m = 41000 + 4 \times 141 + 600 + 1100 + 820 = 44084(m) \approx 45000(m)$$

对使用杀伤炮弹取 45000m，对非使用杀伤炮弹可取 44000m。

其 130mm 加农炮最大射程试验、射弹散布及破片飞散范围，如图 3-42 所示。

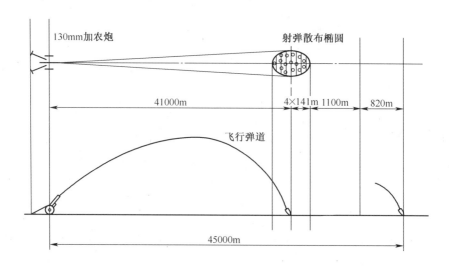

图 3-42　130mm 加农炮最大射程试验示意图

新式的 130mm 炮弹增加了底排弹，并有较大改进，射程有很大的提升，计算时应考虑其相应的变化。

例 2　59 式 130mm 加农炮靶道终点的最大宽度计算公式为

$$Z_m = 2(4E_z + \Delta Z_{Ww} + r_B + \Delta Z_a) + \Delta Z$$

式中：Z_m 为靶道终点的计算最大宽度（m）；E_z 为方向概率误差（m）；ΔZ_{Ww} 为横风速度修正量（m），对工程设计可以忽略不计；r_B 为弹丸爆炸破片飞散最大半径（m）；ΔZ_a 为方向瞄准误差（m）；ΔZ 为偏流（m）。

在海拔高 4500m，使用机械瞄准具，杀爆—穿甲—全装药杀爆—482，全装药初速 930m/s 的条件下，从射表查得，表尺 747mil，最大射程时的方向概率误差为 33m，偏流 32mil，弹丸爆炸破片飞散最大半径取 1100m。方向瞄准误差取 17mil，即 17×45 = 765m。

则

$$Z_m = 2 \times (4 \times 33 + 1100 + 17 \times 45) + 32 \times 45 = 3994 + 1440 = 5434(m)$$
$$\approx 5500(m)$$

对使用杀伤炮弹取 5500m,对使用非杀伤炮弹可取 3300m。靶场的海拔高度较低,或只是火炮试验时进行炮目修正后,靶道的宽度比计算的宽度要小。

130mm 加农炮最大射程时终点的最大宽度如图 3-43 所示。

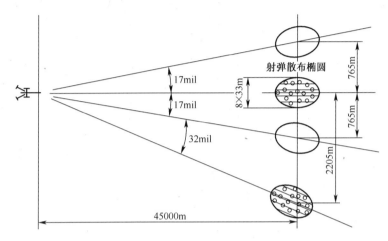

图 3-43   130mm 加农炮最大射程终点的最大宽度示意图

4. 火炮杀伤爆破榴弹试验场的设计方案

依据杀伤榴弹试验任务和组成,可布置成如图 3-44 所示的杀伤榴弹试验场设计方案。

从图 3-44 可以看出,炮弹试验场的靶道场地形状为扇形。起点和终点的宽度主要应依据试验的产品项目确定。一般起点的宽度为 500~800m,终点的宽度为 3000~4000m,试验 130mm 加农炮靶场的长度为 45000m。靶场可分为三个区:一区为试验准备区;二区为非实弹发射区及落弹区;三区为实弹发射及落弹区。一区、二区、三区应分开布置,并保持一定的安全距离,以防止发射振动、火炮膛炸、早炸或其他偶然事件的发生而造成危害。

从图 3-44 还可以看出,作者有意把弹药准备等有危险性的工房、库房布置在准备区的右侧,而把另一些非危险性的建筑物布置在准备区的左侧。这样布置的目的:一是考虑作业流程合理,即作业流程最短,危险品与非危险品的物流不发生交叉;二是考虑危险品作业或存放场所集中管理。

5. 130mm 加农炮(榴弹)最大射程时的试验场外部安全距离

作战的方阵很注意前锋、侧翼和后卫,是外向的,预防着从外面来的袭击力量。不同的是,射击试验靶道也要考虑前端、两侧和后端外部安全距离,设防目的是为了不伤及四邻。

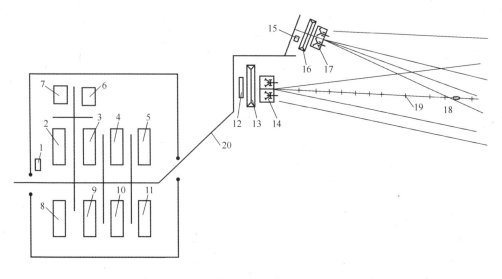

图 3-44　火炮杀伤爆破榴弹试验场设计方案

1—值班室;2—办公室;3—测试仪器室;4—火炮库;5—火炮准备工房;6—锅炉房;7—供电供水房;
8—发火件库;9—发射药库;10—弹药准备工房;11—弹药保温工房;12—炮手掩体;13—防护墙;
14—强度试验炮位;15—炮手掩体;16—发射装药试验炮位及靶道;17—炮弹炸药装药安定性
和引信试验炮位;18—炮弹的落弹区;19—百米或千米标桩;20—场内外道路。

图 3-45 按"安全规范"绘出了 130mm 加农炮(榴弹)最大射程时的试验场外部

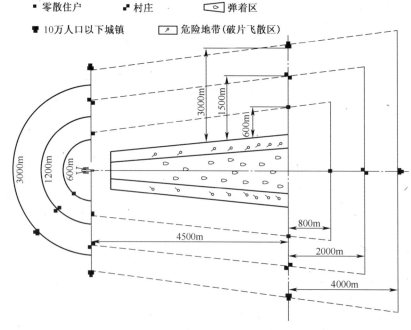

图 3-45　130mm 加农炮榴弹试验场外部安全距离

安全距离,靶道中心线两侧粗线内为弹着区,在其外的细线区内为杀伤破片及飞散物的飞散区。在虚线外分别标出到零散住户、村庄和 10 万人口以下城镇的外部安全距离区。

6. 弹丸的有效杀伤半径及破片危险半径

各种弹丸或战斗部的有效杀伤半径大小,均有具体的规定,是重要的参数。但从试验的安全角度考虑,作者这里又提出"破片危险半径"一词,定义是在破片危险半径之内的飞散破片仍具有杀伤的能量和杀伤的危险性,提示人们在试验时和建设靶场中不要忽略了它的存在及其杀伤危险性。它比有效杀伤半径大得多,比最大飞散半径小,一般取值为 20 倍有效杀伤半径值,见表 3-12。从设防的角度来说,它与最大破片飞散半径不同处是前者对外应设防安全距离,而后者仅对内设防护。

表 3-12　各种口径弹丸杀伤范围值及破片危险半径值

弹丸口径/mm	有效杀伤破片数量/枚	有效杀伤半径/m	破片危险半径 r_W/m
20~45			200
76		18(82mm 迫击炮)	350
85~100	1160 密集杀伤+615 杀伤	20~21.4 20(107mm 迫击炮)	400
122~130	2233 密集杀伤+1124 杀伤	25~33.7 25(120mm 迫击炮)	600
152	新 3187,旧 2856	42	800
某 155	4587	51	1000
≥203			1200

3.2.4　事故案例及防范措施

事故案例 1:82mm 迫击炮弹底火射击试验时膛炸

1969 年 9 月 11 日 14 时,在某厂试验场试验 82mm 迫击炮弹底火时,发生膛炸,死亡 4 人,重伤 1 人,轻伤 1 人。

1)事故概况和经过

在改进底-6 底火的靶场试验中,用真引信填沙弹进行射击。为便于寻找落弹点回收弹尾,每次射击试验均射击 1 发实弹,指示落弹区域。当天射击了 4 发填沙弹,3 发找不到,而且手头又没有实弹。于是自行装制了 8 发实弹,即在弹体内,先装入配重石块和铅块,然后倒入黑索今炸药 150~300g,并用木棒捣"实"。试验时用的是 3 号发射装药和实弹,当射到第 4 发时,炮尾处发生爆炸,伤亡 6 人。从表

105

3-12 可以看出射手均在破片的有效杀伤范围之内。

2）事故原因

违反规定自制实弹。发射后，弹丸起动瞬间，在惯性力作用下，硬块间的黑索今炸药受撞击和摩擦发热而爆炸。炮手没有进入掩体。

3）防范措施

在靶场应使用技术条件规定的弹药，应加强靶场的安全管理。射击时炮位所有人员均应进入掩体。

事故案例 2：120mm 迫榴炮火箭增程杀伤爆破弹全弹道试验膛炸

2007 年 1 月 25 日 11 时，在某基地试验场试验迫榴炮火箭增程杀伤爆破弹的全弹道试验时，发生膛炸，重伤 2 人。

1）事故概况和经过

2007 年 1 月 25 日 8 时 30 分，炮位进行射击准备，11 时 05 分进行第 1 发稳炮射击。据前方要求进行了火炮修正，11 时 10 分进行第 2 发稳炮射击。前方确认落点正常后，11 时 25 分进行第 1 发正式试验，炮位和前方正常。11 时 20 分进行第 2 发装填，右侧装填手将炮弹装入炮膛后，左侧装填手用输弹机将炮弹推入膛内。炮闩尚未关闭到位发生击发，火炮发出声响，伴随炮尾喷出约 300mm 长的火焰，炮闩、炮尾架和未点燃的发射药飞出。造成左侧装填手多处骨折和药粒冲击伤痕；同时造成右侧装填手左臂截肢和面部烧伤；送弹手在火炮右侧方 5m 处被飞来的炮闩紧塞具擦伤。

2）事故现场情况

闩体落地损坏；"蘑菇头紧塞具"和锁闩向火炮后方飞出 345m，锁闩横向偏离锁闩向 30m；装药尾架向左侧后方飞出 39.7m；火炮两个圆形片零件分别向后飞出 21m 和 82m；在炮管内、炮口前 20m 内，炮管后 5m 内均有散落的未燃烧的装药药粒。

火炮射角为 62mil，炮弹飞出 700m，实弹真引信未爆。

3）事故原因

第 2 发正式试验后，击针未正常收回，炮手在关闩过程中，突出的击针撞击上底火，致使装药提前点燃，造成事故。

4）防范措施

针对击针不复位的原因，组织专家分析并提出火炮击发机构的改进措施。从工程设计角度应设法防止飞散物的飞出，并在飞出的范围内考虑防护设施。

事故案例 3：122mm 榴弹库存性能检验射击试验膛炸

发生事故的时间　　1969 年 6 月

发生事故的地点　　某靶场炮位

事故性质　　　　　自然事故

事故主要原因分析　过期弹药

危险程度　　　　　有引起多人伤亡的可能

1）事故概况和经过

某弹药库对长期保存的弹药进行弹体装药的安定性和爆炸完全性射击检验试验，目的是检验在不同地区（特别是寒带、热带）不同气候条件下经长期保存弹药的内弹道性能变化情况。

射击试验共进行 10 天。在进行发射药弹道性能射击试验时，有一发 122mm 杀伤爆破榴弹在膛内半爆（实弹、假引信），此发膛压为 254.4MPa，距炮口 275mm 处的炮膛被损坏。在炮口前的地面上收回 6 块破片，共重 5473g，在地面上还散落有未爆炸的炸药颗粒。

2）原因分析

（1）此次试验的其他几个库房的苏制同种炮弹虽未发生事故，但从检测的射前、射后弹体内炸药装药的下陷量过大，可以判明，是装药已变质疏松，以致在射击时，装药相对于弹体发生挤压运动，使装药中产生的气体受绝热压缩，加以阿马托炸药较敏感，而使膛内装药燃爆，发生此事故。

国产、苏制 122mm 榴弹射前、射后弹口端面至炸药面的深度测量数据如表 3-13 所列。

表 3-13　122mm 榴弹射前、射后弹口端面至炸药面的深度测量数据

序号	国产 122mm 榴弹[①]		苏制 122mm 榴弹[②]	
	射前深度/mm	射后深度/mm	射前深度/mm	射后深度/mm
1	49.06	59.02	50.28	167.00
2	49.28	62.50	49.44	165.50
3	49.34	63.00	48.72	168.50
4	49.30	未测	48.66	164.00
5	49.42	未测	48.38	159.00

① 国产 122mm 榴弹图纸规定尺寸为 48～50mm。

② 苏制 122mm 榴弹弹体装药为阿马托炸药

（2）1964 年 7 月也曾在此靶场对长期保存的弹药进行过试验，那时也是同一库房存放的苏制 122mm 杀伤爆破榴弹在距炮口约 50m 处的弹道上发生早炸一发，这就说明那时的弹体装药已存在不安全的问题了。

通过上述试验与分析可以认定：该苏制 122mm 杀伤爆破榴弹的早炸原因是由于该弹药储期时间过长，弹体装药已发生质的变化，存在不安全因素而引起的膛内早炸。

3）经验教训和防范措施

（1）进行库存弹药的安全性射击检验试验时，射手及试验人员进入掩体后方可进行射击。

（2）宜定期对库存的弹药进行质量检查，若已变质，应按规定报废，不必进行射击试验。

（3）应规定弹药的使用年限，过期报废。

事故案例 4：85mm 高射炮系统试验膛炸

发生事故的时间　　1976 年 11 月 14 日

发生事故的地点　　某靶场炮位区

事故性质　　　　　责任事故

事故主要原因分析　违反操作规程

危险程度　　　　　死亡 1 人，重伤 3 人

1）事故概况和经过

85mm 高射炮系统试验中，用两种型号雷达、两种型号指挥仪。各指挥 4 门高射炮，对 5000m 高空目标射击。第 1 架次由模拟指挥仪指挥的 4 门火炮，射击正常。第 2 架次的第 1 门、第 2 门、第 3 门火炮射击的炮弹空炸点正常。唯有第 4 门火炮发生膛炸。

爆炸中心距膛线起点 230mm 处。从炮尾向炮口方向的两侧开裂长 1820mm。左侧裂缝最大 260mm，右侧裂缝最大 110mm。闩体撕断。平衡机及测合机飞出约 30m 远。输弹机整个掀掉。膛内无残药。

现场找到弹体破片 9 块，其中条状 4 块，弹尾盂 1 块。弹尾盂落在火炮的左前方 340m 处的地下 200mm 深土中。弹尾盂是从弹带槽处断开。现场分析，弹尾盂是从火炮左侧裂缝飞出的。死亡 1 人，重伤 3 人。

2）原因分析

经多次检查、分析和专门的模拟试验，包括引信膛炸模拟试验、弹体强度验证、钻孔弹体膛炸模拟试验、危险性装药的安定性试验等，对火炮、引信、弹体、全弹装配、射击操作等方面可能造成膛炸的可能性皆可排除。

对弹体装药有以下疑点：①对于试验批的 30 发弹丸进行 X 射线检查，发现其装药有不同程度的塑孔；②为进一步验证塑孔弹的安定性，选用 1 发存在严重装药塑孔的弹丸进行强装药的射击试验，发生了膛炸。膛炸发生在膛线起点 400mm 处。

该发模拟膛炸与一般装药存在严重塑孔的膛炸情况相似，与 11 月 14 日事故膛炸情况比较，模拟膛炸试验的破坏程度略轻一些，可能是装药的塑孔形状、部位和大小不同，破坏程度而有所区别，但装药存在严重塑孔会造成膛炸，这是可以肯定的。

3）经验教训和防范措施

（1）装药厂应严格按照工艺规程进行操作，确保装药质量，除了抽验开壳弹以

外,还应进行 CT 检查并将检查结果存档。

（2）试验现场,与实战结合是必要的,但也应适当考虑安全设施,以避免不必要的伤亡和损失。

事故案例 5:某大口径特种弹强度试验落点偏离伤人

发生事故的时间　　2008 年 2 月 1 日

发生事故的地点　　某靶场落弹区

事故性质　　　　　责任事故

伤亡情况　　　　　重伤 1 人

1）事故概况和经过

2008 年 2 月 1 日 14 时,某靶场在进行某大口径特种弹装药护管强度试验。当天气象条件良好,最远的观测点设在射程 7600m,偏左 400m 处。14 时,开始射击,发间隔 20min。第 1 发试验,测得膛压为 401.7MPa,落点距离为 5500m,弹丸跳起后第 2 次落地距离为 6600m,钻入地下没有找到。第 2 发试验,测得膛压为 404.5MPa,落点距离为 5700m,弹丸跳起后第 2 次落地距离为 6800m,收回,试验过程正常。15 时 45 分进行第 3 发试验,测得膛压为 408.9MPa,落点距离为 6400m,弹丸跳起后第 2 次落地距离为 7600m,第 3 次落地距离为 7620m,弹道偏北 410m 处,观测点停放的 213 型北京吉普车前端左部和驾驶室左上角外部严重变形,挡风玻璃炸裂,吉普车左后车轮、后排座下方有血迹。

2）原因分析

第 3 发试验,膛压增高,致使射程增大,弹丸落在地面冻土地上后,无规律跳飞伤人。膛压增高的原因,可能是弹丸的弹带处于上限临界位置,也可能是装药量处于上限临界位置。

3）经验教训和防范措施

（1）应认识到试验的靶场就是硝烟的战场,观测人员应有防护,如再不采取安全的观测手段,后果不堪设想。

（2）观测人员应在隐蔽所内进行观测。

（3）建议采取信息化的观测手段,并将观测信息及时传回到炮位。

事故案例 6:某 155mm 加农榴弹炮试验膛炸

发生事故的时间　　1986 年 6 月 16 日 13 时

发生事故的地点　　某靶场靶道的炮位

事故性质　　　　　责任事故

事故类别　　　　　火药爆炸

1）事故概况和经过

1986 年 6 月 16 日 13 时 30 分,某靶场进行某工程 M Ⅱ 装药低温 155mm 火炮内弹道试验,填沙弹丸,试验到第 51 发时,发生了膛炸。从低温箱中取出防潮筒后,送到装配工房取出装药,并即放入保温棉袋中,用人力脚踏三轮车送到炮位。

弹丸装填由两人完成,送弹时听到到位的响声,药包装填后距炮尾 70~100mm。关闩到位。

射手拉火时,第 1 次拉火未响,接着又拉一下,拉火绳已拉紧但未响,拉火绳自然松弛时则突然听到的是火炮的膛炸声。

2)事故后进行现场清理和检查情况

与射击前比较,火炮炮口向左偏移 1.15m,左右驻锄均向左位移 400mm,右驻锄还向前位移 200mm,炮栓炸碎的一块约 50kg 重的残体向后飞出 135m 处碰树又转向飞出 90m 后落地,击发机体飞到距火炮 205m 右侧约 40m 的排洪沟内,开栓弹簧落在火炮右后侧 75m 处的墙上,开栓杆落在火炮左侧 17.5m 处,锁扉零件落在火炮右侧 40m 处山坡上,火炮摇架自耳轴处向下严重弯曲,后套箍前部明显凸起,在地面上有切断的螺栓头。弹丸左偏约 17mil 在距炮口 80.5m 处落地,擦痕长约 2m,深 10cm 后,又飞向挡弹堡,穿透 1m 厚的混凝土墙,落在距墙 40cm 的沙土中。检查捡回的弹丸发现弹丸的轴向缩短 9mm,圆柱部直径增大 3~3.5mm。详情见图 3-46。

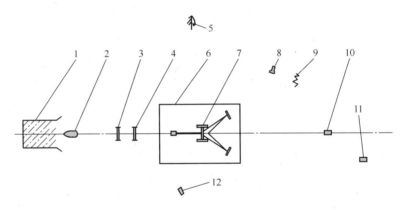

图 3-46 某 155mm 火炮装药试验膛炸后现场

1—挡弹堡;2—飞行弹丸;3—第 2 测速靶;4—第 1 测速靶;5—炮栓碎片;6—炮位;7—155mm 火炮;
8—锁扉零件;9—开栓弹簧;10—炸碎的炮栓残体;11—击发机体残体;12—开栓杆残体。

3)原因分析

试验单位疑是在装填时,错把消焰药包与点火药包位置装反,而造成击发后火药燃烧不正常。过去也曾发生过类似问题。但由于缺少具体材料,如当时的最大膛压是多少? 射后的弹丸变粗变短的原因? 弹丸是从什么地方飞出的? 等等,还未搞清楚,因此还未得出最后的事故结论。

4)经验教训和防范措施

建议装药进行模块化,并按射程进行编号,使用时,按射程需求进行装填、发射。建议试验前对弹丸进行全型规的检测或尺寸测量。

事故案例7：某榴弹试验命中靶道地下高压燃气管道并着火

发生事故的时间　　2014年5月

发生事故的地点　　某靶场靶道11km处

事故主要原因分析　违规建设

损失情况　　　　　约20万元

1）事故概况和经过

该靶场位于某大城市北部，靶道全长19600m，靶道宽度2000m。因城市发展的需要，一条地下高压燃气管道设计并施工完成穿过该试验场的靶道，见图3-47。高压燃气管道在靶道内总长度为2.6km，采用直缝双埋弧焊钢管。全部采用定向钻工艺施工，分两段穿越：第1段穿越某河北堤及主河流，入土角度为10°，出土角度为7°，曲率半径为1500D，穿越长度为1.5km；第2段穿越某河南堤，入土角度为10°，出土角度为7°，曲率半径为1500D，穿越长度为1.1km。在穿越靶道的高压燃气管道两侧，均设置截断阀门，以确保在试验期间管道停输。高压燃气管道接头处设在靶道10km内的前端约500m，左侧约200m处。

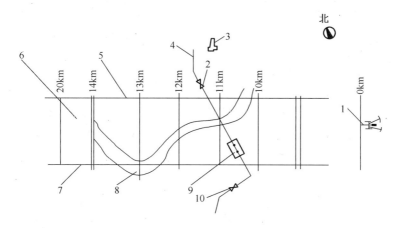

图3-47　高压燃气管道在靶道内通过线路

1—射击火炮；2—出口方向阀门；3—小树子村；4—出口方向管线；5—靶道右边界线；
6—2km宽靶道；7—靶道左边界线；8—某河；9—高压燃气管道开挖处；10—入口方向阀门。

高压燃气管道接头方案（一）：开挖槽长度为200m，宽度为20m，地下高压燃气管道距自然地面10m，向两侧延伸的地下高压燃气管道距自然地面15m。

高压燃气管道接头方案（二）：开挖槽长度为80m，宽度为15m，地下高压燃气管道距自然地面3.5m，向两侧延伸的地下高压燃气管道距自然地面15m。按上述设计于2013年施工。

同年，该靶场在进行某口径的炮弹试验时。命中靶道内的地下高压燃气管道

111

并着火。

2）原因分析

高压燃气管道违规建设在靶场靶道的地下,并埋设深度较浅。

3）经验教训和防范措施

(1) 按"安全规范"规定靶道地下不应建设燃气管道。特殊情况应通过对话协商取得合法使用单位的谅解,不应单方面采取先斩后奏的做法。

(2) 某加农火炮射击试验,海拔高 0m,射程 11km,全号装药,表尺分划角度为 101mil,炮弹飞行时间为 17s,炮弹落角为 9.9°;海拔高 1500m,射程 11km,表尺分划角度为 92 mil,炮弹飞行时间为 16s,炮弹落角为 8.3°。按上述两种试验条件,弹丸落地后,均会跳起,再飞,再次落地,不可能发生侵彻。

(3) 某加农火炮射击试验,海拔高 1500m,射程 11km,采用 4 号装药,表尺分划角度为 382mil,炮弹飞行时间为 34s,炮弹落角为 32°或如采用某榴弹炮,并装定约 50°大射角,对目标进行射击,其落角约为 45°发生侵彻并爆炸而破坏燃气管道是可能的,燃气管道设计者不明白也没有考虑必要的防范。

(4) 该靶场靶道的 11km 处,从地面开始往下的地质构造依次为耕土、粉质黏土、细沙、中沙、粗沙、砾沙。易被弹丸侵彻,管道上没有任何防护,而且埋设深度太浅。

8. 事故案例 8:某自行火炮考核射击试验发生爆炸

发生事故的时间　　　某年 5 月

发生事故的地点　　　某某试验场

事故主要原因分析　　烟火底排装药受外界非正常能量作用提前点火燃烧,所谓正常能量是指发射装药在膛内燃烧时形成的高温高压火药焰气。

危险程度　　　　　　有引起伤亡的可能

1）事故概况和经过

按计划当天进行三波射击试验。9:00 开始第 1 波次射击,表尺 235mil,炮目距离 9546m,全部正常。16:00 开始第 2 波次射击,表尺 186mil,炮目距离 10275m,全部正常。18:15 开始第三波次射击,表尺 186 mil,炮目距离 10275m。弹丸装填后,炮手发现闩室内喷出红色圆柱形火焰,其长度距离炮尾端面约 300mm。炮手们及时撤出,之后,火炮战斗室内弹丸发生爆炸。

当时 8 发弹丸分别放置在战斗室的上下弹药架上。药筒放在火炮的正后方 25m 处。

2）原因分析

底排装置是个部件,装在弹丸的底部。烟火底排装置的结构一般由定位架、包覆药柱、壳体、隔热涂料、纸垫圈、铜垫圈、挡板、硝基软片组成。

底排装置在炮膛内的作用过程:高压的火药焰气点燃硝基软片→火药气体引燃引燃药→传燃过渡药→传燃基本药→喷火焰。

炮手反映事故现象时,描述说:炮膛内突喷出红色的火焰,之后,人员很快撤离现场。作者认为喷出红色的火焰是可信的,因为烟火底排装置内的药柱有硝酸锶成分,而硝酸锶燃烧烟火效应的颜色是红色的。

作者从能量的角度分析,底排装药在炮膛内提前作用的原因,可能是烟火底排装置受到外界非正常能量提前作用而引发。不论什么能量,最终均应成为热能作用而点燃底排药柱的装药。外界的能量可能是机械的,也可能是热能的。如,弹丸装填时(后),是否受过意外剧烈的机械撞击,是否留膛时间过长并有高温热源(如多发射击后炮膛高温及遗留的燃气)的侵扰等。建议查阅或计算该底排药柱的装药的最小点燃能量,反推可能是什么能量的作用造成的或进行模拟验证试验。

为便于分析事故原因,应进一步给出事故弹丸装填的时间与发现闩室内喷出红色圆柱形火焰的时间或其间隔时间,进一步清理车内爆炸弹丸的数量及位置、爆炸情况、装填的事故发弹丸情况、炮膛及来复线起点的损伤情况等。

现场是事故的依据,事故现场破坏情况和残留物没有全部收集,给分析原因带来较大的困难。

3)经验教训和防范措施

(1)在试验时,自行火炮战斗室内的弹药架上,没有按战时规定放置弹丸和药筒,这样不利于有顺序和及时地进行装填,建议按实战规定放置弹药。

(2)事故原因尚未归零,有待最后确定,给读者留下一个思考课题。

第4章 火箭及导弹试验场

4.1 火箭炮及火箭弹试验

4.1.1 概述

高新技术局部战争是现代战争的基本形式,大纵深精确打击是现代高新技术局部战争的特点之一,远程精确武器系统已成为各国重点研究发展的高新科技武器,远程火箭武器及其弹药就是其中之一。俄罗斯(苏联)20世纪80年代列装的"旋风"火箭炮(图4-1),可发射最大射程为70km的自主式火箭弹;意大利的"菲斯"-70远程火箭炮,可发射最大射程为75km的火箭弹;巴西SS-60远程火箭炮,最大射程为60km;巴基斯坦A-100火箭炮可发射两种基本弹药,射程分别是40~80km和60~120km;苏丹WS-2火箭炮最大射程为180km,弹径为600mm。

图4-1 俄罗斯"旋风"70km远程火箭炮单车发射

火箭弹是依靠火箭发动机推进剂燃烧产生的推力为动力,完成预定作战任务的,多为简易控制的弹药。由于毁伤目标不同,火箭弹要完成的战斗任务也不同,因而种类繁多。但不论什么火箭弹,其基本组成部分以及各组成部分的作用大致是一样的。

远程火箭弹一般由引信、战斗部、火箭发动机、稳定装置和控制系统五部分组成。近程火箭弹一般由引信、战斗部、火箭发动机、稳定装置和导向装置五部分组成。

1. 引信

引信是一种机械或机电装置,它是可以激活战斗部在弹道终点发挥作战效能的部件。为了使战斗部适时可靠地发挥毁伤或干扰等作用,战斗部上都配有引信装置。战斗部类型及作战目标不同,配用的引信类型不同,目前火箭弹研制中常用的引信有触发引信、电子时间引信以及无线电近炸引信等。

2. 战斗部

战斗部是在弹道终点发挥作战效能的部件。根据作战目的及对象的不同,在火箭弹上可以采用不同类型的战斗部。目前在火箭弹研制中常用的战斗部类型包括杀伤战斗部、爆破战斗部、杀伤爆破战斗部、子母战斗部、破甲战斗部、穿甲战斗部、干扰战斗部以及云爆战斗部等。

3. 火箭发动机

火箭发动机是使火箭弹能够飞行的推进动力装置。目前装备及在研的火箭弹主要采用固体火箭发动机。固体火箭发动机通常由连接底、燃烧室、固体推进剂装药、装药支撑装置、喷管及点火具等组成。火箭发动机使火箭弹在弹道主动段末端达到最大飞行速度后结束工作。

4. 稳定装置

稳定装置是使火箭弹能够按预定的姿态及弹道在空中稳定飞行的装置。按照飞行稳定原理的不同,稳定装置可分为涡轮式稳定装置和尾翼式稳定装置两类。涡轮式稳定装置,如1963年式130mm杀伤爆破火箭弹具有涡轮式火箭弹典型的结构形式,它是利用火箭发动机的多个倾斜喷管产生的导转力矩使火箭弹绕纵轴高速旋转,高速旋转产生的陀螺效应使火箭弹稳定飞行。尾翼式稳定装置,如俄罗斯БМ-21式122mm火箭弹是尾翼式低速旋转杀伤爆破火箭弹(俗称"冰雹"火箭弹);又如俄罗斯20世纪80年代列装的"旋风"火箭弹是在火箭弹的尾部安装尾翼,安装尾翼后的火箭弹使全弹气动力压心(阻心)移到质心之后,飞行时空气动力产生稳定力矩,从而使火箭弹能够稳定飞行。

5. 导向装置

近程火箭弹的导向装置——导向钮或定向钮是尾翼式火箭弹经常采用的导向装置。导向装置的作用是引导火箭弹在定向器上沿着一定的方向运动,使火箭弹在定向器上做直线运动或螺旋运动,并在带弹行军时固定火箭弹。导向装置可能是定向钮也可能是导向钮或其他装置。当需要火箭弹在定向器上做直线运动时,可采用定向钮来实现;当需要尾翼式火箭弹在定向器内低速旋转时,可采用导向钮来实现。涡轮式火箭弹本身高速旋转,无需另外设置导转装置,但为了带弹行军和提供一定的闭锁力,常采用在发动机尾部开挡弹槽的办法来加以解决。

4.1.2　火箭炮及火箭弹的主要诸元

中国122mm 40管履带式火箭炮及122mm 24管轮式火箭炮具有火力密集、机动性良好和维护方便的良好性能,是野战火炮部队重要的装备。该装备主要用于压制、歼灭敌有生力量、击毁敌活力设施、技术装备、集结的目标、永久性工事及海上目标等。上述两种火箭炮的外貌见图4-2和图4-3。

图4-2 40管履带式火箭炮　　　　　图4-3 24管轮式火箭炮

1. 24管122mm火箭炮的主要性能

(1)火箭炮口径122mm;

(2)发射管数24管;

(3)火箭弹数量24发;

(4)底盘配置6×6;

(5)引擎135马力(1马力=735W),气冷柴油发动机;

(6)系统总质量为8.7t;

(7)连续行驶里程为550km;

(8)最大行驶速度为80km/h;

(9)射程为30km;

(10)自动装填发射,装填时间不超过3s;

(11)在驾驶舱内完成瞄准、装填和发射全过程,自动定位时间仅3s;

(12)24发火箭弹一次齐射时间为15~20s;

(13)高低射界为0°~55°;

(14)方向射界为180°。

近几年来,该类火箭炮及火箭弹又有很大的发展,性能有很大的提升。

2. 40管122mm火箭弹参数

俄罗斯БМ-21В式40管火箭炮配用的火箭弹的主要诸元如下:

(1)弹径122mm;

(2)弹长3870mm;

(3)全弹质量66kg;

(4)稳定方式,尾翼和微旋;

(5)战斗部质量18.4kg;

（6）战斗部的破片质量约 4.5g；

（7）炸药装药质量 6.4kg，由梯恩梯、黑索今、铝粉混合制成的混合炸药（梯恩梯 35%、黑索今 43%、铝粉 19%、钝感剂 3%），而传爆药为 A-Ⅸ-Ⅰ 炸药；

（8）推进剂质量 20.45kg；

（9）最大飞行速度 690m/s；

（10）射程为 30km；

（11）比冲量 1984 N·s/kg；

（12）燃烧时间 1.82s；

（13）最大射程地面密集度：距离 $E_x/X = 1/224$，方向 $E_z/X = 1/126$；

（14）远程火箭弹最大射程地面密集度：距离 $E_x/X = 1/200$，方向 $E_z/X = 1/200$；

（15）远程制导式火箭弹最大射程地面密集度：距离 $E_x/X = 1/350$，方向 $E_z/X = 1/350$。

中国 122mm 火箭弹外貌见图 4-4。苏联（俄罗斯）БМ-21В 式 122mm 火箭弹的结构如图 4-5 所示，该图给出了该火箭弹的引信、阻力环、战斗部壳体、战斗部炸药装药、点火具、火箭发动机的推进剂装药、燃烧室、稳定装置的尾翼片、尾管、喷管和导向装置的导向钮等的相对位置。

图 4-4　中国 122mm 火箭弹外貌

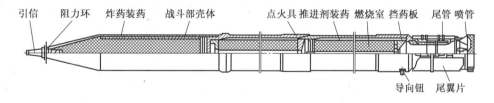

图 4-5　БМ-21В 式 122mm 火箭弹结构

3. PHL-03 型 300mm 12 管远程火箭炮主要性能

PHL-03 型 300mm 12 管远程火箭炮是中国发展的新一代多管火箭炮。

（1）发射车采用万山 WS2400 型 8×8 越野底盘；

（2）12 根发射管，上、中、下三排布局成田字形排列；

（3）自重 12t，载重 22t，可携带 12 发火箭弹；

（4）一次加油后行驶里程不小于 650km；

（5）满载时在公路上最大行驶速度可达 60km/h；

（6）最小转弯半径为 5m；

（7）最大爬坡度为 57%；

（8）最大涉水深度不低于 1.1m；

（9）行军状态转入战斗状态需 3min。

4. PHL-03 型 300mm 12 管火箭弹参数

（1）火箭弹长度 7.3m；

（2）弹径为 0.3m；

（3）起飞质量 840kg；

（4）战斗部质量 235kg；

（5）最大射程为 70km；

（6）子母弹战斗部的子弹不少于 500 枚；

（7）子弹动破甲厚度不少于 50mm；

（8）有效杀伤半径不小于 7m；

（9）子弹散布半径为（100±40）m；

（10）子母弹战斗部，开壳、抛壳、抛撒子弹一次完成。

4.1.3　试验任务和试验项目

火箭炮及火箭弹试验场是供其生产企业进行射击检验试验的部门。火箭弹经过发动机试验台的试验修正后，进入靶场试验，通常开始先进行弹道初始段的飞行试验及火箭弹在弹道上的飞行性能和总射程试验。火箭炮主要的试验项目有火箭炮的战斗性能及使用性能、强度及工作可靠性试验等。

1. 火箭炮主要的试验项目举例

（1）身管强度试验；

（2）左右最大方向角射击试验；

（3）最大射程试验；

（4）最小射程试验；

（5）连续发射试验；

（6）地面密集度试验等。

2. 火箭弹主要的试验项目举例

（1）火箭弹强度试验；

（2）火箭弹地面密集度试验；

（3）装药弹道性能试验；

（4）火箭弹装药安定性试验；

（5）火箭弹爆炸完全性试验；

（6）火箭母弹的抛撒试验及子弹的破甲试验；

（7）引信的发火(最大射角和最小射角)试验；

（8）引信延期作用时间试验；

（9）引信(时间引信)时间精度试验；

（10）引信(时间引信)散布精度试验；

（11）火箭弹的跌落试验等。

4.1.4 试验场的组成

火箭炮及火箭弹试验场通常由以下建筑物和构筑物组成,视试验品种的不同,其内容及规模差别也较大,一般其组成可有：

（1）强度和机构灵活性试验炮位及靶道；

（2）精度试验炮位及靶道；

（3）装药安定性试验炮位及靶道；

（4）炮弹爆炸完全性试验炮位及靶道；

（5）引信试验炮位及靶道；

（6）炮位炮手掩体；

（7）炮位弹药掩体；

（8）弹着点观测隐蔽所；

（9）火箭弹的跌落试验场地。跌落试验后火箭弹的部件位置发生相对变化,有时火箭弹已解体,不再运回生产厂,现场进行分析结论后,应就地(靶场)进行销毁；

（10）火箭炮准备工房；

（11）火箭弹药准备工房；

（12）火箭弹高低温保温工房；

（13）测试仪器室及指挥楼；

（14）火箭弹药库；

（15）气象观测楼及观测场；

（16）特种车辆库；

（17）公用性建筑有办公室、供电、供水、供气等建筑。

上述试验靶道是按试验项目列出的,具体的靶道数量和地点应视具体情况确定,也可以综合进行设计和建设。

4.1.5 火箭子母弹试验及试验场设计方案

图4-6所示为某火箭子母弹对坦克群体目标进行射击毁伤试验的试验场举例,图4-7装甲目标被子弹穿甲毁伤的效果。射击距离可以选择在有效射程范围之内,发射火箭弹数量和抛撒高度,可依据火箭弹规定的抛撒高度及坦克群的位置和数量确定。子母弹的子弹在命中目标时起爆,目前的子弹破甲(或穿甲)深度可以侵彻坦克的顶甲板(一般主战坦克的顶甲板厚度约为60mm)。在试验场上布置两台以上的摄影经纬仪和数字式经纬仪,可以测试火箭子母弹的开壳、抛壳、抛撒子弹一次过程和位置。

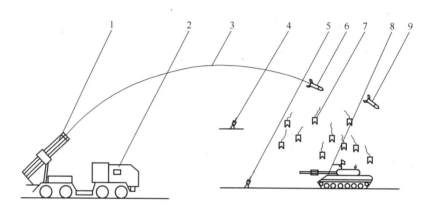

图 4-6 远程火箭子母弹试验场

1—火箭发射管;2—火箭发射车的控制室;3—弹道;4—经纬仪 A;5—经纬仪 B;
6—飞行的火箭弹 A;7—抛撒的子弹;8—被毁伤的坦克目标;9—飞行的火箭弹 B。

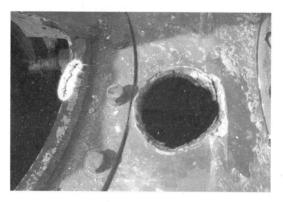

图 4-7 被子弹穿甲毁伤的效果

4.1.6 靶道的长度和宽度计算

火箭炮及火箭弹试验靶道的长度和宽度,首先应满足试验的火箭炮及火箭弹和其发展的射程要求,其次还应结合靶场所在地的地理条件、地形条件和气象条件确定试验靶道的长度及宽度。无控、自主式和INS(Inertial Navigation System)制导、GPS制导火箭弹最大射程时试验靶道长度和宽度估算见表4-1。

表4-1　火箭弹试验靶道长度和宽度

最大射程/m	靶道的长度/m	靶道的宽度/m
20000(无控火箭弹)	23000~25000	4000
50000(无控火箭弹)	55000~57000	7000
70000(自主式火箭弹)	77000~80000	7000
150000(自主式火箭弹)	163000~166000	14000
200000(INS制导)	212000	9000
300000(GPS制导或GPS/INS复合制导)	316000	12000

4.1.7　火箭弹试验场常用设备仪器的选择

火箭弹试验场常用设备仪器主要有火箭弹的静态参数、弹药保温、火箭弹的初速、最大膛压、火箭弹落点的坐标位置和毁伤效果、火箭弹的高空抛撒及其子母弹的地面密集度和毁伤效果、地面气象和高空气象数据的测量及通信设施等,见表4-2。

表4-2　火箭弹试验场常用设备仪器

设备仪器名称	型号	简要规格	主要用途
电影经纬仪(含红外跟踪头和激光雷达)	EOTS	对目标跟踪摄影,对飞行体轨迹测量和起飞、着陆及飞行实况记录	测量火箭弹空间参数等
数字式经纬仪	MVR-1		测量火箭弹坐标
初速测试雷达	DCS-75A	工作频率10.525Hz,测速范围50~2000m/s,作用距离2000~6000倍弹径	测量火箭弹初速
双路存储测时仪	E321A	100~999999μs	测量火箭弹初速
通用计数器	GD-79	频率范围1~100MHz	校正测速仪
天幕靶	PC-1580	光幕中心0.28mm,光幕边缘0.35mm	测量火箭弹初速
数字处理机	WJ-50-5A		计算初速
直流稳压电源	ZC11-8	0~50V,0~5A	测速仪电源
兆欧表		500V,(0~100±0.05)mΩ	检查测速线路
电子秒表	DYM2	精度1/100s,1/1000s	测爆炸时间
水银气压计	EDMS	(400~1000±0.5)mmHg	测量大气压

设备仪器名称	型号	简要规格	主要用途
三杯风速风向表	DWJ	(0.8~30±0.5)m/s	测量地面风速风向
自记温度计	DHJ1	0~30℃	测量装药间温度
自记湿度计		30%~100%	测量装药间湿度
高空探空仪	DWJ1	45~150km	测量高空气象
双金属温度计	TG51	−35~45℃	测量室外温度
防爆电子标准天平	TG65	量称500kg,感量2g	称量装药重量
防爆电子工业天平		量称1000kg,感量5g	称量弹重
防爆式常温保温箱		15~80℃,自动显示和记录	保温全弹或装药
送弹保温车		适用122mm火箭弹或300mm火箭弹	射前保温
经纬仪			测量弹着点坐标
警报器		音响及灯光	试验时发出信号
电子起爆器		直流电压12V	处理不发火弹药
组网机及无线对讲机		多通道	通信联系
视频远距离传输系统		远距离视频摄像、传输、终端显示处理	弹着点显示及处理
重心偏心测量仪		1000kg级	测量全弹重心偏心
极转动惯量测量仪		1000kg级	测量全弹的转动
赤道转动惯量测量仪		1000kg级	惯量

为了便于设计和建设者选择靶场的设备及仪器,在本书迫击炮弹露天试验场常用设备仪器一览表中,给出了常用设备仪器的参考型号、规格、厂家及主要用途,但是,随着时代的前进,这些仪器的型号和规格也在不断更新。

4.1.8 事故案例与防范措施

事故案例1:90mm航空火箭弹早发火

发生事故的时间　　1973年10月

发生事故的地点　　某靶场1号炮位

事故性质　　责任事故

事故主要原因分析　　违反操作规程

伤亡情况　　轻伤1人

1）事故概况和经过

按规定的试验程序,90mm火箭弹发射试验,有炮手专人控制发射。电发火线路有两道闸刀开关见图4-8。

试验时,应先断开电源和闸刀总开关K,再装弹上膛。指挥下达发射命令后,

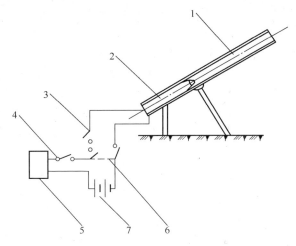

图 4-8　90mm 航空火箭弹点发线路

1—火箭炮炮管;2—火箭弹;3—闸刀开关 K1;4—闸刀开关 K2;5—测试仪器;6—总开关 K;7—电源。

炮手应先接通闸刀开关 K1,再接通闸刀开关 K2,最后接上电源及闸刀总开关 K,发射。当天上午试验,发射了 12 发,均按规定的程序进行,射击正常。下午继续试验,第 2 发发射后,由于照相机卡住胶卷,仪器操作人员将闸刀开关 K1 时断时接,并按动电钮检查胶卷转动情况,但事先未与弹药手联系。就在此时,弹药手将第 3 发弹装上弹膛,又将火箭弹的发火导线与发火线连接。火箭弹立即点火并飞出。后喷的火焰气体将炮后方的 2 人吹倒在地,将弹药手的手腕烧伤。

2)原因分析

(1)对在点火线路接通的情况下,装弹上膛后有引起早发火的可能性认识不足。

(2)试验人员分工不明确,特别是闸刀开关 K1、闸刀开关 K2 和闸刀总开关 K 操作的分工,因而,造成误动作点火线路接通发射。

3)经验教训和防范措施

(1)电发火线路和电源平时应断路状态,并应由射手直接掌握开启。

(2)应规定“先断电,后装弹”程序。

(3)试验人员应明确各程序分工,特别是闸刀开关 K1、闸刀开关 K2 和闸刀总开关 K 的操作分工。

事故案例 2:95mm 火箭增程破甲弹早发火

发生事故的时间　　1977 年 7 月 28 日

发生事故的地点　　某靶场炮位

事故性质　　　　　责任事故

事故主要原因分析　设计缺陷

伤亡情况　　　　　　重伤 1 人

1) 事故概况和经过

95mm 火箭增程破甲弹高温射击密集度试验中,第 1 发情况正常。射击第 2 发时,射手甲瞄准后,站在瞄准镜左侧,等待装弹上膛后复瞄。射手乙将弹装入炮膛后,站在炮尾左侧关闩。当炮闩的断隔螺纹尚未全部旋入时,突然发火,炮身连同炮架向前堆出 8m 后翻倒。炮弹射出 300m 后落地。炮闩被抛到火炮右后方约 200m 处。闩体抛出时将射手乙的右手打掉。

2) 原因分析

经检查,火炮击发机构,有"跟击"现象。阻铁完好,固定阻铁的螺钉也不松动,但阻铁不能复位,因而卡不住击锤。原因是击发连杆与前扳机之间的连接机构不可靠。经再次击发试验后,前拉杆卡住击发连杆,致使拉杆未完全复位,击发连杆仍顶住阻铁不能复位(相当于扣住扳机),击发机构又无击锤保险,因此。必然发生"跟击"。

在关闩瞬间发生"跟击",导致早发火。实践表明,这种击发机构多次出现"跟击"现象。

3) 经验教训和防范措施

应改进击发机构,确保机构正常安全地工作,具体改进内容建议进行专题论证。

事故案例 3:40mm 火箭发射器破甲弹强度试验伤人

发生事故的时间　　　1970 年 5 月 25 日
发生事故的地点　　　某靶场弹着区
事故性质　　　　　　责任事故
事故主要原因分析　　违反操作规程
伤亡情况　　　　　　死亡 1 人

1) 事故概况和经过

在查找破甲弹膛炸原因的专题射击试验中,由于射弹量大、测试项目多,射速快(3~5 发/min),因此,临时规定:"射击中,暂不回收射弹,待射后一起回收"。当进行到最后一天,进行弹体强度射击试验第 2 发时,射手未仔细察看靶道上是否有人,便进行击发,击中正在收弹的收弹工,使其当场死亡。当时并未发现,而是在射击第 3 发时,才发现发射器口部前方的地面上躺着 1 人。

2) 原因分析

(1) 收弹工未告知射手自行进入靶道,射手击发时也未再观察靶道。

(2) 炮位与前方,没有可靠的通信设施。

3) 经验教训和防范措施

(1) 规章制度不完善,试验没有统一的指挥,试验人员各行其是。

（2）射击试验应设计灯光、音响报警设施和必要的通信设施。

事故案例 4：试验四管口径 273mm 火箭炮火箭弹迟发火

1）案例

1965 年某基地在 4 号阵地上试验四管口径 273mm 火箭炮（正样机）时，由于一发火箭弹迟发火，一位战士前去处理，在检查中火箭弹突然点火，将其臂部烧伤。

2）经验教训和防范措施

发现火箭弹迟发火不应马上去排除，应再次按发射按钮，如仍不发射应等待 15min 之后再去排除故障，有发射或爆炸的危险可能性时，指挥人员不应马上现场处理，应确定无危险时再去排除。

事故案例 5：试验四管口径 273mm 火箭炮落点偏移

1）案例

1965 年，某基地 4 号阵地上，仍在试验四管口径 273mm（样机）火箭炮，预定正常射击落点应在射程 40km 的靶道中心处，其落点中心距观测掩体的距离为 1km，但落点偏右 1.5km，落到观测掩体的背后 0.5km 的靶道之外。

2）经验教训和防范措施

观测掩体的正面和其侧面均有可靠的防护，而观测掩体的背面设防薄弱，有伤害观测人员的危险性。

因此，"安全规范"中规定两侧的最大外部距离为 1500m。但这是对射程 40km 以内的火箭炮的规定，射程大于 40km 的火箭弹试验应依据实际确定两侧的最大外部距离。

4.2　反坦克导弹试验

4.2.1　概述

历次局部战争表明，反坦克导弹是当今坦克的最大克星。我国先后自主研发的"红箭"-8（图 4-9）、"红箭"-9 反坦克导弹，特别是"红箭"-9 反坦克导弹武器系统，具有"发射后不管"的特点，采用红外成像、激光半主动指令、主动和被动毫米波等制导技术，可以在发射前或发射后锁定目标。美国的"标枪""陶"，俄罗斯的"赛格""短号"，德国的"霍特"等反坦克导弹也采用了上述技术，见表 4-3。

近几年，各国反坦克导弹又有了发展，如美国的"陶"2 BCM-71D，射程为 4km，有限指令，美国的"陶"3 AMS-H，射程为 4km，红外成像；美国的"海尔法"AGM-114A、114B、114D，机载射程为 8km，半主动激光、双模（红外、射频）、主动雷达；俄罗斯的"螺旋"AT-9，射程为 8km，无线指令；俄罗斯的"短号"AT-14，射程为 5.5km，激光驾束+指令；俄罗斯的"旋风"AT-16，射程为 10km，半主动激光。

图 4-9　"红箭"-8 反坦克导弹发射装置及"红箭"-8C 导弹

表 4-3　国外几种反坦克导弹性能

型　号	"赛格"	"陶"	"哈喷"	"米兰"	"霍特"	"海尔法"
国别	苏联/俄罗斯	美国	法国	法国	德国	美国
射程/m	500~3000	100~3000	350~3000	25~2000	75~4000	地面 5000, 机上 10000
弹速/(m/s)	120	200	190	180	260	350
弹重/kg	11.3	18.5	29	6.5	21.8	48
战斗部重/kg	3.2	3.66	6.2	3	6	装药量 4.5
静破甲深度/mm	500	500	600	600	>800	
弹长/mm	700	1160	1200	750	1275	1778
弹径/mm	120	152	160	116	136	177.8
制导方式	手控、有线制导	光学跟踪有线制导	光学跟踪有线制导	光学跟踪有线制导	光学跟踪有线制导	
年代	第一代后期产品	第二代产品	第二代产品	第二代产品	第二代产品	1984 年投入使用

"红箭"-9 反坦克导弹发射装置安装在 4×4 高机动轮式装甲车上。车长 6m,车宽 3m,车高视发射时与行军时不同,战斗全重 13t,最大公路速度 95km/h,浮度速度 4.5 km/h。发动机最大功率 235kW。

"红箭"-9 是一种射程远、精度高、可昼夜使用和便于快速机动作战的车载反坦克武器系统。其有效射程为 100~5000m,其在中远距离对目标的命中率大于 90%,近程对目标的命中率大于 70%。

导弹全重 37kg,弹径 152mm,固体火箭发动机两台,一台是助推器,一台是续航发动机,头部探杆装置接触目标上的反应装甲时瞬间引爆。"红箭"-9 静破甲垂直厚度大于 1200mm,美国"陶"式导弹为 1040mm,俄罗斯的"短号"为 1100mm。美军 M1A2 坦克车体正面装甲厚度相当于 600mm 均质钢板,德军"豹"2A6 车体正面装甲厚度相当于 580mm 均质钢板,日本 90 式车体正面装甲厚度相当于 580mm 均质钢板。"红箭"-9 可击穿 320mm/68°均质装甲板。

就上述的"红箭"-9 反坦克导弹发射装置,介绍其试验场的试验项目、组成和设计方案。

4.2.2 试验任务及试验项目

依据现代反坦克导弹的产品图纸和验收技术条件的要求,一般在靶场上应完成下述试验任务:

(1)对活动目标射击试验;

(2)全程有控飞行试验;

(3)弹上回路有控飞行试验;

(4)全程无控飞行试验;

(5)激光或红外传输试验;

(6)动破甲威力试验;

(7)静破甲威力试验;

(8)引信可靠性试验;

(9)高低温飞行试验,一般夏天进行高温飞行试验,冬天进行低温飞行试验,通常抽 3 发全备弹进行试验;

(10)反坦克导弹跌落试验等。

4.2.3 试验场组成及设施

根据反坦克导弹的试验任务,一般在试验场上应建设以下靶道和构筑物:

(1)射击精度试验靶道。射击精度试验靶道一条,如导弹有效射程为 5km,其靶道长度可定为 6km,起始段宽度为 400m,终段宽度为 800m。在靶道的 3km 和 5km 处各设精度靶一座。靶网可以是尼龙布的,悬挂在两个支柱之上。在精度靶的侧方约 500m 处各设有一座观测人员隐蔽所和检测平台。观测隐蔽所可以考虑容纳三四人,其面积约为 10m²。检测平台要考虑能适应电影经纬仪等大型光测仪器的工作,其平台工作面积约为 225m²。

(2)动破甲威力试验靶道。动破甲威力试验靶道一条,长度约为 4km,起始段宽度为 600m,终段宽度为 1000m。在靶道的 3km 处设有动破甲威力试验钢板靶一座,在靶的侧方约 800m 处设有一座观测人员隐蔽所。

（3）活动目标射击试验靶道。活动目标射击试验靶道一条,长度为6km,起始段宽度为400m,终段宽度为1500m。在靶道长度1000m和5000m处各设有靶车跑道一条,正规跑道的长度为400~500m。射向的中心线,即扇形方位角的中心线应尽量与靶车跑道垂直,在不同距离靶的侧方设有观测人员隐蔽所。

（4）发射平台。发射平台一座,面积(露天)约为30m×20m,它位于上述三条靶道的起始端,作为三条靶道的共用发射平台。当然,在任务较多时,每条靶道都可以单独建设自己的发射平台。

（5）测试平台。测试平台一座,作为安放测试仪器之用,亦可在此测试平台上进行导弹发射。面积约为50m×50m(露天)。通常测试平台布置在发射平台的侧方。

（6）反坦克导弹跌落试验场。跌落试验后导弹有时已解体,不应再运回生产厂,现场进行分析结论后,就地销毁。

（7）导弹发射装置准备工房。作为导弹发射装置的射前准备,发射后处理工作的场所,面积约为30m×9m。

（8）导弹高温保温工房。作为导弹高温环境试验前的准备场所,面积约为18m×9m。

（9）导弹低温保温工房。作为导弹低温环境试验前的准备场所,面积约为18m×9m。

（10）导弹常温保温及准备工房。作为导弹发射前准备、检测的场所,面积约为30m×9m,规模比较小的试验场上述保温工房也可以与导弹准备工房组合建设在一起。

（11）测试仪器室。作为测试仪器工作和放置的场所,面积约为36m×9m。

（12）气象仪器测试场。

（13）指挥楼及其他辅助设施。

（14）各种危险品库房。

4.2.4　试验场布置方案

试验场的区域布置首先应满足射击试验和安全的要求,其次还应考虑经济条件和管理方便。通常将试验场划分为四个区:技术区(Ⅰ区)、发射区(Ⅱ区)、危险品库区(Ⅲ区)和生活区(Ⅳ区)。各区及各区内建筑物的布置见图4-10。Ⅰ区占地面积约为500m×450m;Ⅱ区占地面积约为6000m×900m;Ⅲ区占地面积约为180m×250m;Ⅳ区占地面积约为300m×200m。Ⅰ区、Ⅱ区、Ⅲ区的设防安全距离应按反坦克导弹的试验、检验和存放的条件确定。Ⅰ区、Ⅱ区、Ⅲ区和Ⅳ区间的安全距离,Ⅰ、Ⅱ区间宜为1000m,Ⅰ区距Ⅲ区最小为400m,Ⅰ区距Ⅳ区约为800m。

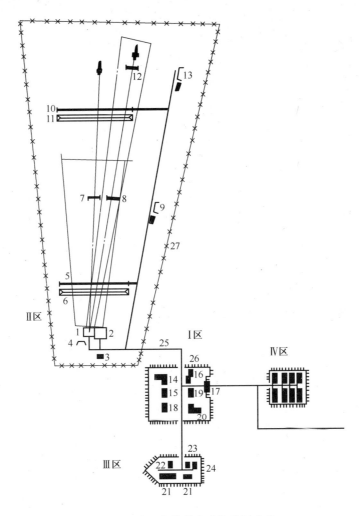

图 4-10　反坦克导弹试验场区划方案

1—导弹发射平台；2—测试平台；3—指挥楼；4—掩体；5—近距离活动目标试验跑道；6—防护土挡墙；
7—动破甲威力试验靶架；8—精度靶；9—观测隐蔽所；10—远距离活动目标试验跑道；11—防护土挡墙；
12—固定目标精度靶；13—观测隐蔽所；14—测试仪器室；15—导弹发射装置准备工房；16—办公室；
17—警卫室；18—导弹高温保温工房；19—导弹低温保温工房；20—导弹准备工房；21—导弹库；
22—炸药库；23—发火件库；24—推进剂库；25—场外道路；26—密实围墙；27—铁刺网围墙。

1. 平面布置

　　导弹试验一般都是各项分别进行的，而不是几个项目同时进行，即试验的时间是可以错开的，因此上述的三条试验靶道可以重叠布置在一块场地上。这样考虑主要是为了节省土地，也是为了管理方便。这种布置方法最大的缺点是当某条靶道进行试验时，有可能造成另外两条靶道上的设施偶然被破坏。

2. 竖向布置

三条靶道上的构筑物一般都有通视要求,有通视要求的应根据具体位置和地形来确定其标高;无通视要求的,只进行建筑物、构筑物的场地平整,其余部分的场地可保持原有地面。

3. 围墙

靶场的技术区、危险品库区和生活区一般都应设有密实的围墙,发射区的围墙可以是非密实的。

4.2.5 反坦克导弹试验靶道设计要求

1. 靶道长度

在选择试验场地时,应考虑发展的反坦克试验靶道长度(目前宜规划为 12km)及相应项目的变化需求。

2. 靶道布置

射击精度试验靶道、活动目标射击试验靶道和动破甲射击试验靶道均应通视性良好,以便射手能直接进行瞄准和射击目标。

3. 发射平台

导弹发射平台尺寸的大小视发射导弹的品种、试验项目和摆放的测试仪器要求与发射及测试人员的操作范围而定。通常对轻型反坦克导弹的发射平台可采用 $10m \times 20m$,对重型反坦克导弹的发射平台可采用 $20m \times 30m$。

发射平台应允许汽车及轻型履带装甲车辆驶入,履带压力一般均小于 $10t/m^2$。

平台基层从自然地面以上可采用黏土分层填土压实。填土压实度应大于或等于 0.95。

平台面层应考虑耐受火焰气体冲刷和能够支撑车载导弹的静态、动态载荷。面层一般采用现浇钢砼地面。

面层尺寸较大,应设胀缝及缩缝。缩缝可每 5m 设一条,胀缝可适应设几条。

考虑雨水排出,面层应有一定的坡度,但不宜过大,一般可采用 0.3%。

由于通视的要求发射平台一般都高出自然地面,但不应由于抬高发射平台而降低或影响产品的检验试验。

由于发射平台高出自然地面,其间的边坡应有保护层,保护层可以是草皮也可以是铺砌砼预制块,视具体情况采用。

4. 测试平台

测试平台主要用于安放和操作测试仪器,如高速摄影机、狭缝摄影机等。其地面和基层应能承受测试仪器动荷载。由于面层尺寸较大,应设有纵向和横向的胀缝及缩缝。面层还应有一定的坡度以利排出雨水。

测试平台应靠近发射平台布置并应位于阳光首先照射的位置,见图 4-11。这样考虑有两个原因:一是当利用测试平台进行发射时,对距离目标射击夹角很小,着靶的角度影响不大;二是操作仪器方便,效果好。

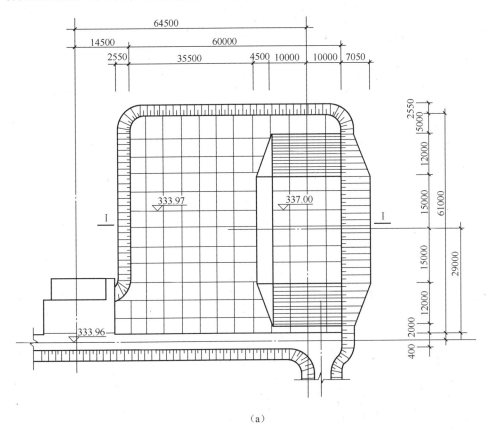

(a)

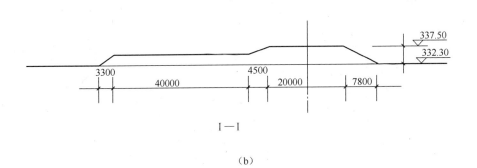

I—I

(b)

图 4-11　发射平台和测试平台

(a)平面图;(b)Ⅰ—Ⅰ剖面图。

5. 固定精度靶

以往设计精度靶都是"死"的,即固定在地上后就不能再移动了。这种做法的缺点是不适用于一条靶道多项试验的要求,影响其他试验项目的通视,甚至易被击中而损坏,为避免其不足,设计出组装靶,这种靶最简单的做法是用两个杆子来支撑尼龙网靶,使用时将杆子插入钢砼支座内,试验后拔出杆子收回。固定靶的构造见图 4-12。

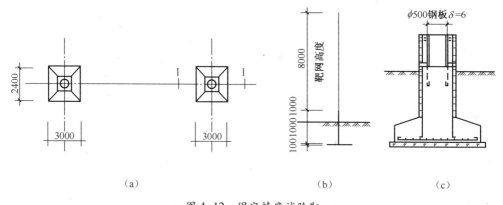

（a）   （b）   （c）

图 4-12　固定精度试验靶

（a）平面图；（b）靶与基础支座关系图；（c）Ⅰ—Ⅰ剖面图。

6. 观测隐蔽所

观测隐蔽所是为了观测人员在危险区内能直接观察到导弹命中固定精度靶的情况而设立的,因此,它们之间的观察范围应通视良好。

隐蔽所的形体和是否封闭,根据需要和投资确定,简易的一般都设计成Ⅱ形。朝向射击方向的一面墙体应能防导弹直接命中而不严重损坏,其他几面墙体及顶盖应能防破片的杀伤而不贯穿。

在隐蔽所的墙体上开设的观察孔,其大小和高度应根据使用的仪器及观测人员的姿态确定。用肉眼直接观察的观察孔应设有防护玻璃,以免破片飞入伤人。

墙体及顶盖的内表面层内应设置一层防震塌的菱形铅丝网,一般可采用 14 号铅丝,网眼为 40mm×40mm。

钢砼结构的隐蔽所参见图 4-13。

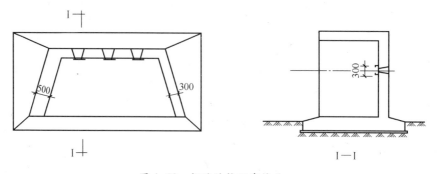

图 4-13　钢砼结构观察掩体

4.2.6　动破甲威力试验钢板靶设计

下面以某种反坦克导弹为例进行阐述。

1. 钢板靶的用途

钢板靶用于某型反坦克导弹有效射程内的动破甲威力、射击精度和引信极限发火角试验。

2. 试验条件

（1）钢板靶安放在距离发射平台中心前方的 3000m 处。

（2）某反坦克导弹质量为 30kg，续航发动机推进剂的质量为 6.7kg，命中钢板靶时导弹质量为 23.3kg，速度为 280~300m/s。

（3）每次发射为单发。

（4）靶板的法线角为 68°、71°和 73°，法线角为 68°、71°的用于破甲威力和射击精度试验，法线角为 73°的用于引信极限发火角试验。

（5）靶板表面在垂直射面上的投影尺寸应尽量与实战坦克的外形尺寸一致，因此长度应采用 6m，为节省投资实际可采用 4.5m，高度应采用 2.5m，法线角为 73°时投影高度为 2.8m，厚度为 360mm，靶板水平仰放，故习惯称其为仰（角）靶架。

3. 设计要求

（1）靶架支撑体应尽量不外露，以免被导弹直接命中而损坏。

（2）不外露部分的靶架仍有可能被破甲后剩余射流能量所破坏，故靶架体的构件应留有适当的截面余量。

（3）靶架受外力作用后，允许产生较小的位移，但不应产生倾斜，如发生倾斜应在下次试验前调整过来。

（4）由于靶架受力后或平时长时间放置后，可能会发生微量的角度倾斜，因此靶架与基础的接合部位应考虑适应角度变化后调整的可能性。

（5）靶架四周应留有约 10m 宽的场地，供运输和装卸靶板的汽车与吊车使用及通行。

（6）为便于用汽车将焊接后的靶架运至靶场，靶架组合件的最大质量不宜超过 8t，具体视运输车辆和吊装设备吨位确定。

4. 钢板靶结构

钢板靶可以设计为侧向靶，如图 4-14 所示，或仰角靶如图 4-15 所示。侧向靶一般都设计为固定某一个角度的，而仰靶则可以设计为可调角度的。现代反坦克导弹试验要求靶板的法线角为 68°~73°，靶板的厚度要求能保证 1100mm 的穿深。

下面以仰角钢板靶为例介绍其结构。

钢板靶由均质靶板、靶架和基础三部分组成。

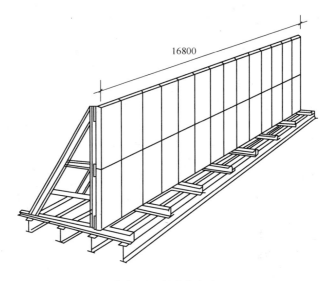

图 4-14　侧向钢板靶

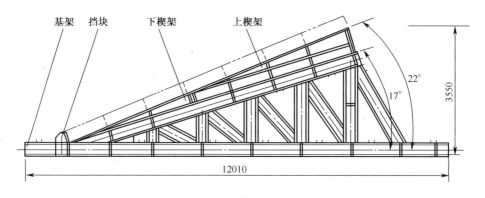

图 4-15　仰角钢板靶

（1）由于国内标准靶板中没有 360mm 厚的，故采用两块 180mm 厚的靶板叠加来代替。

（2）在钢板靶上仰放两层叠加的靶板，第一和第二层总面积均为 8.4m×4.5m。

（3）每块靶板面积为 1.2m×1.5m，即每层靶板的数量为 21 块，两层共 42 块。

（4）钢靶板的排列方案及有关尺寸见图 4-16 及表 4-4。

（5）由于靶板间的缝隙对破甲威力有显著影响，而且动破甲试验对导弹着靶姿态不一定绝对沿射线方向，因此实际破甲深度与理论破甲深度有差异，为此应尽量减小靶间间隙。

（6）钢板靶总重约 30t，如整体运至靶场十分困难，为此将钢板靶分成三部分，每个部分桁架重 10t，单独运至靶场后再焊接成整体。

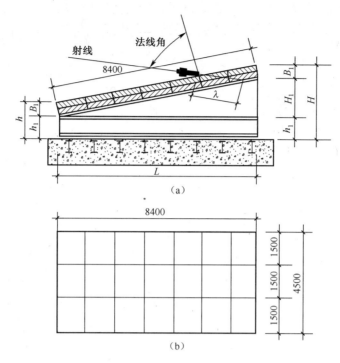

图 4-16　钢靶板排列方案

(a)侧视图;(b)靶板平面投影图。

表 4-4　靶架各部位尺寸(mm)

法线角/(°)	h	h_1	σ_1	H	H_1	L	h_2	λ
68	788	320	388	3935	3147	7788	1537	961
71	781	320	381	3516	2735	7942	1367	1106
73	776	320	376	3232	2456	8033	1228	1231

5. 钢板靶法线角的调整方法

(1)可以用转动的方法调整靶板在 68°～73°之间变化,转轴如位于靶架的端部调整时比较费力,如位于中部接近质心部位则调整时比较省力,但这种方法结构复杂,而且转轴一旦被破坏很难再修复。

(2)可以采用在靶板与靶架之间垫斜铁的方法。假如钢板靶法线角为 68°,要改为 71°或 73°时,垫一块高度为 412mm 或 691mm 三角形斜铁就完成了。

三角形斜铁 3°和 5°的锐角制造、使用均有一定困难,实际使用时可以截去锐角部分变为梯形斜铁。

(3)可以将钢板靶放置在不同斜坡地面上,改变钢板靶的法线角。上述三种法线角的靶架可以如下设置:一个平台供安放 71°的钢板靶,朝向射击方向倾斜 3°

的坡台供安放 68°的钢板靶,3°坡台的最大倾斜高度为 412mm,背向射击方向倾斜2°的坡台供安放 73°的钢板靶,2°坡台的最大倾斜高度为 279mm,见图 4-17。

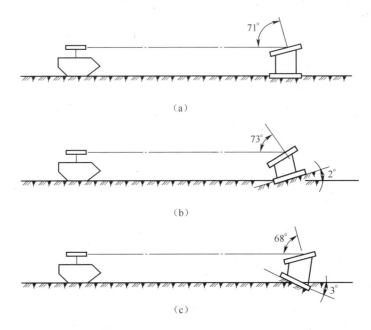

图 4-17　利用地坡调整靶架角度

(a)法线角为 71°;(b)法线角为 73°;(c)法线角为 68°。

6. 钢板靶标高的确定

(1) 发射装置的瞄准线与靶板外表面几何中心点允许不在同一水平线上,有一定的标高差。因为靶板的外表面几何中心点的水平线高于或低于发射装置的射线 3m 时,才影响发射角 1mil,所以钢板靶的高差对射角影响不大。但实际使用时,通常还是将发射装置的瞄准线尽量与靶板外表面几何中心的水平线摆在同一水平线上。

(2) 假如发射平台的标高为 333.97m,靶架处的自然地面标高为 331.82m,调整后的发射装置射线与靶架瞄准点的标高应尽量在同一水平线上。

7. 钢板靶的移动速度和位移

导弹命中钢板靶后,钢板靶是否会发生位移? 位移时的速度多大? 假如导弹命中靶板时不发火,可用下式对某反坦克导弹命中靶板时产生的位移和移动的速度进行估算:

$$qv_1 + Qv_1 = q_c v_c + Q_c v_c$$

假设式中:

q 为导弹命中靶前质量,为 30kg;v_1 为命中钢板靶前的导弹速度,为 300m/s;Q 为命中前钢板靶的质量,为 136t,其中钢板靶质量 30t,靶板质量 106t;v_1 命中钢板靶前的钢板靶速度,为0m/s;q_c为命中钢板靶时导弹质量,为23.3kg;v_c为命中钢板靶后的导弹速度,同v_c;Q_c为命中钢板靶后的钢板靶质量,为136.023t;v_c为命中钢板靶后的钢板靶速度(m/s)。

把已知条件代入上式,则

$$v_c = \frac{qv_1}{q_cQ_c} = \frac{30 \times 300}{23.3 + 136023} = 0.066(\text{m/s})$$

假设作用时间为1/1000~4/10000s,则钢板靶位移为0.066~0.026mm,如果考虑摩擦阻力的作用,靶架的位移就更小了。

8. 靶架的受力

(1)导弹命中钢板靶时,靶架受力情况可能有以下几种情况:①导弹命中靶架时战斗部不爆炸,导弹的动能将转化为作用于靶架的推力,同时导弹在靶板反作用力下产生塑性变形;②导弹命中靶板后发生跳弹,导弹的部分动能将转化为作用于靶架上的力,此种情况靶架受力最小;③导弹命中靶架前正常炸高时发火,聚能效应破甲,同时产生的爆轰波和冲击波作用于靶板上,使靶架受向后和向下的作用力;④导弹直接命中靶板后战斗部爆炸,爆轰波作用于靶板上,使靶架受向后和向下的作用力,这种情况对靶架受力可能最不利。

(2)第一种情况作用于靶架上的力可按下式估算:

$$\int_0^x F\mathrm{d}x = \frac{1}{2}\frac{q_c}{g}v_c^2$$

$$F_{cp} = \frac{q_cv_c^2}{2gx}$$

假设导弹命中靶板后塑性变形为200mm,则

$$F_{cp} = \frac{23.3 \times 300^2}{2 \times 9.81 \times 0.2} = 534404(\text{kg}) \approx 534(\text{t})$$

式中:F_{cp}为作用于靶架上的平均力,最大作用力取为$2F_{cp}$,即

$$F_m = 2 \times 534 = 1068(\text{t})$$

(3)导弹飞至靶架前正常炸高时爆炸情况见图4-18,爆炸中心距靶板外表面最近距离为480mm。导弹直接触及靶板后战斗部爆炸情况见图4-19,其爆炸中心距靶板外表面最近点为154mm。

导弹柱形装药换算为球形装药时装药半径为

$$r_0^3 = \frac{3}{4}r_{柱}^2 h_{柱} = \frac{3}{4} \times \left(\frac{145}{2}\right)^2 \times 227 = 894876$$

$$r_0 = 96.37\text{mm}$$

由于冲击波传播距离$r<(10~15)r_0$,故冲击波还未与爆炸产物脱离。

第三种情况的比距离为

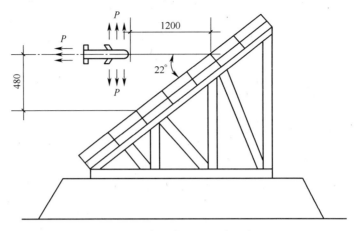

图4-18 正常炸高时靶板受力情况

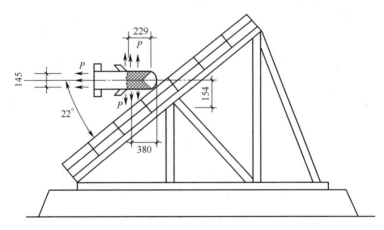

图4-19 接触爆炸时靶板受力情况

$$\bar{r} = \frac{r}{\sqrt[3]{\omega}} = \frac{0.48}{\sqrt[3]{3.6 \times 1.3}} = 0.28(\mathrm{m \cdot kg}^{-\frac{1}{3}})$$

第四种情况的比距离为

$$\bar{r} = \frac{r}{\sqrt[3]{\omega}} = \frac{0.154}{\sqrt[3]{3.6 \times 1.3}} = 0.092(\mathrm{m \cdot kg}^{-\frac{1}{3}})$$

由于两者$\bar{r}<1$,因此不能采用空气冲击波峰值的超压计算公式,否则误差较大。

在接触爆炸情况下建议用下式估算爆轰波与冲击波分界面上的最大压力P_m。

$$P_m = \frac{2P_{\mathrm{C-J}}\rho C_e}{\rho C_e + \rho_0 D}$$

式中:P_m为垂直入射时界面上作用的最大压力(MPa);$P_{\mathrm{C-J}}$为爆轰波阵面上的压力(MPa),

138

对 RDX 炸药 P_{C-J} 取为 33790MPa；C_e 为靶板材料中弹性纵波速度（m/s），取为 6000m/s；ρ 为靶板材料的密度，为 7.8g/cm³；ρ_0 为炸药装药的初始密度，为 1.767g/cm³；D 为爆速（m/s），RDX 炸药为 8680m/s。

将已知条件代入公式可得

$$P_m = \frac{2 \times 3.379 \times 10^5 \times 7.8 \times 10^{-3} \times 6 \times 10^5}{7.8 \times 10^{-3} \times 6 \times 10^5 + 1.767 \times 10^{-3} \times 8.68 \times 10^5}$$
$$= 512000(\text{kg/cm}^2) = 51200(\text{MPa})$$

71°法线角斜入射时估计 P_m 衰减 12%，则

$$P_{m\varphi} = 512000 \times (1-12\%) = 450560(\text{kg/cm}^2) \approx 450000(\text{kg/cm}^2) = 45000(\text{MPa})$$

P_m 随时间的衰减为

$$P(t) = P_m e^{-bt}$$

式中：$P(t)$ 为爆轰波到达分界面后的任一时刻作用于分界面上的压力（10^5Pa）；t 为爆轰波阵面到达分界面后的任一时刻（μs）；D 为压力衰减系数，单位为时间倒数。

对于圆柱形装药：

$$b = 7.8/(0.31a)$$

对于球形装药：

$$b = 7.8/(0.14a)$$

式中：a 为爆轰波由起爆点运动到分界所经过的距离（mm）。

取 $b = 2(\mu s)^{-1}$，相当于 $a = 13$mm。

当 $t = 0\mu s$ 时，$P(0) = 450000(\text{kg/cm}^2) = 4.5 \times 10^5(\text{kg/cm}^2) = 4.5 \times 10^4(\text{MPa})$；

当 $t = 0.1\mu s$ 时，$P(0) = 4.57 \times 10^5 e^{-0.2} = 3.74 \times 10^4(\text{MPa})$；

当 $t = 0.5\mu s$ 时，$P(0.5) = 4.57 \times 10^5 e^{-1} = 1.68 \times 10^4(\text{MPa})$；

当 $t = 1\mu s$ 时，$P(1) = 4.57 \times 10^5 e^{-2} = 0.618 \times 10^4(\text{MPa})$；

当 $t = 2\mu s$ 时，$P(2) = 4.57 \times 10^5 e^{-4} = 0.0837 \times 10^4(\text{MPa})$；

当 $t = 5\mu s$ 时，$P(5) = 4.57 \times 10^5 e^{-10} = 2.07(\text{MPa})$；

当 $t = 7\mu s$ 时，$P(7) = 4.57 \times 10^5 e^{-14} = 0.038(\text{MPa})$。

从计算数据可知，P 随 t 的增长降低很快，即作用于靶架上的力随时间的增长降低很快，所以靶架还应计算其受冲量的大小。

9. 靶架受冲量的计算

下面引用无壳装药接触爆炸对靶面的作用冲量。该式适用于靶架的质量远大于装药质量，装药长度 l（227mm）小于 $4.5r_0$（432mm）时的冲量公式：

$$I = \frac{8}{27}\left(\frac{4}{9}l - \frac{8}{81} \times \frac{l^2}{r_0} + \frac{16}{2187} \times \frac{l^3}{r_0^2}\right)\rho_0 D\pi r_0^2$$

$$= \frac{8}{27}\left(\frac{4}{9} \times 227 - \frac{8}{81} \times \frac{227^2}{73.5} + \frac{16}{2187} \times \frac{227^3}{73.5^2} \right) \times 10^{-3} \times \frac{1.768 \times 10^3}{9.81}$$
$$\times 8.68 \times 10^3 \pi \times 73.5^2 \times 10^6$$

$$= \frac{8}{27}(100.89 - 69.24 + 15.84) \times 10^{-3} \times 26549 = 373.66(\text{kg} \cdot \text{s})$$

比冲量为

$$i = \frac{I}{\pi r_0^2} = \frac{373.66}{\pi 73.5^2 \times 10^{-2}} = 2.2(\text{kg}/(\text{cm}^2 \cdot \text{s}))$$

全靶面上最大冲量为

$$450 \times 840 \times 2.2 = 831600(\text{kg} \cdot \text{s})$$

有效全靶面上最大冲量为

$$100 \times 100 \times 2.2 = 22000(\text{kg} \cdot \text{s})$$

4.2.7　反坦克导弹对活动目标射击试验的要求

1. 试验目的

射击试验的目的主要是检验反坦克导弹系统对地面活动目标的瞄准跟踪能力,射击操作的可靠性和导弹系统的综合射击精度。

反坦克导弹的射击精度试验是检验产品性能的重要项目,通常在科研过程中和批量校验过程中均应进行此项试验。除了要对固定目标进行射击精度试验以外,还要求对活动目标进行射击精度试验。活动目标通常以活动靶来代替。

2. 试验准备

为便于说明,下面以某导弹为例进行阐述。

1）发射装置准备

将反坦克导弹发射装置驾驶到发射平台上并进行架设和勤务检查。为了排除射击对瞄准的影响以及训练和考核射手的瞄准技能,在射击开始前先进行动态跟踪和射击精度试验。

2）弹药准备

该项试验通常使用填沙弹,试验前应进行保温。导弹起飞时质量约为30kg。

3）活动靶准备

射击试验的活动目标以活动靶代替。活动靶最大时速为54km/h,如靶面不垂直于射线,还应进行速度修正。

对1000m的活动靶射击时,靶车与射面的夹角为78°41′~90°,对5000m的活动靶射击时,靶车与射面的夹角为89°46′~90°。

活动靶可向左右两侧移动,每次移动最大距离不大于400m,如需要还可再加大。

活动靶的长度为6m,高度为4m,尼龙网的网孔尺寸为2mm×2mm,网线直径约为0.2mm。

尼龙网靶的周边拴在方形靶框上,靶框固定在靶车上。

靶框可以采用木质或钢质的材料。靶框很易被打坏,选用的材质及结构应考虑便于更换。

导弹在1000m处跑道上的飞行速度约为250m/s,导弹在5000m处跑道上的飞行速度约为230m/s。当其命中靶框时,靶框受冲击力较大,此时靶车不应倾倒,不应偏离跑道。

试验时最大风速不大于10m/s。

4)场地准备

通常试验场上设计远、近跑道各一条,远的接近最大有效射程,近的接近最小有效射程,具体情况可视场地情况而定。某基地在920m和4200m处有现成的道路,可以直接利用,不必一定为1000m或5000m。另外,变化发射平台的位置还可将远近跑道合为一条。

两条活动靶车跑道的长度均为400m,两端各设100m为加速段或减速段,或称射击试验准备段。

发射平台上的发射装置应与跑道上的活动靶通视。

4.2.8　射击实施

为便于说明,下面以某导弹为例进行阐述。

发射装置、反坦克导弹、测试仪器和试验场地准备好后,即可进行导弹的发射。发射后,导弹飞行经历四个阶段:第一阶段为起飞段,工作时间为几十毫秒,行程约5m,速度可达50m/s。第二阶段为加速段,工作时间约2s,行程为300m,速度可达250m/s。第三阶段为续航段,工作时间为10s,行程为3000m,末速仍为250m/s。第四阶段为滑行段,飞行速度从250m/s逐渐减小,飞行至5000m时,历时22s,最大飞行距离可达6000m以上。导弹命中活动靶是在导弹飞行的第三、第四阶段。

1. 命中1000m处活动靶导弹发射时间

导弹从发射平台起飞至1000m处活动靶时所需时间为4.0s,飞行速度为250m/s。如果试验段的靶车时速为54km/h,则靶车运行全程400m所需时间为40s,其中加速、匀速和减速段运行时间均为13.33s。由此可知,对射距1000m处的靶车射击时,当靶车运行到匀速段时即可发射导弹,可以在试验段内命中活动靶。

2. 命中5000m处活动靶导弹发射时间

导弹飞至5000m活动靶时所需时间为20s,此值大于靶车在试验段运行的时间13.33s,故在靶车开到试验段之前,即靶车进入加速段后,就需发射导弹,这样才能保证导弹在试验段内命中靶车。

3. 某反坦克导弹命中目标过程

在试验场上反坦克导弹射击试验的目标分固定的、活动的两种,两者对导弹的飞行控制要求没有很大区别,只是后者比前者对射手的要求更严格。

下面以目视瞄准、红外半自动跟踪、激光传输指令制导为例介绍反坦克导弹命中目标的过程。几种反坦克导弹主要性能见前述。

当场地上的目标和发射平台上的反坦克发射装置准备好后,就可以发射,发射后射手就可以通过瞄准目标(固定靶或活动靶)形成瞄准线,红外测角仪测出导弹相对瞄准线的误差角,见图4-20。

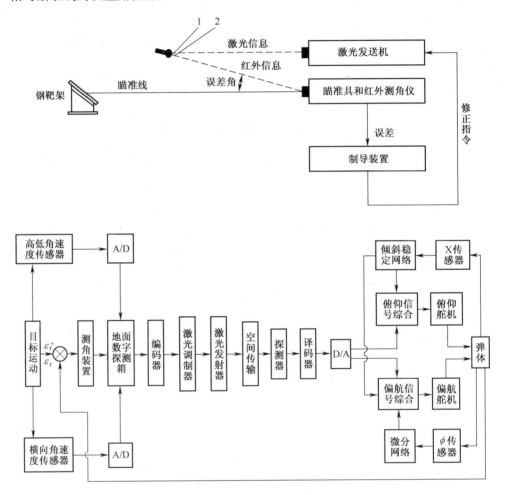

图4-20 激光传输指令反坦克导弹制导原理
1—激光接收机;2—红外源。

通过数字制导电子控制箱形成控制指令,编码器将指令编码,指令码由激光发射机发射的激光束传输到导弹上,弹上探测器接收激光码,通过弹上译码器将控制指令还原,控制指令驱动导弹。

4.2.9 反坦克导弹对活动目标靶射击试验方案

假如试验场地比较平坦,可能实现的活动靶方案有多种。

1. 装甲运输车载靶方案

有人驾驶的装甲运输车载靶方案示意图如图 4-21 所示。

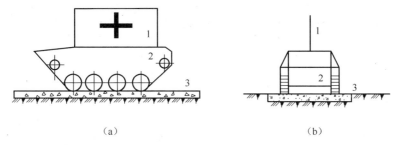

（a） （b）

图 4-21 装甲车载靶方案

（a）侧面图;（b）正面图。

1—靶网; 2—装甲运输车; 3—跑道。

这种方案的特点是可以直接利用现有的装甲运输车作为靶车,只是在车的上部加装一个尼龙网靶支架就可以很容易地实现。用它可以代替正在行驶的加速目标、匀速目标、减速目标甚至机动目标。

装甲车的机动性能较好,加速、减速都可以在较短的时间内完成,因而需要修建的正规跑道也比较短,一般有 400～600m 的长度就可以了。高速行驶时,跑道不足的部分可以利用野外平坦场地作为辅助跑道,待装甲车达到一定的速度时再进入正规跑道。

这种方案技术成熟、操作简单、实用可靠、投资较少而且容易较快实现。由于不需要在场地上建设房屋和其他控制设施,因而管理也比较方便。

但由于装甲车被导弹命中的概率很大,因而试验时不允许使用装有炸药的战斗部,并且还需在装甲运输车上装有可靠的防护板或在正规跑道的全长度上朝向射击方向的一方筑有防护土挡墙,如图 4-22 所示。

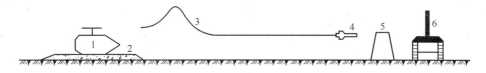

图 4-22 靶车防护示意图

1—导弹发射装置;2—发射平台;3—弹道轨迹;4—导弹;5—防护土挡墙;6—靶车。

由此可见驾驶员是安全的,意外偶然事件也只能给驾驶员以突然的较大的冲击震动,不至于造成严重的后果。

防护墙的材料应根据当地条件选择,宜采用土质的,石头的或水泥砼的亦可,但不理想,其高度、厚度和坡度应经过计算确定,以确保靶车的安全和跳弹的飞出危害。

跑道的路面应适用于履带车的行驶,可采用水泥砼路面,厚度可取 20cm,路面宽为 3.5m,路基宽约为 6.5m。

这种方案的缺点是装甲车的行驶速度依赖于驾驶员的操纵控制,因而存在人为的误差,特别是在匀速行驶的情况下,是不尽理想的。另外,这种方案技术水平较低,反映不出我国当代科学技术的发展水平。

2. 遥控电动靶车方案

无人驾驶的遥控靶车结构类似去掉棚的地铁车厢底盘,靶车行驶方向靠钢轨导向。靶车上装一台直流电动机作为驱动靶车的动力,也可以装两台直流电动机分别驱动靶车的两个轴,但要考虑两台电动机的同步。遥控电动靶车的结构示意图如图 4-23 所示。

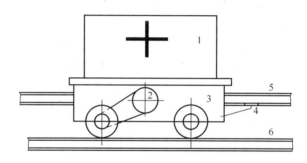

图 4-23　遥控电动靶车方案

1—网靶;2—电动机;3—靶车;4—电刷;5—供电轨;6—导轨。

直流电动机由直流发电机组或交流发电机组经整流后供电。考虑野外工作场合,发电机组最好选用风冷式的和可移动式的,用时牵引来,用后牵引回。

在遥控靶车上应装有能接收发射阵地上遥控操纵靶车启动、加速、再加速、等速、减速、再减速和停车等指令的接收系统,以便靶车按指令要求完成上述动作,也可以将上述动作要求事先编好程序,装在靶车上的计算机内,靶车可以按预先装定的程序进行工作,使靶车完成各种规定的动作,因而动作和行驶速度准确。这种靶车自动化程度较高,能够反映我国当代科学技术水平。

在前方的场地上需要修建靶车停放间及其控制间,以及柴油发电站的房屋,房屋还需具备防弹的能力,因而投资较多。

也可不修建靶车和柴油发电站的房屋,这样在试验后应将靶车吊上汽车托运回,将移动式发电站也牵引回技术区,否则管理较困难,平时场地还要有专人看管并进行维修保养。

这种试验方案是比较安全的,但意外偶然事件有可能损坏靶车、移动式发电站,甚至会给场地前方工作人员造成一定的危险。

3. 火箭动力靶车方案

靶车外形类似于电动平板车,不同的是靶车上安装一台或几台火箭发动机,并以此为动力,如图4-24所示。

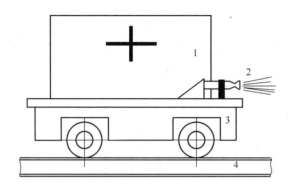

图 4-24　火箭动力试验靶车示意图
1—靶网;2—火箭推进器;3—靶车；4—导轨。

靶车的启动、加速和匀速运动均靠火箭发动机产生的推力,而靶车的减速和停止则靠靶车上或地面上的外部减速设施阻尼完成。

火箭靶车类似火箭橇,但不同的是火箭橇没有车轮,而火箭动力试验靶车有车轮,实际是个"火箭车",需设置几台火箭发动机,速度控制机构、安全保障结构和减速设施都比较复杂。

4. 牵引靶车方案

在靶车移动速度不高的情况下这是一种技术成熟的方案,并广泛作为火炮射击活动目标和坦克装甲车辆射击活动目标的靶车。靶车以卷扬机为动力,使其在钢导轨上前后牵引运动,图4-25给出了其动作原理。

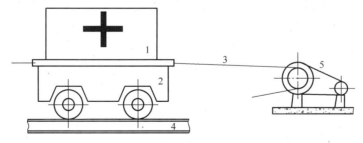

图 4-25　牵引靶车方案
1—靶网;2—靶车;3—钢丝绳;4—钢导轨;5—卷扬机及变速机构(有几个跑速要求时)。

靶车结构简单,卷扬机的电动机易于控制,车上没有动力源和驱动系统,因而靶车一旦被命中击坏也易于修复,即使不能修理,重新制造一辆花费也不高。图 4-25 所示的靶车是我国某基地 20 世纪 70 年代设计使用的靶车。这套靶车系统的主要性能和使用条件如下:

(1) 靶车的纯速为 8km/h、10km/h、12km/h、18km/h 和 20km/h;

(2) 可双向行驶;

(3) 使用时,地面迎风风速不大于 10m/s;

(4) 靶车长度为 3500mm,宽度为 2000mm,高度为 500mm。车轮直径为 200mm,靶车质量约为 200kg;

(5) 试验时,预先按靶车速度的要求挂好齿轮变速箱或采用无级变速,使卷扬机的速度为 8km/h、10km/h、12km/h、18km/h、20km/h 中之一;

(6) 钢丝绳直径为 30mm,在牵引力允许的条件下越细越好,粗了不易于对接而且磨损也较大;

(7) 卷扬机功率为 22kW;

(8) 卷扬机和变速箱布置在长度为 2m、宽度为 2.5m、高度为 2m 的掩体式动力站内;

(9) 钢轨导向,轨距 1435mm,钢轨高度 90mm,顶部和底部宽度分别为 40mm 和 80mm;

(10) 朝向射击方向轨道的全长上设防护土挡墙,墙高 1.3~1.4m,宽度 2m 并有 60° 的坡度。挡土墙下部距导轨 1m。

如果靶车的行驶速度为 54km/h,即 15m/s 以上的速度,这种方案还存在一些问题需要解决:

(1) 要解决钢丝绳的胀紧问题。因为使用环境有可能出现 50℃ 的温差变化,按此温差计算钢丝绳将会出现 2m 以上的伸缩量,使用时需要调整。若要求靶车双向运动,还需要在试验道路的两端均设有胀紧装置及其电源。

(2) 假设钢丝绳的直径为 30mm,钢丝绳与绞盘直径的比值为 1:53,绞盘的直径就是 1600mm,这样大的绞盘还需要开挖深度约为 1.0m、长度为 400m 钢丝绳移动沟槽,需要解决沟槽内的沙土雨雪问题。

如果将靶车绞盘底部的标高定为 ±0.00,那么靶车上部的标高接近 1.60m,在 400m 跑道的行程上靶车暴露高度为 1.6m,需要解决 400m 长度上的防护问题。

(3) 靶车到位后,撞击行程开关使电动机停电,继而使绞盘停下来。假定电动机的转速为 1000r/min,直径 1.6m 绞盘的转速为 2.89r/min,两者的速比为 335.12,需要解决惯性刹车问题。

(4) 驱动减速器的电动机功率较大,实现也是问题。

5. 遥控内燃机为动力的靶车方案

有三种遥控内燃机为动力的靶车方案。靶车的底盘可选用红旗轿车的或奥迪轿车的。靶车为无人直线定向驾驶,遥控距离为 420m 和 920m,加速段为 100m,匀速度段为 200m,减速段为 100m。速度控制要反馈至发射点。三种方案均要考虑失控后靶车的安全保障问题。

三种方案的主要区别是导向方法不同。第一方案的靶车是在导槽内行驶,即以导槽定向。在靶车的两侧各安装导向的从动轮,从动轮与槽形钢砼墙接触,将靶车限制在导槽内行驶,如图 4-26 所示 。该方案虽然增加了两侧的钢砼墙,提高了造价,但路面相应地窄了,可以抵消部分提高的造价。由于从动轮与导槽间存在间隙,靶车在高速行驶过程中会发生左右碰撞,影响靶车寿命,这是本方案存在的主要问题。

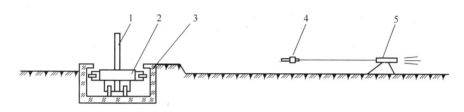

图 4-26　遥控导槽导向内燃机靶车
1—靶网;2—靶车;3—钢砼导槽;4—反坦克导弹;5—发射装置。

第二方案是以钢轨为导向的遥控内燃机靶车方案。该方案与电动靶车方案类似,所不同的是前者使用电动机驱动靶车,而后者靠内燃机驱动靶车。

第三方案是遥控自动导向内燃机靶车方案。这种方案的特点是机动性大、技术复杂、造价高,还需要解决以下几个技术关键问题:

(1) 研制速度(加速、匀速和减速)遥控遥测装置;

(2) 研制闭环无人操纵的自动驾驶装置,定向方式可以采用激光、红外、罗盘或无线电等指令技术;

(3) 研制闭环装置和定向测量装置;

(4) 研制方向矫正的执行机构;

(5) 研制安全保障系统,要在遥控条件下确保方向与速度失控时的安全保障,要有紧急制动、断油门、切断点火等安全设施及防碰撞装置。

6. 相对速度固定靶方案

相对速度固定靶方案如图 4-27 所示。

从图上可以看出,该方案只在试验的射程上设一个固定靶和建一条发射装置车驾驶的行驶道路,该方案是想以移动发射装置使其与固定靶保持规定的相对速度来代替移动靶。此方案虽然可以节省防护墙及电源,但发射后,导弹飞行情况与

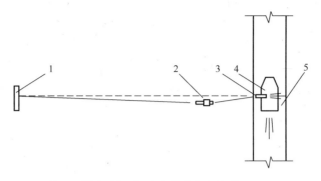

图 4-27 相对速度固定靶方案

1—靶网;2—导弹;3—发射装置;4—发射车;5—道路。

试验条件要求不完全相符,这是该方案存在的主要问题,也是很难解决的问题。

7. 遥控程控自动转靶方案

遥控程控自动转靶方案需要在跑道的全长上设置几十个自动转靶,转靶可以按计算机编好的程序控制步进电机依次转动转靶,使转靶上呈现出瞄准十字线的竖线,而十字线的横线则是原来靶上就有的。用十字线的向前移动来代替移动靶上十字线的向前移动。

该方案自动化程度较高,而且可以节省跑道和防护墙。但靶间定位困难,射击命中后需修复转靶,还需设置几十套测时仪器测出导弹命中转靶的时间及核对与该点转靶的工作时间是否一致以定位弹着点和脱靶点等。

8. 装甲运输车拖靶车方案

装甲运输车拖靶车方案是由有人驾驶的装甲运输车载靶方案演变而来,即有人驾驶的装甲运输车载靶方案加接一个拖靶车,如图 4-28 所示。该方案射击瞄准的不是有人驾驶的装甲运输车而是它的拖靶车,因此射击时误击中装甲运输车的可能性有,但概率很小。有可能被直接命中靶车的行驶部分,为此应有防护。

拖靶车重约 5t,车长度加拖杆共约 12m,宽度约 2m,高度约 1m。装甲运输车的牵引力及跑道的长度和路面应保证拖靶车的最大行驶速度要求。

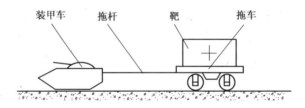

图 4-28 装甲运输车拖靶车

上述方案的靶车除了相对速度固定靶方案以外,其性能、活动范围和靶的外形均适用于各种兵器对地面活动目标的射击试验。具体选用哪种方案,应进行技术经济对比。为了读者选用方便,将方案进行了对比,见表 4-5。

148

表 4-5 靶车方案综合比较

靶车方案	靶车特点	可靠性	制造	风险	使用方便性	造价
装甲运输车载靶	用列装车改造易实现	可靠	简单	较小	方便	小
遥控电动靶车	前方需电源,导轨技术成熟	可靠	简单	较小	方便	较大
火箭动力靶车	速度控制复杂,导轨技术成熟	不十分可靠	复杂	较大	不方便	较大
牵引靶车	结构简单,技术成熟。速度30km/h	可靠	简单	较小	方便	较大
遥控导槽导向内燃机靶车	需有人驾驶的靶车,导向相对稳定	可靠	复杂	大	不方便	大
遥控自动导向内燃机靶车	设计一套自动化无人驾驶仪	不可靠	复杂	较大	不方便	较大
遥控导轨导向内燃机靶车	需有人驾驶的靶车,导向相对不稳定	可靠	较复杂	大	不方便	大
相对速度固定靶	节省跑道和防护	局限性大	简单	较大	方便	较小
遥控程序控制靶车	节省跑道和防护。脱靶反映不出,两靶间定位困难	局限性大	复杂	较大	不方便	较大
装甲运输车拖靶车	前车与靶车有安全距离,不设挡墙,两条路一辆车	可靠	简单	较小	方便	较小

从表 4-5 中可以看出,第一方案比较经济,建设速度较快,并且跑道上无钢轨、电源等固定设施,使用管理方便。其次是装甲运输和拖靶车方案。如果射击的活动目标速度允许在 30km/h 以内,那么选择牵引靶车方案有现成图纸,若速度再高则需要单独设计,但技术上也是成熟的。

4.2.10 事故案例及防范措施

案例:某反坦克导弹续航发动机推进剂长储检验试验爆炸

发生事故的时间　　1988 年 3 月 14 日

发生事故的地点　　某靶场发射炮位

事故性质　　　　　责任事故

事故主要原因分析　电点火具突然点火

危险程度　　　　　重伤 1 人

1) 事故概况和经过

在进行长储某反坦克导弹续航发动机推进剂的应力水平检验和周期检测时,取一批共 56 支药柱,保温 65℃试验已经结束。3 月 14 日又做低温-40℃试验。8 时 25分试验开始,9 时 30 分准备工作就绪,10 时正式开始,9 支试验完毕,第 10 支续航推进剂装入发动机内,保温。此发装药,在 3 月 11 日检查时曾发现其外包覆层有起泡胀大、发动机内侧空间堵死、药柱前移、发动机自由空间减小、改变了推进剂在发动机内的正常装填密度等现象。由此可见,此发试验有可能发生问题,经研究,此发不测数据和曲线,也不在试验台上试验,而是将发动机放在距此试验台 4m 处的水泥地面上试验。因原发火导线长度不够,于是又取来一段长度为 3m 导线接在原线路上,操作者先把发动机上的线头打开,将第一根导线接上,当继续连接第二根导线时,点火具突然点火,续航推进剂装药部分飞出,将操作者的右手中指、无名指打断。

2)原因分析

(1)此次事故,很明显是由于电点火具突然点火所致。为进一步查找电点火具突然点火的原因,我们进行了两项试验。

① 尖端放电试验,试验方法的原理图如图 4-29 所示。

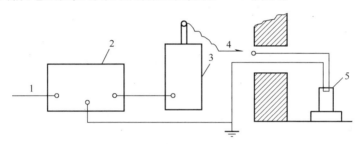

图 4-29 尖端放电试验示意图

1—电源;2—BGF-100 型高压发生器;3—高压箱;4—放电针;5—点火具。

试验时,电压从 3000V 开始,到 40000V,电流为 3×10^{-4} A,进行火花放电,电点火具点火。

计算点火功率为

$$W = 3 \times 10^{-4} \times 4 \times 10^4 = 12 \text{V} \cdot \text{A}$$

而实际点火功率为

$$W = 2 \times 6 = 12 \text{V} \cdot \text{A}$$

经检查,起爆线路脱离直流电源约 1m 远,两根点火线路无电压、无电流,因此,尖端放电引起的点火可能性可以排除。于是,进行对静电感度验证试验。

② 充放电式静电感度试验,其试验方法的原理见图 4-30。

被试验的点火具批号为 2/85,电容为 4×10^4 MF,电压为 10^4 V,点火具引燃。

被试验的点火具批号为 2/85,电容(人体电容)为 6×10^4 MF,电压 7×10^4 V 点火具引燃。

被试验的点火具批号为 2/85,电容为 2×10^4 MF,电压 2.2×10^4 V 电容被击穿。

被试验的点火具批号为 2/85,电容为 4×10^4 MF,电压 7×10^4 V 点火具被引燃。

试验时的气象条件:

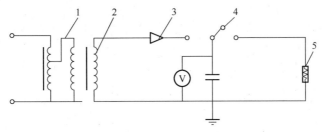

图 4-30　充放电式静电感度试验示意图

1—调压器；2—升压器；3—高压整流；4—充放电接触器；5—点火具。

时间 3 月 18 日 温度 0~2℃，湿度 36%，风力 3~4 级；

时间 3 月 19 日 温度 5℃，湿度 38%，风力 2~3 级。

静电感度试验结果和人体静电电容的取值相符，均能引燃点火具。

③ 最小点火能量的计算公式为

$$W = 1/2CV^2$$

式中：W 为功率；C 为电容；V 为电压。

当 $C = 6 \times 10^4 MF$，$V = 7 \times 10^4$ 时，有 $W_1 = 1/2 \times 6 \times 10^4 \times 10^{-12} \times 49 \times 10^4 = 14.7(MJ)$，点火具引燃。

当 $C = 6 \times 10^2 MF$，$V = 7 \times 10^3$ 时，有 $W_1 = 1/2 \times 4 \times 10^2 \times 10^{-12} \times 49 \times 10^8 = 9.8(MJ)$，点火具引燃。

（2）上述试验和计算表明，静电试验值与操作人所带的静电值，均可将点火具引燃。

（3）第 10 发续航推进剂没有放置在导静电的场所，而是放置在水泥地面，水泥地面的泄漏电阻率在 $10^{10}\Omega$ 以上，静电导不出去。

（4）干燥的黑火药起爆能量为 0.2mJ，点火具内装填是黑火药，从静电测试的结果来看，其数据均超过 0.2mJ。

3）经验教训和防范措施

（1）增强静电安全知识，加强安全管理和补充相应的规章制度。

（2）建议点火导线与电源线路不直接相连，可以通过接线板相接，并在接线板上设置开关枷锁。

（3）操作人员必须身着静电工作服和导电鞋。

（4）工作场所的地面应设计为导静电的地面。

4.3　炮射导弹试验

4.3.1　概述

用火炮发射的导弹称为炮射导弹（gun-launched missile）。坦克炮或反坦克炮使用了炮射导弹技术,开拓了炮弹精确制导的新篇章,并保留了火炮反应快和火力猛的特点。

炮射导弹包括:舵机舱、聚能装药串联战斗部、增速发动机、仪器舱、弹托、发射筒等。俄罗斯的炮射导弹如图4-31所示。

图4-31 俄罗斯的炮射导弹

反坦克炮,有效射程1500~2000m,命中率55%,大部分反坦克炮为牵引式,难以实施快速机动作战,生存能力低;反坦克导弹,有效射程3000m,红外制导易被敌方干扰,旧式反坦克导弹不能对付反应装甲,生存能力低。坦克炮射导弹与炮弹相比,具有射程远(有效射程4000~5000m)、激光驾束制导、命中精度高和杀伤威力大等优点。

炮射导弹分两个阶段赋予飞行动能,如某炮射导弹在发射时利用火炮赋予270m/s的初速,在飞行中通过发动机获得375m/s的速度,使之最终飞抵目标。

4.3.2 炮射导弹试验项目

1. 对移动靶精度试验

移动靶的速度(模拟目标行驶速度)最大按60km/h、发射速度(按炮手规定的射速)按4发/min计算,移动靶轨道的长度取为600m,其中,加速段长度为50m,匀速(试验)段长度为500m,减速段长度为50m。每移动一次精度靶,在500m的试验段内可以发射2发炮射导弹。

2. 对固定靶精度试验

靶板材质为木质的或尼龙网靶,视发射的距离不同可长期或临时安装。

3. 对固定靶破甲威力试验

靶板材质为均质钢板,按试验要求确定试验钢板的厚度及法线角度,如法线角度为 0°和 68°及相应的厚度的均质钢板等。

在发射试验之前,炮射导弹通常还应在专门的例行实验室进行如下的试验:

(1)密封性试验,试验压力为 84kPa,空气压缩机气源,通气 1min;

(2)绝缘强度试验,试验电压 100V(直流),通电 1min,导弹绝缘电阻大于 20MΩ;

(3)弹载电源试验,其工作时间大于 21.5s;

(4)导弹强度试验,3500g 冲击,持续时间 15ms;

(5)振动试验,变频 5~5000Hz,加速度 20g;

(6)高低温试验,先放入-(50±3)℃的保温箱,6h,再放入(-60±3)℃的保温箱,6h,重复三次;

(7)粉尘、淋雨、盐雾试验。

4.3.3　炮射导弹试验场组成

炮射导弹试验场一般是在现有的靶场上为新增加的试验项目而增加发射区和补充部分技术管理区,其建筑物和构筑物组成、名称和用处如下。

1. 发射区

(1)钢筋混凝土炮位,炮射导弹射距为 4000m;

(2)钢筋混凝土炮位及靶道,炮射导弹射距为 5000m;

(3)移动靶扇形射击靶道,长度 4000~5000m,起点宽度 20~30m,终点宽度650~700m,场地应平整,视野应开阔,炮位可以通视活动目标;

(4)移动靶轨道,长度 600m;

(5)移动靶,长度 6m,高度 2.5m,最大速度 60km/h;

(6)掩体式靶车动力牵引机房;

(7)人员掩体兼射手准备间(使用弹道炮时),钢筋混凝土结构,3m×4m;

(8)弹药掩体(使用弹道炮时),钢筋混凝土结构,2m×2m;

(9)指挥观测楼,高度宜 6m(视试验场的通视情况而定)。

2. 技术管理区

(1)发射车辆准备工房,如果距离本厂较近,可以利用本厂装配工房进行射前、射后工作;

(2)炮射导弹准备工房;

(3)测试仪器实验室;

(4)靶具库,精度靶等,如果存放钢板靶还应设计吊装设备;

(5)值班室;

(6)信息楼及通信塔台;

(7)汽车库及油料库;

（8）锅炉房、水塔、水泵房、变电所及发电机房等。

4.3.4 炮射导弹试验场设计方案

炮射导弹试验场设计方案能满足炮射导弹对距离 100~5000m 固定和移动目标的精度试验及对坦克装甲板威力试验等的射击需求。图 4-32 所示为其布置示意图。

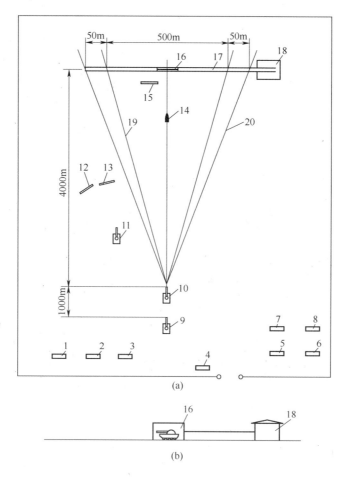

图 4-32 炮射导弹试验场布置示意图

(a)平面图；(b)剖视图。

1—火工品库；2—炮射导弹保温工房；3—炮射导弹准备工房；4—值班室；5—指挥楼；
6—动力工房(供电、供水、供暖)；7—测试室；8—高速摄影机室；9—5km 炮位；
10—4km 炮位；11—穿甲破甲炮位；12—法线角 68°钢板靶架；13—法线角 0°钢板靶架；
14—飞行中导弹；15—固定靶板；16—移动靶；17—移动靶轨道；18—掩体式靶车动力
牵引机房(移动靶动力间)；19—射击范围线；20—准备射击线和停止射击线。

154

内部距离要求:炮位区与技术管理区内的所有建筑物距离均宜大于100m,技术管理区内的建筑均应采取防冲击波和抗震措施。

外部距离要求:在我国现行的规范中尚无对炮射导弹试验场的规定,作者建议在该靶场靶道的前方3000m内,两侧700m内,后方600m内不应有村庄。

4.4　肩射防空导弹试验

4.4.1　概述

肩射导弹顾名思义是指扛在肩上发射的导弹,是单兵使用的便携式防空导弹,人们习惯上称它为肩射导弹。它是20世纪50年代发展起来的对付3500m以下低空和超低空目标的单兵作战武器,按防空导弹分类:

（1）低空导弹——射高3km、射程5km,单兵便携式地空导弹;

（2）低空、近程地空导弹——射高6km、射程15km;

（3）中低空、中近程地空导弹——射高20km、射程40km;

（4）中高空、中远程地空导弹——射高大于20km、射程大于40km;

（5）肩射防空导弹属于低空导弹。

美国"毒刺"（Stinger）fim-92肩射导弹发射装置主要由红外窗口、电池冷却装置、敌我识别器、天线、干燥剂盒装置、瞄准件和扑获指示器、保护盘、敌我识别询问器和发射筒等组成。"毒刺"fim-92肩射导弹主要结构:导引头、操纵翼、制导舱段、战斗部、飞行发动机、尾翼、发射发动机等。美国"毒刺"肩射导弹发射装置和导弹外貌如图4-33所示,中国"前卫"-1便携式肩射防空导弹发射装置和导弹如图4-34所示。

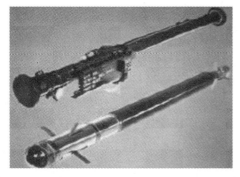

图4-33　"毒刺"发射装置和导弹

图4-34　"前卫"-1发射装置和导弹

"前卫"-1便携式肩射防空导弹具有便携式典型特征,如灵活性和机动性、易于操纵、发射后不管,具有全向攻击能力,不断更新的"前卫"型号超越"毒刺"早期型。与几个国家的便携式防空导弹比较见表4-6。

表 4-6 几个国家便携式肩射防空导弹性能

弹种和性能	中国"前卫"-1	美国"毒刺"	俄罗斯"萨姆"-16
目标最大速度/(m/s)	300	300	300
最大射程/m	5000	4500 或 4800	5200
最小射程/m	500	200	500
最大射高/m	4000	3800 或 4500	3500
最小射高/m	15	30	10
导弹最大飞行速度/(m/s)	>600	750	>600
作战反应时间/s	10		
自毁时间/s			14(SA-7)
发射角度/(°)		15~65	
弹径/mm	71	70	72 (SA-7)
导弹长/m	1.52	FIM-92C 1.52	
弹重/kg		3	SA-7 战斗部 0.87kg
总重量/kg	16.9	15.7 或 13.1	15~17
制导	"前卫"-3 激光半主动	一代,红外热寻;二代,红外/紫外双模寻	一代,红外热寻;二代,激光驾束

发射时,射手保持追踪和导弹激活需要经过 6s,然后压下导引头释放杆并插入超高和引导数据。从按下发射按钮到发动机点燃的全部时间只有 1.7s。发射后产生推力并使导弹弹体旋转和引信定时器系统启动。

4.4.2 肩射防空导弹及其发射装置靶场试验项目

就上述的便携式肩射防空导弹及其发射装置的试验要求,介绍其试验场的试验项目,主要有:

(1) 每具发射装置均进行强度和可靠性射击试验并定期进行靶场检验试验。发射装置固定在射击架上和肩上进行射击。

(2) 每批便携式肩射防空导弹进行抽验试验,并定期进行靶场检验试验。发射装置固定在射击架上和肩上进行射击。

4.4.3 肩射防空导弹及其发射装置靶场组成

肩射防空导弹及其发射装置靶场主要由以下建筑物和构筑物组成:

（1）射击平台,供安放射击架进行射击或人员直接进行射击试验。

（2）矩形或扇形射击场,供对地面或空中移动目标进行射击试验的场地。试验场的长度,按导弹的最大射程并加其20%设计,试验场的宽度,对地面目标设计,按最大方向散布和偏差设计;对空中移动的目标进行射击试验时,按飞行目标的飞行速度和射击反应时间经计算确定。

（3）前置观测间及掩体,供动态摄像等工作。

（4）便携式防空导弹准备工房,供试验前的开箱、登记、擦拭、检查、测量、记录等工作。

（5）便携式防空导弹常温、高温、低温保温工房,按规定的保温时间要求,一般保温时间为12~72h,温度分别为15℃、50℃、-40℃。保温方式有两种:①保温间保温;②保温箱保温,宜选择后者。

（6）便携式防空导弹发射装置准备工房,试验前的开箱、登记、擦拭、检查、测量、安装部件、记录等工作。

（7）测试仪器室,主要测试便携式防空导弹的内外弹道参数,发射装置性能测试,出口及飞行弹道动态高速视频录像;测量地面(必要时测低空)风向、风速等气象数据,供射击参考。

（8）航空飞行靶具等检测存放工房。

（9）锅炉房,供导弹高温、常温、保温和采暖。

（10）动力房,供水、供电用房。

（11）试验场办公室及生活用房。

（12）值班室。

（13）停车场。

4.4.4 肩射防空导弹及其发射装置对空目标射击靶场设计方案

按肩射防空导弹及其发射装置对空目标射击的试验要求,靶场的建设项目和布置方案如4-35所示。

地空导弹是由地面发射,攻击来袭飞机等空中目标的一种防空武器,又称防空导弹,是现代防空武器系统中的一个重要组成部分。我国研制的地空导弹从低空到高空系统齐全,并不断地在进行更新换代,如"红旗"-12等。"红旗"-12用于替代旧式"红旗"-2地空导弹,我国曾5次击落过U-2高空侦察机,第一次是在华东地区,第五次是在内蒙古,前四次使用的是"萨姆"-2地空导弹,第五次使用的是我国自己生产的"红旗"-2地空导弹。图4-36所示为中国制造的"红旗"-2地空导弹。"红旗"-12在1991年巴黎航空展览会上公开展示。

"红旗"-12地空导弹武器系统是全天候中远程防空武器系统。该武器系统是国内第一款采用相控阵雷达的地空导弹系统,与世界先进水平相一致,该导弹可以

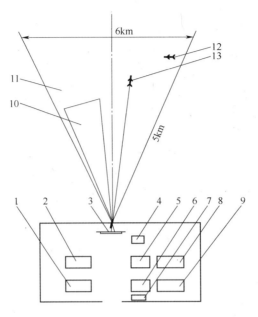

图 4-35　肩射防空导弹试验场方案

1—停车场;2—库房;3—发射平台及前置观测间掩体;4—防空导弹准备工房;5—防空导弹保温工房;

6—防空导弹发射装置准备工房;7—值班室;8—测试仪器室及办公室;

9—动力及锅炉房;10—射击扇形区;11—对空中活动目标射击扇形区;

12—空中活动目标;13—肩射导弹。

图 4-36　"红旗"-2 地空导弹

有效拦截飞机类目标。同时对空地导弹和空中发射的精确制导武器也有一定的防护能力。导弹头质量超过 100kg,最大飞行速度约为 4 倍声速(1360m/s)。导弹采用少烟药粒,减少尾焰对导引信号的衰减和干扰。经过不断发展和完善的"红旗"-12,在性能上又有了显著的提高,在作战高度和作战斜距等方面进步很多。"红旗"-12 地空导弹,在技术上堪称目前最先进的国产导弹之一。它最大作战高度

158

25000m,最小作战高度500m,最大作战斜距42000m,最小作战斜距7000m,目标最大速度750m/s,飞行速度4Ma,重力负荷20g,全长5.6m,直径0.4m,固体燃料推进,全弹质量约900kg。高低角60°,方位角360°。

"红旗"-12导弹发射装置安装在6×6高机动轮式卡车上。每部卡车上配备2枚导弹。车长6m,车宽3m,车高视发射时与行军时不同,战斗全重13t,最大公路速度95km/h,浮度速度4.5km/h。发动机最大功率为235kW。

"红旗"-12导弹试验,应建设独立的导弹试验场。通常应设计导弹试验发射区、携带空中移动目标靶飞行区、地面发射靶区和技术后勤保障区等。其占地面积,视对空射击的目标、方位角及所在地区的海拔高度不同而不同。如果射击的方位角为120°,其估算警戒面积约为3360km²,如果射击的方位角为90°,其估算警戒面积约为2520km²。

4.5 制导炮弹试验

4.5.1 概述

这里提到的制导炮弹主要是指末制导炮弹和某些远(增)程制导炮弹。末制导炮弹由火炮发射,弹丸在接近目标的弹道降弧上,由弹上控制系统制导弹丸导向并毁伤目标。

末制导方式有四种:①全主动寻的制导。信息发生器(无线电、激光雷达等)装在弹丸上,主动向目标发射信息,再接收目标返回的信息,以确定弹丸的误差信息,控制弹丸跟踪和命中目标。②半主动寻的制导。信息发生器(无线电雷达、激光照射器等)装在地面观测所或遥控飞机上跟踪照射目标,目标将照射到的信息反射到目标的周围空间。弹上导引头探测到反射的信息,从而控制弹丸跟踪和命中目标。③被动式寻的制导。信息发生器(可见光、红外波、毫米波、声波等)由目标附近的能源向空间发射。弹丸接收到其能量后控制弹丸跟踪并命中目标。④复合式寻的制导。上述提到的制导方式都存在一定的局限性,难以适应复杂的实际战场情况。采用激光半主动和红外被动制导等组合式制导更适合战场上的光电对抗需要。

我国研制的口径155mm激光制导炮弹如图4-37所示。美国20世纪70年代开始研制末制导炮弹,代表产品是155mm"铜斑蛇"末制导炮弹,如图4-38所示,其于1982年服役部队。

俄罗斯研制的152mm"红土地"末制导炮弹于1984年装备军队。美、俄的上述产品均采用激光半主动式寻的制导方式。

近年来,美国研制的155mm LRLAP增程制导炮弹,其炮弹质量为118kg,用火箭助推+滑翔复合增程技术,采用 GPS/INS 复合制导技术,最大射程达 185km,圆概率误差 300~400m。美 155mmLRLAP 增程制导炮弹的结构如图 4-39 所示。

图 4-37　155mm 激光制导炮弹

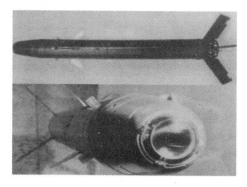

图 4-38　155mm"铜斑蛇"制导炮弹

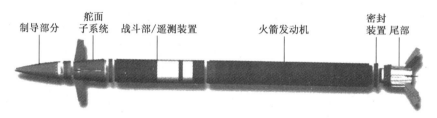

图 4-39　美 155mmLRLAP 增程制导炮弹

意大利研制的 64 倍口径的 127mm"火山"增程制导炮弹,炮弹速度可达 1200m/s,射可达 120km。GPS/INS 制导,精度为 20m。意大利 127mm"火山"增程制导炮弹结构如图 4-40 所示。

图 4-40　意大利 127mm"火山"增程制导炮弹

4.5.2　制导炮弹及其发射装置试验场设计方案

制导炮弹的弹种很多,试验内容和要求也不相同,即不确定性因素很多。给出一个很具体规模的试验场不实际。初步考虑,对海面上的制导炮弹及其发射装置试验场的长度和宽度原则上可参考 4.1.6 节靶道的长度和宽度的计算。靶道的长度可选其为射程的全长或其全长的 2/3;靶道的宽度可选其一个圆散布,具体应视发射的弹种及其圆概率误差和毁伤的效果确定。对海上的活动目标(一般无固定目标)射击试验,首先应明确射击的目标、目标的航行速度和方向、发射弹种,之后才能划定相应的靶道海域并确定试验前的警戒距离。下面举个例子:假定目标是一艘战舰,目标距离为 65n mile,航行方向与射线成 90°,航速为 30kn,海域试验场的长度约为 78n mile，最大宽度约为 8n mile。海上试验场布置如图 4-41 所示，在现行的"安全规范"中尚未规定其外部的安全距离。

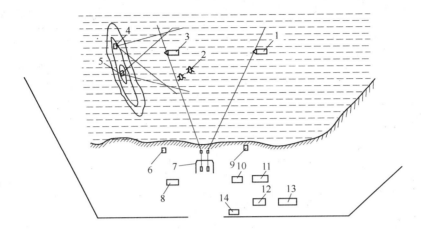

图 4-41 海上试验场的示意图

1—目标现在位置；2—制导炮弹飞向的目标；3—目标的未来位置；4—经纬仪及观测掩体 a；
5—经纬仪及观测掩体 b；6—左侧经纬仪塔台；7—双管岸炮；8—弹药准备工房；9—右侧经纬仪塔台；
10—射手间；11—雷达、弹道及气象测试仪器楼；12—指挥、办公、观测楼；13—动力间；14—值班室。

第5章 抛撒空投及静态爆炸试验场

5.1 子母炮战斗部(子母弹丸)抛撒试验

5.1.1 概述

世界上许多国家都装备有导弹、火箭弹、炮弹、迫击炮弹等子母弹弹种,每发母弹一般装有几枚到几百枚子弹药。多弹头弹药可称为"集束式多弹头"弹药。据报道,美国 MGM-140 陆军战术导弹系统,其 Block 战斗部装有 950 枚 M74 子弹药,增程型 Block I A 装有 275 枚 M74 子弹药,Block II 战斗部装有 13 枚智能反坦克子弹药,增程型 Block II A 的战斗部装有 6 枚 BAT 子弹,战斗部质量 227kg,射程约为 300km。导弹结构如图 5-1 所示。

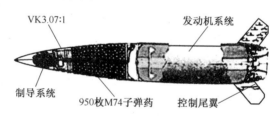

图 5-1 美 MGM-140 陆军战术导弹

图 5-2 所示为某导弹战斗部的子弹排列,子弹分别放置在 3 层的支架上,导弹飞行到设置的高度时,战斗部与主体分离,进行子弹抛撒。

图 5-2 某导弹战斗部的子弹排列

美国 155mm 加农榴弹炮的子母弹,其参数:弹径 d = 155mm;弹长 L = 0.899m;弹形系数 C_{43} = 0.533;初速 v_0 = 798m/s。

美国 M483A1 型 155mm 反装甲兼杀伤双用途子母弹是一种典型的子母弹,其结构如图 5-3 所示。M483A1 型母弹外形与普通榴弹丸相似,头部装有 M577 机械瞬发引信,其后装有 M10 抛射药,弹体内装有推弹板、M42 式和 M46 式子弹。母弹内装 88 枚子弹,每层 8 枚,共 10 层。其中 8 层为 64 枚 M42 式子弹,3 层为 24 枚 M46 式子弹。

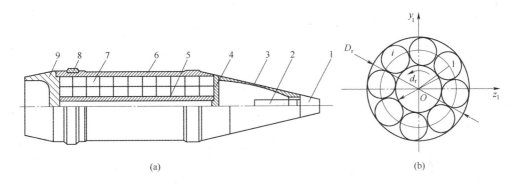

图 5-3　美国 M483A1 型 155mm 反装甲杀伤子母弹

(a)子母弹结构图;(b)横截面子弹排列图。

1—引信;2—抛射药管;3—头螺;4—推力板;5—支筒;6—弹体;

7—子弹(11 层,每层 8 个,母弹内装子弹 88 枚);8—弹带;9—弹底。

M46 式子弹由弹体、炸药装药、药型罩、M233 式引信和折叠的尼龙稳定飘带组成。

M46 式子弹主要参数:弹径 38.9mm,弹高 62.5mm,弹体壁上有预制破片的刻槽,子弹质量 182g,药型罩材料为铜质,药型罩壁厚 1.27mm,药型罩角度 60°,固定炸高 19mm,破甲深度 63.5~76.2mm。

火炮发射后,当母弹飞行到目标上空约 460m 时,其上的 M577 机械瞬发引信点燃 M10 抛射药,把子弹从母弹底部抛出。子弹在母弹旋转离心力的作用下沿母弹飞行轨迹径向飞散。当子弹在最佳高度 300m 被释放时,会在地面形成纵向大于 150m、横向大于 100m 的散布。子弹可以穿透深度为 63.5~76.2mm 的装甲目标。同时,子弹体形成的预制破片可以杀伤 5m 范围的目标。

5.1.2　试验场任务

在试验场上主要完成:

(1)发射子母炮战斗部(子母弹丸);

(2)战斗部(弹丸)起爆、开舱、抛撒、命中、引爆、破甲(穿甲)、杀伤、纵火等;

163

（3）观测、测量、拍摄上述动作的有关参数；

（4）观测、跟踪、拍摄飞行体在飞行弹道上的坐标、姿态等参数；

（5）观测、测量、跟踪、拍摄命中地面上目标的精度和效应。

5.1.3 无控的炮弹布撒的范围

无控的子母弹对目标的布撒，与多门火炮对同一目标射击的情况类似，火炮射击的母弹道散布与初速、射角和弹形系数有关，而子弹道的布撒与初速、射角和抛撒高度有关。下面以某 155mm 加农榴弹炮为例介绍在不同抛撒高度、不同射角和不同初速的情况下，子弹群的布撒范围。

（1）初速为 690m/s、射角为 30° 时不同抛撒高度下子弹群的布撒范围，见表 5-1。

表 5-1　射角为 30° 不同抛撒高度下子弹群的布撒范围计算结果

H/m	X/m	Z/m	$\Delta X/m$	$\Delta Z/m$	S/m^2
800	16893.32	237.38	111.66	147.35	12921.95
700	16990.69	241.10	111.37	142.76	12475.75
600	17082.35	244.63	111.08	136.88	11942.11
500	17166.05	247.89	111.08	128.79	11235.71
400	17237.88	250.73	110.68	116.87	10161.25
300	17291.64	252.88	106.75	98.67	8272.42
200	17321.60	254.10	89.60	71.68	5043.82
100	17331.42	254.54	50.73	37.24	1483.78

（2）初速为 690m/s，射角为 45° 时不同抛撒高度下子弹群的布撒范围，见表 5-2。

表 5-2　射角为 45° 不同抛撒高度下子弹群的布撒范围计算结果

H/m	X/m	Z/m	$\Delta X/m$	$\Delta Z/m$	S/m^2
800	19126.79	462.90	113.78	127.41	11386.10
700	19179.96	466.22	111.59	123.04	10783.22
600	19229.01	469.31	108.72	117.09	9997.31
500	19271.83	472.0	104.48	108.54	8905.89
400	19305.42	474.16	97.25	95.92	7326.78
300	19327.01	475.55	77.84	77.84	5124.66
200	19337.05	476.21	54.41	54.41	2622.70
100	19340.07	476.43	27.74	27.74	696.71

（3）初速为 690m/s，射角为 65°时不同抛撒高度下子弹群的布撒范围，见表 5-3。

表 5-3　射角为 65°时不同抛撒高度下子弹群的布撒范围计算结果

H/m	X/m	Z/m	$\Delta X/m$	$\Delta Z/m$	S/m^2
800	15478.09	840.37	120.08	123.68	11663.66
700	15503.12	843.69	116.11	118.95	10846.77
600	15525.53	846.68	110.52	112.30	9748.11
500	15544.07	849.15	102.29	102.67	8248.54
400	15557.39	850.94	89.98	88.89	6281.45
300	15565.04	851.98	72.44	70.49	4011.03
200	15568.31	852.44	50.31	48.49	1915.74
100	15569.28	852.58	25.61	21.58	494.17

注：表 5-1~表 5-3 中符号 H—子母弹抛撒高度；X—射程；Z—方向；ΔX—纵向偏差；ΔZ—横向偏差；S—子弹群的布撒面积。

5.1.4　试验场组成及设计方案

子弹从母弹中被抛撒出来，其过程很短又比较复杂，子弹穿越母弹体外大气流场时，将受到难以预测的气动力干扰。会使抛撒参数不规范，甚至发生相互干扰，而达不到设计者的预期意图。这就要求在试验场上进行抛撒试验并在抛撒试验过程中解决出现的问题。

依据试验弹药的抛撒（后抛撒、前抛撒和侧抛撒）要求和上述数据，可建设三种不同多子弹抛撒试验场：①地面抛撒试验场；②高塔抛撒试验场；③高空抛撒试验场。

1. 地面抛撒试验场

地面抛撒试验场设计方案见图 5-4。某子弹抛撒试验台见图 5-5。

一般在地面抛撒试验场上建设有：

（1）抛撒试验台，用来安放和抛撒试验的产品，一般试验台高出地面 0.5~1.5m。

（2）抛撒试验场地，其场地为圆形，抛撒半径视产品不同而不同，如抛撒半径为 50m~150m，其场地长度和宽度为 400~550m。一般抛撒的试验子弹不装炸药，个别的可能装填爆炸物质，此时，场地的落弹半径还应再加上有效杀伤半径的 3~5 倍。

（3）不同角度的测试拍摄室，一般设计两处以上。

165

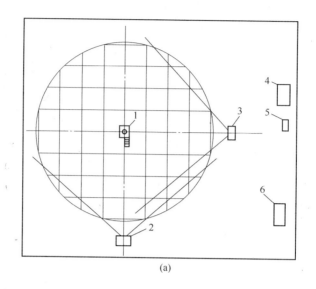

(a)

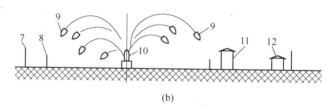

(b)

图 5-4 地面抛撒试验场设计方案

(a)平面图;(b)剖示图。

1—抛撒试验台;2—起爆控制室兼主测试摄影室;3—测试摄影室;4—工作室;5—值班室;
6—弹药准备及存放间;7—场地围墙;8—场地挡墙;9—抛撒的子弹;10—抛撒的母弹;
11—测试摄影室立面;12—弹药准备及存放间立面。

图 5-5 某子弹抛撒试验台

166

（4）起爆控制室兼主测试摄影室。

（5）工作室。

（6）值班室。

（7）弹药准备及存放间，进行试验前准备、检查和试后检查及测试。

（8）场地挡墙，防止子弹飞出场地。

（9）场地围墙。

2. 高塔抛撒试验场

高塔抛撒试验方案见图5-6。

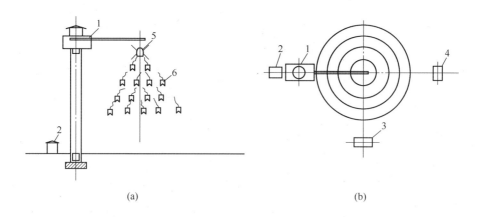

(a)   (b)

图 5-6　高塔抛撒试验场方案

(a)剖面图;(b)平面图。

1—抛撒试验塔台;2—起爆控制室;3—主测试摄影室;

4—测试摄影室;5—后抛母弹;6—抛撒子弹。

一般在高塔抛撒试验场上建设有：

（1）抛撒试验高塔。塔高度一般为20~50m,抛撒子母弹一般在母弹道的降弧段,在距目标上空500~1000m开舱抛撒子弹。国外某些导弹抛撒高度指标为1000~1300m、1500m、2000m、2500m 和 3500~5000m,这些子弹的落点散布要求以及子弹攻角收敛能力可以在有关场地上进行试验。

（2）抛撒试验场地。有些子弹落弹半径为 80~100m,场地的半径为落弹半径的 1.5~2.5 倍,一般试验子弹不装炸药,个别的可能装填爆炸物质,此时,场地的半径还应再加上有效杀伤半径的4~6倍。

（3）测试摄影室。不同角度的测试摄影室一般设计两处以上。

（4）起爆控制室。起爆控制室可以兼测试摄影。

（5）弹药准备及存放间。

（6）场地围墙等。

3. 高空抛撒试验场

高空抛撒试验场对装甲目标攻击试验场示意图如图5-7所示。

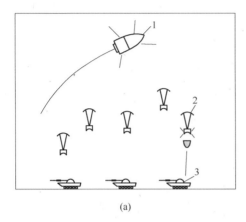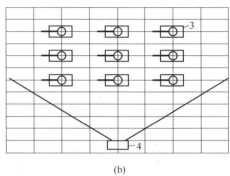

|(a)|(b)|

图5-7 高空抛撒子弹群对装甲目标攻击试验场示意图

(a)立面图;(b)平面图。

1—空中母弹;2—抛撒的智能子弹;3—被攻击装甲目标;

4—有防护的测试摄影室(无防护的测试摄影室应设置在危险区之外)。

从表5-1~表5-3中可以查得某155mm加农榴弹炮在初速为690m/s,射角在30°、45°和65°,抛撒高度为100~800m时子弹的抛撒面积。若单发母弹的子弹的抛撒面积约为13000m²,如再把多发的散布和瞄准的误差等综合考虑后,场地的落弹面积长度可取为1300m,宽度可取为500m,此时,场地的落弹面积约为子弹抛撒面积的50倍。

高空抛撒试验场一般应进行单独建设,也可利用现有的试验场地,并根据上述数据及安全要求在其上规划出试验场地的范围、落弹区域、观测点及安放被攻击目标的位置等。

上述抛撒的子母弹药是用火箭炮或火炮发射,有些国家的飞机也配置了子母弹药抛撒装置。用飞机投放的子母弹,某些媒体称之为"集束炸弹"。投弹抛撒过程如下:空中抛撒投弹箱—投弹箱开启—抛撒母弹—母弹抛撒子弹—子弹分别寻地面目标—实施攻击—穿甲、破甲或燃烧爆炸等毁伤目标,示意见图5-8。

上述弹药的特点是能毁伤远距离的地面不同的目标群等。其毁伤坦克效果见图5-9。

在试验场上,抛撒多子弹的试验过程中,会产生命中(子弹击中)、杀伤(破片和飞散物的飞散)、燃烧、爆炸的效应(危害)。应按上述试验的效应确定空中抛撒试验场地的面积。具体试验场地的面积大小视试验的产品、抛撒的高度及被攻击的目标确定。它一般比火箭炮抛撒子母弹的试验面积大。

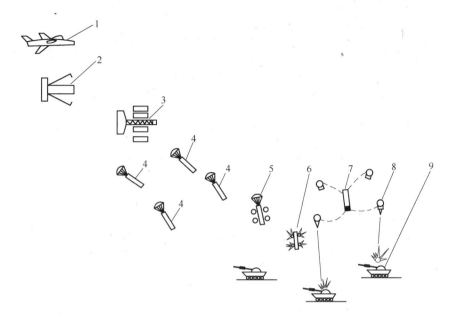

图 5-8　飞机抛撒装置空中抛撒过程示意图

1—抛撒飞机；2—抛出的投弹装置；3—投弹装置抛撒母弹；4—母弹；5—母弹在准备抛撒；
6—母弹在抛撒；7—母弹抛撒完成；8—智能子弹在攻击目标；9—坦克目标。

图 5-9　坦克被毁伤效果

　　试验场内的建筑除了应按其作业的要求以外，还应按其危害可能设计防护，命中点与在试验场内的单项建筑物、构筑物之间应设置内部安全距离；对试验场的外部目标，如村庄、城镇、道路等还应设置外部安全距离和相应的防护设施，以保护试验场本身和外部目标的安全。上述内外部距离"安全规范"中尚未有规定。设计时可依据具体情况提出设计方案。

5.2　航空炸弹空投试验场

5.2.1　概述

航空炸弹简称航弹,俗称炸弹,是从航空器上投掷的一种杀伤爆炸性弹药,是轰炸机或战斗轰炸机携带攻击地面目标的一种武器。

航空炸弹有航爆弹、航杀弹、航燃弹、航甲弹、航明弹、航烟弹、航母弹、航宣弹、航训弹、云爆弹、干扰弹等。按质量和外形分类有小型炸弹,即质量小于 50kg 的;中型炸弹,即质量在 100～500kg;大型炸弹,即质量大于 1000kg 的。250～3000kg 的航爆弹的装填系数在 42%～45% 之间,爆炸威力在 120～410m³ 之内。10～100kg 航杀弹的装填系数在 10%～30% 之间,有效杀伤半径为 23～41m,有效破片数在 700～3000 片之间。

据报道,20 世纪 70 年代越南战争,美国双座攻击机采用互照互投方式,投放 25000 枚激光制导炸弹,命中桥梁、发电厂等目标近 18000 个。海湾战争中,采用地、机照射,投放激光制导炸弹近万枚(约 6000t),命中率达 90%。

制导武器是高技术产品,是现代高技术战争中实施精确打击的重要武器,因此,目前许多航空炸弹都装有制导系统。如图 5-10 所示,从飞机上投下的是一枚激光制导航空炸弹。制导航空炸弹主要由导引头、战斗部、过渡仓、尾部仪器舱和尾翼等组成。无控的航空炸弹命中率(Circnlar Error Probable,CEP)小于或等于 30m,俄罗斯的 250kg、500kg、1500kg 制导航空炸弹命中率为 7～10m。

图 5-10　投放的制导航空炸弹

5.2.2　航空炸弹空投试验场主要试验项目

各种航空炸弹在研制过程中均应进行靶场试验,在生产过程中还应进行抽验

试验。航空炸弹弹种很多,因此试验项目和内容也繁多,主要试验项目如下:

（1）命中精度试验；

（2）弹体强度及侵彻试验；

（3）引信发火性试验；

（4）制导方式和性能试验；

（5）子母弹的抛撒试验；

（6）毁伤效果试验；

（7）航空炸弹的跌落试验,在生产企业无试验条件时,亦可在靶场进行试验及试后检验工作等。

5.2.3 航空炸弹空投试验场建设内容及设计方案

依据试验项目和技术要求,一般在空投试验场上建设以下建筑:

（1）空投试验场地,是一块长度为几千米至几十千米的场地,它的大小与飞机的机型、航路、航向、高度、速度及一次投掷的航弹和发射火箭弹的品种及数量有关。部分场地的地质应为沙土的,以便于强度试验后弹体的挖掘等。

（2）导航台及塔台兼指挥台,内设无线电及视频信息设施与天线的架设场地等。

（3）测试台 2~5 座,用于安放测量经纬仪台架。其视野应开阔,以便于进行高度、方向和斜距离的测量。

（4）地面靶标场地,在其上设有无控航弹投掷靶标、制导航弹的特种攻击模拟目标靶及空地火箭弹攻击地面目标等。

（5）地面工程目标和靶具的存放库房及场地。

（6）气象站,适用于高空及地面气温、气压、风速、风向的测试并及时地将其信号传输到需求的部门。

（7）航空炸弹、火箭弹检测工房,用于检测回收的弹药。

（8）工程机械库房,适用于存放挖掘机等设施。

（9）办公楼及辅助设施。

（10）值班室。

（11）供水、供电、供气及通信等后勤保障设施。

（12）机场,宜适用于轰-6K 起飞的机场及挂弹的条件(不在图 5-11 的设计方案内)。

航空炸弹及火箭弹空投试验场,通常设计三个区:试验场区（Ⅰ区）、技术后勤保障区（Ⅱ区）和生活区（Ⅲ区,在方案图中没有表述）。其设计方案参见图5-11。

在我国"安全规范"中,尚没有航空炸弹空投试验场和航空火箭弹空射试验场

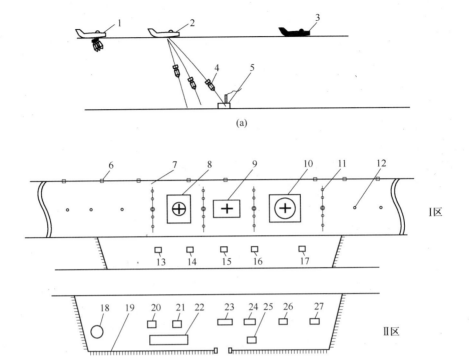

图 5-11　航空炸弹空投试验场设计方案

(a)立面图;(b)平面图。

Ⅰ区设置下列建筑物或构筑物(与图中编号一致):1—空投飞机空投时;2—空投飞机现在时;

3—空投飞机未来时;4—投掷的航空炸弹;5—地面目标;

在Ⅰ区,设置下列建筑物或构筑物(与图中编号一致):6—场界标桩;7—空投试验场;

8—无控航空炸弹空投地面目标;9—制导航空炸弹空投地面目标;10—航空火箭弹空射地面目标;

11—辅助标桩;12—主要标桩;13~17—1 号测试台~5 号测试台。

在Ⅱ区,设置下列建筑物或构筑物(与图中编号一致):18—消防水池;19—围墙;20—筒装油料库;

21—工程机械库房;22—后勤保障设施;23—导航台、塔台兼指挥台;24—办公楼;25—值班室;

26—气象站;27—航空炸弹、火箭弹检测工房。

工程设计的有关规范,因此,设计可依据具体情况首先提出规划设计方案和安全评审意见。

5.3　弹丸(战斗部)的杀伤爆破试验

5.3.1　概述

战斗部(弹丸)对目标的杀伤或爆破是毁伤作用之一,此外,还有侵彻、燃烧、穿甲、破甲、碎甲、干扰和信息等多种作用效应。

杀伤作用是利用战斗部(弹丸)爆炸后形成的具有一定动能的破片或预制金属球实现的,其杀伤效果由破片或金属球的动能、形状、姿态和密度来判定。

爆破作用是利用战斗部(弹丸)装填炸药爆炸时产生的高压气体和冲击波对目标的摧毁作用。

杀伤爆破弹的引信有两种装定:"瞬发"或"延期"。装定"瞬发"时,杀伤爆破弹命中目标后应立即爆炸,形成破片杀伤或冲击波毁伤。装定"延期"时,杀伤爆破弹侵入目标后不立即爆炸,延时一段时间后爆炸,可将目标下的介质抛出,形成漏斗状的弹坑,对目标进行破坏。

1. 静态爆炸的杀伤破片飞散特性

杀伤弹丸是轴对称体,在静止爆炸后其破片在圆周上的分布基本上是均匀的,但从弹头到弹尾的破片纵向分布是不均匀的。70%~80%的破片由圆柱部形成。弹丸中部破片较密,头部和尾部破片较少且以大质量破片为多,其破片的分布如图5-12所示。

2. 杀伤弹丸地面瞬发爆炸时的破片分布

当弹丸以垂直地面姿态爆炸时,其破片分布近似为一个圆形,具有较大的杀伤面积,如图5-13(a)所示。而弹丸以倾斜地面姿态爆炸时,只有两侧的破片起杀伤作用,其杀伤区域大致是个矩形,如图5-13(b)所示。

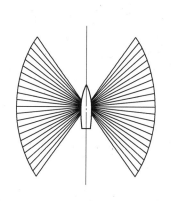

图5-12　静爆的破片分布

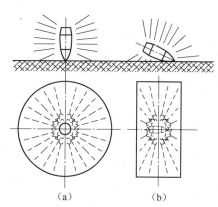

(a)　　　　(b)

图5-13　空爆的破片分布

3. 杀伤战斗部爆炸时的破片分布

战斗部爆炸后,在空间形成一个飞散区,其破片在空间的分布对确定试验场地的位置具有的重要意义。如图5-14和图5-15所示,球形战斗部中心起爆后,其破片飞散是一个均匀分布的球面;圆柱形、锥形和弧形战斗部起爆后,其破片飞散侧面皆为球缺面,顶端和底部为锥面;80%~90%的破片分布在球缺面内,10%~20%的破片分布在两个锥面内,圆柱形战斗部爆炸后,90%的破片分布在球缺面内。作者特别提示两个锥面内虽然破片分布不多,但其部分破片的质量较大且飞散得较远。

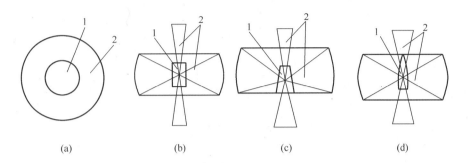

图 5-14　战斗部爆炸后破片分布

(a)球形战斗部;(b)圆柱形战斗部;(c)锥形战斗部;(d)弧形战斗部。

1—战斗部;2—破片飞散区域。

图 5-15　某地空导弹战斗部外貌

4. 杀伤破片的杀伤标准

目前,世界各国普遍采用破片的动能作为杀伤衡量标准。美国规定动能大于78J 的破片为人员杀伤破片,俄罗斯规定的人员杀伤动能标准为 8kg·m,中国规定的人员动能杀伤标准为 98J。对其他一些目标的杀伤标准见表 5-4。

目前,国内外试验评定破片杀伤能力时,都采用 25mm 厚的松木板作为目标靶。也可采用 1.5mm 低碳钢板或 4mm 合金铝板。破片能击穿靶板,则认为具备杀伤能力。同时,目前国内外还都采用杀伤面积或杀伤半径作为评定标准。

174

表 5-4　杀伤动能标准

杀伤目标	杀伤标准/J	杀伤目标	杀伤标准/J
人员轻伤	21	7mm 厚装甲	2158
杀伤人员	>74~78.5	10mm 厚装甲	3434
粉碎人骨	167	13mm 厚装甲	5788
杀伤马匹	>123	16mm 厚装甲	10202
击穿金属飞机	981~1963	穿飞机发动机	883~1324
打穿金属机翼、油箱、油管	196~294	车辆(应击穿 6.35mm 厚中碳钢板)	1766~2551
穿 50cm 厚砖墙	1913	轻型战车及铁道车辆(应击穿 12.7mm 厚中碳钢板)	14568~22073
穿 10cm 厚混凝土墙	2453	人员致命伤	98

5. 有效杀伤半径评定

杀伤半径是由扇形靶试验测得的,即在试验场上,以弹丸为中心在不同半径上排列着的由松木板制成的高 1.5m、宽 0.5m、厚 25mm 人像靶,弹丸爆炸后,平均每个靶上应有一个破片穿透。

5.3.2　破片的最大飞散半径

在试验场上进行弹药的爆炸试验时,试验人员的任务一般是获取弹药的有效杀伤半径等测试数据,而不测试破片的最大飞散半径。但通常,试验时,试验人员工作岗位和测试仪器的布点却在有效杀伤半径之外及最大破片飞散半径范围之内。这就提出一个对最大破片飞散的防护问题,但过去却很少有人对其进行测试。作者根据设计安全的需要,专门对 152mm 杀伤榴弹(梯恩梯装药)进行过爆炸试验,得知其最大破片飞散距离为 756m,某战斗部的头盖飞散可达 3000m。查阅DOD6055.09-STD《美国安全标准》,见表 5-5。

表 5-5　单发弹丸爆炸最大壳体破片飞散距离

弹药名称	最大破片飞散距离/m	弹药名称	最大破片飞散距离/m
20mm 炮弹	97.5	M106,203mm 炮弹	1002.8
25mm 炮弹	231.6	105mm 炮弹	591.3
37mm 炮弹	298.7	127mm/38 炮弹	672.1
40mm 炮弹	335.3	127mm 54 炮弹	703.2
40mm 手榴弹	105.2	155mm 炮弹	786.4
M229,69.85mm 火箭弹	419.1	M437,175mm 炮弹	824.5
M48,75mm 炮弹	518.2	406mm/50 炮弹	1719.1

弹药名称	最大破片飞散距离/m	弹药名称	最大破片飞散距离/m
M49A3,60mm 炮弹	329.2	MK82,227kg 炸弹	969.3
M374,60mm 炮弹	376.4	MK83,454kg 炸弹	1002.8
MA3,360mm 炮弹	493.8	MK84,908kg 炸弹	1182.6
M64A1,227kg 炸弹	762.0	BLU-109 炸弹	1490.5
MK81,113.5kg 炸弹	870.2		

注:最大破片飞散距离,不适用于多弹种。某种装药的发动机和管状定向能源弹药比弹体破片飞散的距离有时更远

破片飞散的距离与破片的初速有关,而初速又与炸药装药、壳体材料、战斗部结构形式及起爆方式有关。在破片质量一定的条件下,破片的动能与其初速的平方成正比。如大型薄壁半预制导弹战斗部装填 HMX 炸药,其爆速为 9.11km/s,计算初速为 1.98km/s,装填 PBX-9404-3 炸药,其爆速为 8.80km/s,计算初速为 1.89km/s,而装填梯恩梯炸药,其爆速为 6.94km/s,计算初速为 1.42km/s。

从上述数据可以得出规律:初速大的破片飞散距离较远,初速小的破片飞散距离较近;质量小的破片飞散距离较近,质量大的破片飞散距离较远,如果质量大的破片又具有一定存速,则具有更大的杀伤力。所以,从现场试验人员的安全和测试仪器设防的角度考虑,应以质量大的破片飞散距离为依据。

我国"安全规范"中规定各种弹药爆炸试验时的警戒距离也是着眼于此,如表 5-6 所列。

表 5-6 各种弹药爆炸试验时的警戒距离

序号	弹 径	警戒距离/m	注 解[①]
1	小于 57mm 的炮弹及战斗部	500	
2	小于 85mm 的炮弹及战斗部	700	
3	弹径在 85~130mm 的炮弹及战斗部	700~1100	弹丸底部或战斗部的头盖
4	弹径在 130m 以上的炮弹及 122mm 以上的战斗部	1100~1400	弹丸底部或战斗部的头盖
5	弹重在 50~250kg 的杀伤爆破航空炸弹及战斗部[①]	1500~2000	航空炸弹的及战斗部的头盖
6	弹重在 500~3000kg 的爆破航空炸弹及战斗部[①]	3000~4000	航空炸弹的及战斗部的头盖
7	静破甲试验	500~800	破甲弹轴线与地面成 90°[①]
① 作者新补充			

176

5.3.3 试验场的设计技术

1. 单兵火箭弹战斗部试验场

1）试验的弹种

在单兵火箭弹战斗部试验场上，试验的战斗部口径有 40mm、57mm、60mm、80mm、93mm、120mm、122mm、150mm 等，装药量在 10g~1kg（TNT 当量）之间。

2）杀伤扇形靶的布置

上述不同口径的火箭弹战斗部，其杀伤试验的扇形靶布置可以有两种方案：①小口径战斗部布置方案；②大口径战斗部布置方案，如图 5-16 所示。

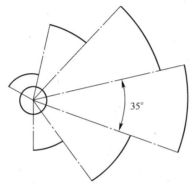

小口径弹药靶距爆心距离2m、4m、6m、8m、10m、12m
大口径弹药靶距爆心距离10m、20m、30m、40m、50m、60m

图 5-16　杀伤扇形靶布置

3）在 350m 处破片的杀伤能量

某所的杀伤战斗部试验场，原布置在枪械试验场的终端，以可能被其飞弹或跳弹所杀伤、坡地建设投入较大和使用也不十分方便为由提出变更位置问题。但该所选择不出以爆点为中心 360° 半径 500m 的试验场地，于是又提出试验的扇形角为 120°，余 360°~120° 的扇形角采取防护的提议，并提出 350m 处的杀伤能量数据，如表 5-7 所列。以气动外形最好的球形和常用的钨、钢预制破片材质，采用比动能杀伤标准计算破片在 350m 处的杀伤能量，以这些计算（表 5-8）和取得的数据为依据，变更原有的试验场和新建试验场的位置。

表 5-7　350m 处破片的杀伤能量

破片材质	破片质量 /g	破片半径 /mm	破片初速 /(m/s)	350m 处破片比动能/(J/cm²)	比动能杀伤标准 /(J/cm²)
钨珠	3.4	3.54	2000	151.5	160
	3.8	3.67	1800	151.3	
	4.7	3.94	1500	154	
	6	4.28	1200	149	

破片材质	破片质量/g	破片半径/mm	破片初速/(m/s)	350m处破片比动能/(J/cm²)	比动能杀伤标准/(J/cm²)
钢珠	19	8.35	2000	150.9	160
	21	8.63	1800	152.4	
	26	9.27	1500	155.5	
	34	10	1200	156.4	

表5-8 以轻武器弹药常用破片计算的杀伤能量

破片材质	破片质量/g	破片半径/mm	破片初速/(m/s)	350m处破片比动能/(J/cm²)	比动能杀伤标准/(J/cm²)
钨珠	1	2.35	1500	5.2	160
	0.5	1.87	1500	0.65	
	0.3	1.58	1500	0.104	
	0.2	1.38	1500	0.019	
钢珠	0.5	2.48	1500	0.03821	
	1	3.13	1500	0.013	
	2	3.94	1500	0.213	
	3	4.51	1500	0.863	

4) 破片飞散防护设施

"安全规范"规定在上述的静爆试验场上试验的战斗部,其试验场的警戒距离应为500m,即在500m之内不应有无关的设施,但某些试验场实际上实施有困难,于是对500m之内某些目标采取保护的方法。例如:距爆心11m处沿圆弧210°角度的防护范围内,设置高11.5m的钢板防护,基础平面为环形,相邻柱间设梁,确保整体性,在梁内表面设置钢板,钢板厚度20mm,钢板之间交错布置,利用间隙释放冲击波,部分顶盖采用钢筋网片防护。该防护方法见图5-17。

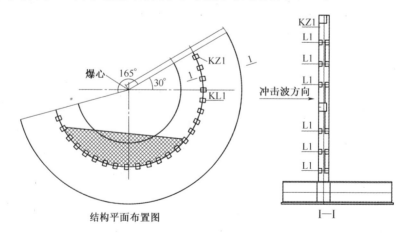

结构平面布置图   I—I

图5-17 防护设施简图

2. 中大口径弹丸的杀伤试验场

1）试验场的布置

在距爆心的不同距离处,可依据试验要求设置靶板的数量。在平面180°的角度内,每30°设置一块靶板,共设置了6块标准的杀伤木靶板,同时还设置测试破片速度的测试靶。测试靶与实验室的测速仪相连接,在仪器上可以测出破片的飞行时间并换算成速度。在场地上还可设置高速摄影机,拍照高速破片飞行和侵彻靶板的情况。

2）防护设施

上面已论述,弹丸或战斗部地面爆炸时,其破片具有一定的能量,并能飞行到几十米、几百米,个别的可到几千米的距离。如果试验场不设置防护,则占地面积很大,因此,一般应有防护设施。设置挡墙是一种方法,它可以挡住低角度飞行的直接杀伤破片,但它挡不住高角度飞行的杀伤破片。

图5-18所示为一处选择在平坦地面上的中大口径弹丸杀伤试验场的平面和立面布置示意图。在其四周半径50~100m处设有防破片的高度为5~10m的钢筋混凝土围墙。某试验场的钢筋混凝土防护墙见图5-19。

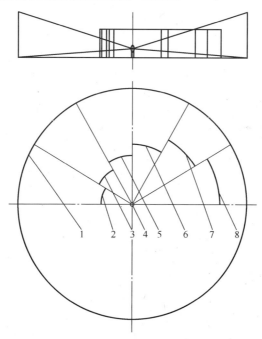

图5-18 中大口径弹丸的杀伤试验场

1—防护墙;2—10m处试验靶板;3—20m处试验靶板;4—30m处试验试靶板;

5—40m处试验靶板;6—50m处试验靶板;7—60m处试验靶板;8—60m处试验靶板。

墙的厚度除了结构的需求以外,还应考虑多次破片的侵彻,被侵彻的厚度应进行计算,其厚度与破片的质量、破片的存速、破片的直径、破片的着角及介质性质系

(a)　　　　　　　　　　　　　(b)

图 5-19　某试验场的钢筋混凝土防护墙

(a)防护墙左侧；(b)防护墙右侧。

数有关。通常在防护墙的内侧还设计内衬钢板，以防破片毁坏钢筋混凝土围墙。该防护墙仅可以挡住试验时小于1mil低角度飞行的破片。

3. 訾蓬山投爆试验场

1）试验场的任务

在訾蓬山投爆试验场上可进行弹药投爆威力试验，如空投弹药对地面目标进行毁坏试验等。对地面毁坏试验的弹药，有直接接触地面或侵彻后爆炸的弹药，有二级串联弹药，先侵彻（开坑）地面后随进爆炸体进行爆炸。在该试验场上进行试验的为两级弹药，适用于弹重36kg、炸药的装药量为6kgTNT当量弹药的爆炸试验，一二级战斗部分别起爆。

2）试验设施

在与地面上试验靶标高差25～50m的地方设置塔吊及掩体，试验架与靶面距离最高为50m。试验时将试验弹从45m高处落下，模拟空中降落伞着地面试验毁伤靶板。试验场地见图5-20。

3）目标设施

视试验的弹药品种及作用的不同，采用的靶材和尺寸也不同，如对机场的跑道可采用方形，厚度0.4m的C30混凝土靶板等。

4）试验场的建设及防护

訾蓬山爆破试验场试验的弹药破片有可能飞到距离爆炸点四周500～800m处，在此范围内不应有村庄及人员活动场所。虽然试验场建在山区，三面环山，但也不能完全挡住高角度的破片。于是设计人巧妙地在三面环山的适当高度上设置挡板，在另一面设置钢筋混凝土高墙，依据具体情况采取的这些设施都是有效的。试验场地的面积为30m×30m，设置的屏障结构高度为35m。在屏障上挂有厚度为4mm的钢板预防弹片飞出。该防护结构也存在一些缺陷。例如，长期试验预防弹

180

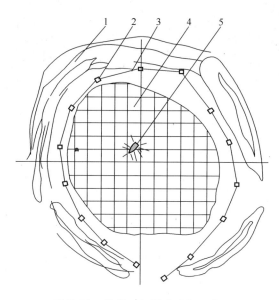

图 5-20　訾蓬山投爆试验场示意图

片飞出的钢板易脱落,后果是部分破片容易从开口处飞出,形成危险。设计初衷是考虑了防破片,但却忽略了防冲击波,顾此失彼。又如,弹药爆点距离防护结构的构造柱较近(约 15m),爆炸的破片易将构造柱的底部打坏,如不及时采取措施将会造成整体垮塌的危险。

防护设施外貌见图 5-21,钢柱被破坏情况见图 5-22。

图 5-21　防护设施外貌

图 5-22　钢柱被破坏情况

4. 导弹战斗部杀伤威力试验场

1)试验场的任务

试验场的任务是定期对产品进行检验试验及产品改进型研究试验等。

181

2）试验项目

（1）有效杀伤半径的测定；

（2）破片飞散速度和飞散角度的测定；

（3）不同壳体战斗部的性能试验；

（4）不同目标的杀伤效果试验等。

3）试验场地布置

某导弹战斗部威力试验场,依据试验的产品及其当地的地形进行的布置如图5-23所示。该方案的地址面向湖河,背向高山,不但环境优美,而且人烟稀少,占用土地少。

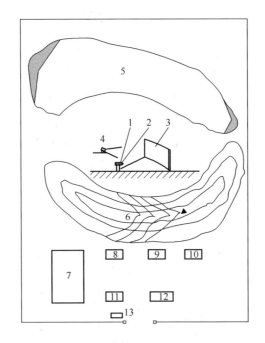

图5-23 导弹战斗部威力试验场示意图

1—试验的导弹战斗部；2—试验支架；3—试验钢靶板；4—高速摄像机；5—水塘；6—山体；7—停车场；
8—导弹战斗部准备工房；9—测试仪器室；10—靶具库；11—办公室；12—动力间；13—值班室。

5. 导弹战斗部销毁场

1）销毁场的任务

对生产中出现的废品和过期报废的产品,采取拆分方法有一定困难时,可以在销毁场上进行爆炸销毁。

2）爆炸销毁应注意的技术问题

（1）导弹战斗部的品种很多,有空空导弹战斗部、反坦克导弹战斗部、地空导弹战斗部、岸舰导弹战斗部等。应按一次爆炸销毁的药量确定安全距离的大小。

其警戒距离见表5-6。

（2）应控制每次销毁产品的数量，药量较大的产品，如岸舰导弹、反舰导弹、地空导弹战斗部每次宜销毁一枚。

3）销毁方法

销毁可以采取露天法和坑埋法。露天销毁法，警戒距离见表5-6。例如，如某导弹的战斗部弹重为500kg，在无防护的情况下，为预防个别飞散物的飞散，从爆炸点算起的警戒距离不宜小于3000m。采取坑埋法可以较大地减少表5-6中的警戒距离。

4）布置及要求

（1）与试验导弹战斗部的品种和装药量比较接近的情况下，可以利用现有"安全规范"中导弹战斗部的试验场作为导弹战斗部的销毁场。但应注意在销毁时，不要毁坏现有的建筑物和构筑物，如靶架等。

（2）销毁的导弹战斗部宜平放在简易支架上，如其下面有可利用的坑（如弹坑等）更好，这样可以控制部分破片飞散和冲击波的反射。

（3）宜将销毁的导弹战斗部能量输出的方向朝向山体或无居民点或其他无须防范的目标。对需要设防的目标，应按爆炸空气冲击波的超压进行强度计算，不同目标的安全判别准则是不同的，计算时，可采用抗偶然爆炸结构设计手册（TMS-1300）给出的破坏准则，见表5-9。

表5-9 常规爆炸冲击波超压引起的破坏准则

序号	P_{Si}冲击波超压		破 坏 情 况
	磅/英寸^2	kPa	
1	0.02	0.14	低频强噪声（137dB）
2	0.03	0.21	受拉应变，大玻璃窗破裂
3	0.04	0.28	强噪声（143dB）导致玻璃破裂
4	0.1	0.70	小窗受拉应变破裂
5	0.15	1.0	典型的玻璃破裂
6	0.3	2.1	天花板局部破裂
7	0.4	2.8	小型结构轻微破裂
8	0.5~1.0	3.5~7.0	大、小窗破碎，窗框偶然破坏
9	0.75	5.2	房屋结构轻微破怀，20%~50%屋顶瓦片移位
10	0.9	6.3	储油箱顶部破裂
11	1.0	7.0	非居民房屋部分破裂
12	10~2.0	7.0~14	石棉面层破碎，波纹钢板变形，铝板扭曲破坏，瓦屋顶位移
13	1.3	9.1	包层结构钢架轻微破坏

（续）

序号	P_{Si}冲击波超压		破 坏 情 况
	磅/英寸$^{-2}$	kPa	
14	1.5	10	窗框和钢门破坏
15	2.0	14	房屋墙壁和屋顶部分坍塌,承载砖结构失效,30%树木被吹倒
16	2.0~2.5	14~17	钢框架建筑物部分框架扭曲
17	1.0~3.0	14~21	混凝土,203~305mm(8~12″)未加强的砖墙破裂
18	3.0	21	90%树木被吹倒,钢结构建筑物歪斜,偏离基础,无框架,有框架或钢板建筑物破坏
19	3.0~4.0	21~28	储油箱破裂
20	3.5	24	储油箱扭曲变形
21	4.0	28	轻工业建筑包层开裂
22	4.0~5.0	28~35	机动交通工具严重位移,钢梁框架结构的框架严重扭曲
23	5.0	35	木杆折断
24	7.0	49	有轨汽车翻倒
25	7.0~8.0	49~56	未加强的砖墙203~305mm(8~12″)受弯破怀
26	9.0	49~63	钢梁框架结构建筑物坍塌
27	7.0~10.0	49~70	汽车严重损坏
28	8.0~10.0	56~70	砖墙完全破坏
29	9.0	63	钢框架桥坍塌,重载货车破坏
30	>10	>70	所有未加强建筑完全破坏
31	13	91	457mm(18″)砖墙完全破坏
32	70	490	石砌桥或混凝土桥坍塌
33	280	1956	爆炸弹坑边缘出现

（4）导弹战斗部销毁场应设置起爆人员掩体,掩体应能承受大于5kPa冲击波的超压和破片侵彻。通常掩体设置在距爆炸点大于200m处。

（5）如果利用原有的试验场进行销毁,可以将原有的测试仪器室作为临时的监测场所。如果其距爆炸点在500m以内,还应对其门窗进行加固,预防破片对测试仪器室的顶盖侵彻。

（6）爆炸点的上空不应有空中飞行航路。爆炸点的地下不应有矿井和巷道。

184

第6章　坦克和步兵战车试验场

6.1　概　述

坦克、履带式和轮式步兵战车及其他军用车辆种类很多,例如,中国99式主战坦克,正式命名为ZTZ-99式主战坦克(以下简称99式坦克)。99式坦克在国庆六十周年阅兵式上首次公开露面。其动力系统、武器系统、火控系统、装甲防护系统及电子系统如下:

(1) 动力系统,采用一台WR703/150HB系列柴油发动机,发动机输出功率为1200马力。最大公路时速可达65~70km,最大越野时速可达46km,0~32km加速时间仅为6min,最大行程可达450km。

(2) 武器系统,主炮是一门口径为125mm的滑膛坦克炮,弹药基数为40发。可发射翼稳定脱壳穿甲弹、破甲弹和榴弹三种不同弹种。使用钨合金尾翼稳定脱壳穿甲弹时,可在2000m距离击穿850mm的均质装甲板,而使用特种合金穿甲弹时,同距离穿甲能力达960mm以上。另外,还可以发射仿制的俄罗斯"斯维尔河/反射"9K119型炮射导弹,备弹4发,有效射程300~5200m,可毁伤700mm厚的装甲。

其辅助武器是一挺QCJ88式12.7mm高射机枪,备弹500发,对空目标射程为1500m;另有一挺86式7.62mm并列机枪,采用遥控电发火,弹链供弹,备弹2500发。炮塔两侧各有5具82mm烟幕弹发射器。可制造持续时间4min、长400m的烟幕。

(3) 火控系统,采用国际上流行的猎-歼式火控系统。显著特点是,车长可以超越控制射击、跟踪目标和指示目标等。该火控系统可对射击结果自动校正,测出坦克炮前一发弹的脱靶偏差量,并自动输入火控计算机进行后一发的修正计算,提高了下一发的命中率。

在炮塔的后部装有激光炫目压制装置。该系统能主动探测敌方红外线光电传感器的火控和制导系统,并发射强激光有效地实施干扰以至于永久性致盲。

(4) 装甲防护系统,99式坦克采用全焊接炮塔,正面防护达700mm,车体防护能力相当于500~600mm厚的均质装甲。还加装了反应装甲。

中国99式坦克、德国"豹"2坦克、美国M1A1坦克、日本90坦克防护能力依次为 700mm、700mm、700mm、560mm；打击能力依次为 960mm、900mm、810mm、650mm 北约均质钢板。

（5）电子系统，99 式坦克采用新型 VHF-2000 型通信系统，具有抗干扰能力，能同时多台工作而不互相干扰。装有 GPS 导航定位系统，并由导航处理器即时求出其位置与速度，进而计算出坦克的位置、行进方向与速度。

这些系统均需在试验场上进行试验验收。中国 99 式主战坦克见图 6-1。

中国 92 式轮式步兵战车全称为 ZSL-92 式轮式步兵战车（也称作 WZ551 步兵战车），其主要装备于机械化部队，用于支持步兵和运载步兵作战。车长 6.74m（防浪板不打开），车宽 2.97m，车高 2.8m，乘员 3~8 人，底盘高 0.380m，最大公路速度 85km/h，最大水上速度 7km/h，战斗全重 13.3t，单位马力 22 马力/t，单位压力 62kPa/cm²，最大行程 460~510km（公路）、100km（水上），爬坡 58°，侧倾坡度 46°，越垂直墙高 0.6~0.8m，越壕沟大于 2m。

俄罗斯 BMP3 步兵战车（图 6-2）是第三代履带式步兵战车。20 世纪 80 年代研制，1986 年投产。该车在各种实战条件下进行了大规模的野外试验。

图 6-1　中国 99 式主战坦克

图 6-2　俄罗斯步兵战车

下面分别介绍坦克试车场，坦克炮、坦克机枪和坦克装甲防护试验场的工程设计。

6.2　坦克试车

6.2.1　试验任务

每辆坦克交付订货方之前均应进行 50~100km 的试车，新研制的坦克应按试验大纲进行专项和全面的试车。

6.2.2　坦克试车项目及相应的建筑设施

参考美国芒森试验场上的设施，一般应在坦克试车场上进行下列全部或部分

项目的试验及相应的工程设施建设:

(1) 高速铺砌路。适合军用车辆高速行驶,是一条直路,其长度应满足坦克行驶加速段、试验段和减速段的试验长度要求及转弯环形路的需求,对现代坦克试验一般为 1~2km,芒森试验场试验道路长度为 681m,路面宽度为 9.1m,路肩宽度为 0.91m。高速铺砌路可兼用为生产厂总装配车间到坦克试车场的专用道路。我国多设计为钢筋混凝土路面,对不挂胶履带的车辆在路面上还铺设可更换的块石保护层。

(2) 环形试验道路。用于测定野外条件下燃油消耗率,内环、外环行驶试验及鉴定车辆设计等,可在砂石和有铺砌路面的道路上行驶试验,我国多为 2~3km,芒森试验场上总长为 2440m。

(3) 侧坡。是用作试验车辆稳定性和操纵性能的标准坡。芒森试验场的长度为 64m,坡度为 20%;长度为 220m,坡度为 30%;长度为 30m,坡度为 35%;长度为91m,坡度为 40%。路宽度为 5.5m,混凝土路面。

(4) 搓板路 50.8mm(2 英寸)。两波峰中心间距为 0.6m 的 50.8mm 搓板路,能提供规律的周期峰值,对轮式车辆悬挂系统试验有一定的价值,芒森试验场的路长度为 250m,路宽度为 5m。

(5) 搓板路 152.4mm(6 英寸)。是最苛刻的规则搓板路,用来鉴定车辆纵向摇摆特性,波峰中心间距为 1.83m,波峰与波谷高差 152.4mm,芒森试验场的路长为 243m,路宽 5.5m。

(6) 径向搓板路(50.8~101mm)。径向搓板路设在转向弯道上,可使车轮在给定的速度时受到不同频率的冲击,用于鉴定方向盘的抖动和前轮摆动的趋势。

(7) 两栖斜坡。用于鉴定车辆借助混凝土斜坡出入天然水域的能力,坡度为 12.5%。

(8) 稀浆泥泞路。土壤由沙土和细泥组成,适合鉴定摩擦对密封件、制动器和其他部件的影响。

(9) 嵌石路。由凸起的花岗石块和混凝土筑成的路面,花岗石块凸起高度为50.8~101.6mm,为轮式车辆提供一条极粗糙的路面适用鉴定悬挂系统和充气轮胎的严格试验。

(10) 涉水池。提供深度的静水,最深处为 2m,主要用途是测定非涉水车辆的涉水性能,研究水对传动系统的制动、密封件的影响,中国步兵战车涉水试验见图 6-3。

(11) 潜渡水池。芒森试验场的水池深度为 6.1m,长度为 30m,适用于某些车辆的潜渡,鉴定车辆在水下及进出水坡度(40%、50%)的操作性能和安全性。

(12) 波状路,也称车架扭曲路。这种路能对差速器、万向节和悬挂系统进行严格考核,芒森试验场的道路长度为 135m。

图 6-3 中国步兵战车涉水试验

（13）黏土槽路。在平整黏土路和维持湿滑状态的地面,测量车辆的机动性。

（14）沙道。由沙槽和沙路组成,为轮式和履带式车辆的牵引力提供标准条件,也用于测定履带偏移倾向和积沙对悬挂系统的影响。

（15）交错排列的颠簸路。芒森试验场的高凸条高度为 254~304.8mm(10~12英寸),低凸条高度为 127~177.8mm(5~7英寸),是通过灌铸的混凝土凸条交替地顶起悬挂元件,使车辆俯仰和摇摆,考核悬挂系统的不同对车辆的影响。

（16）沟渠断障。用来检验战斗车辆的接近角和离去角的适应性。芒森试验场的沟渠断障见图 6-4,履带车辆需要挂胶以提供足够的摩擦力驶出横沟。

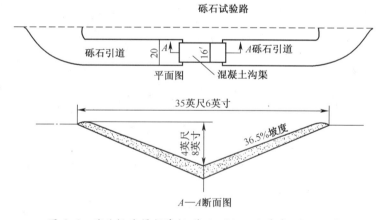

图 6-4 试验场沟渠断障(1 英尺 = 30cm,1 英寸 = 2.54cm)

（17）架桥装置。各种履带车辆越沟均有规定,芒森试验场的架桥装置见图 6-5。架桥装置的沟岸间距可以调整,以测定车辆在没有支撑的情况下可跨越的最大沟宽。

（18）垂直墙。所有战斗车辆均应测定爬越垂直墙的能力,芒森试验场的垂直

188

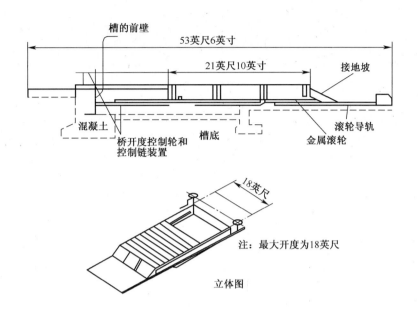

图 6-5　试验场的架桥装置

墙见图 6-6，其顶部有可更换的横木，试验中如有损坏，可以修复到标准状态。

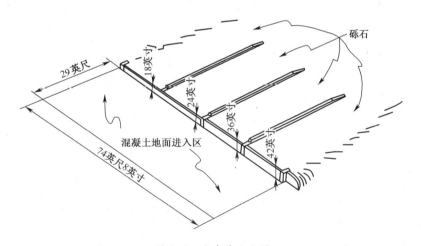

图 6-6　垂直墙立体图

中国某坦克试车场，坦克爬越 1.5m 高度垂直墙的镜头，见图 6-7。

（19）砾石路。路面含有压实的砾石，并且保持一定的拱曲度。

（20）转向圆场。用于测定硬地面上转向直径。可供重型车辆作八字形转圈。

（21）石块路。用不平的花岗岩石块铺砌的起伏路面，用它模仿粗糙的卵石路，作为轮式车辆加速试验的标准粗糙路，跑道长度为 1200m，宽度为 6m。

（22）纵坡。爬坡能力是军用车辆的基本性能。美国芒森试验场的坡道平面图见图 6-8。芒森试验场的坡道范围为 5%～60%。用它们来测定每种坡道的最佳

图 6-7 中国坦克爬越垂直墙的镜头

传动比和可达到的最大速度、坡道刹车能力及合适的接近角和离去角。考查炮塔旋转作用力和炮塔驱动系统的功能。5%、10%、15%和20%坡道宽度4.3m,用沥青铺设;30%、40%、45%和60%坡道用混凝土铺设。

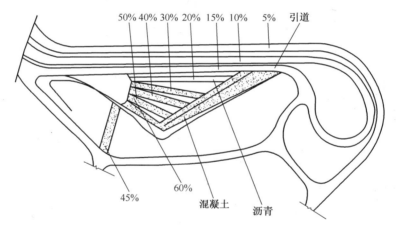

图 6-8 试验场的坡道平面图

（23）沼泽地。应是地面硬度不同的沼泽地面,为车辆的机动性试验提供真实的条件。

（24）绞车试验设施。用于绞盘拉力功能试验。

（25）浅水浮渡场。用于鉴定静水中两栖车辆的浮渡和涉水能力,参考沟渠尺寸:长度305m,深度3m,宽度15m。

（26）起伏丘陵路。路面由碎石和石粉压实筑成,车辆在上下坡间交替行驶,以检验发动机和传动系统承受载荷急剧变化的能力。

还有各种越野路和山地路等,中国步兵战车越野路和山地路试验镜头见图6-9。

图 6-9　中国步兵战车越野路和山地路试验

6.2.3　坦克试车场行驶线路

从 6.2.2 节的试车项目可知,坦克的试车内容和相应的试验设施很多,在图 6-10 所示的美国阿伯丁坦克试车场行驶线路图中,除了高等级道路、适用于高速行驶试验的内容和行进间进行射击的道路及地段没有表示以外,其他均有标出。

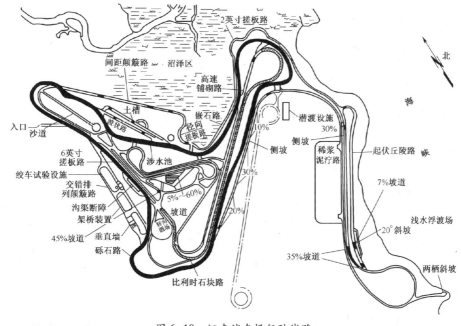

图 6-10　坦克试车场行驶线路

6.3　坦克炮、坦克机枪射击试验

在坦克车上,装备的武器有坦克炮、高射机枪和并列机枪等射击武器,有的还装有反坦克导弹及烟幕发射器等。这些武器安装后均需在试验场上进行射击检验试验。

6.3.1 试验场任务

试验场的任务是对安装在坦克车上的坦克炮、高射机枪和并列机枪试验提供射击试验的条件。每门(挺)坦克炮、高射机枪和并列机枪均应进行射击试验,以检验安装的正确性和其相互间射击的瞄准线等。

6.3.2 试验场组成

试验场由射击平台、射击间、靶壕、挡弹堡、弹药准备间、测试仪器室和坦克车检验间等组成。

6.3.3 坦克炮、坦克机枪射击场方案

坦克炮的射击试验距离为 200~500m。试验的目的是检验火炮与机枪安装的正确性、可靠性和用设在前方的靶校正相互间的瞄准线,坦克炮、坦克机枪射击场布置方案见图 6-11。需要时,还应设置坦克高射机枪和并列机枪的立靶等。

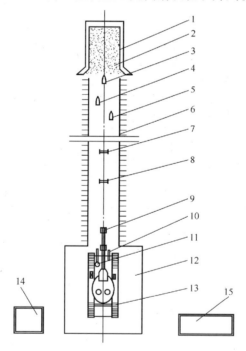

图 6-11 坦克炮、坦克机枪射击场布置方案

1—挡弹堡;2—集弹介质;3—飞行炮弹;4—飞行的高射机枪子弹;5—飞行的并列机枪子弹;
6—靶壕;7—第二测速靶架;8—第一测速靶架;9—坦克炮;10—并列机枪;11—高射机枪;
12—坦克射击平台;13—坦克;14—弹药准备间;15—测试仪器室。

6.4 坦克装甲抗弹检验试验

6.4.1 试验任务

用射击的方法,使用反坦克炮及其穿甲弹对100m处的炮塔或装甲板进行直接瞄准射击,用步枪及其穿甲弹对100m处的薄装甲板进行直接瞄准射击,以检验坦克或步兵战车上的炮塔、装甲板等防护的效果是否达到图定的要求。

6.4.2 试验工艺

射击火炮、使用的弹药、测试仪器、靶板靶架的准备和试验工艺流程如下:

(1)火炮准备—检查火炮—擦拭火炮—火炮成战斗状态—瞄准—装填炮弹—自动关闩—瞄准修正—射击(射手隐蔽)。

(2)弹药准备—检查炮弹—擦拭炮弹—保温—送弹到炮位—装填炮弹—待射击。

(3)炮塔或装甲板准备—从部件组装车间将炮塔或装甲板用汽车运送到试验场—用吊车将炮塔或装甲板移到轨道车上—推到被射击位置—固定待射击。

(4)测试仪器准备—连接并检查线路—检查固定测试靶架的位置—开启测试—仪器归零—准备测试。

6.4.3 试验场的组成

上述试验一般设有两条试验靶道:一条是对厚装甲板和炮塔的射击试验靶道;另一条是对薄装甲板的射击试验靶道。

厚装甲板和炮塔抗弹检验试验靶道,通常由设有带防护的射击间、射击控制间、防护壕、抗弹试验间、装甲件检测间、导轨运送装置及相应的测试仪器室和弹药准备工房组成。

薄装甲射击靶道,一般由露天的步枪射击平台、防护壕、集弹间及相应的靶板准备、枪支弹药准备间及测试仪器室等组成。

6.4.4 坦克装甲抗弹检验试验场设计方案

从图6-12上可以看出,该试验场的炮位和靶位是室内式的,有防护的抗弹检验试验场,设计这样的试验场旨在有限的场地上限制射弹不飞出场地之外,对外部不造成危害。

实践得知,建设一条主战坦克的炮塔和装甲板抗弹检验试验的靶道,投入较大,从材料统计看大约得使用数百吨钢材、数千吨水泥。结构计算也比较复杂,坦克装甲抗弹检验射击场布置方案见图6-12。作者总结过去的经验,设计中有几个重点计算的内容如下:

（1）应对抗弹检验试验间钢筋混凝土围护结构的防护装甲板进行抗穿甲弹的穿甲计算,确定防护装甲板的材质及其长度、宽度和厚度,其厚度一般取 120～180mm 均质装甲板。

（2）应对防护的钢筋混凝土防护墙进行抗穿甲弹作用时的承力计算,确定防护的钢筋混凝土防护墙的结构和厚度及配筋比例,厚度一般取 1600～1800mm。

（3）应对已设计钢靶架的承力台进行抗穿甲弹作用时的承力计算,承力台应在多次弹丸命中受力后不倾斜、不翻倒、不位移。确定承力台的结构、厚度及钢筋混凝土的配筋,厚度一般取为 2000mm。

（4）应对安放加农火炮的炮位进行结构和强度计算,确定炮位及防护墙的结构、尺寸、承载能力、钢筋混凝土配筋等。

（5）同样,应对机枪的枪架和机枪的靶架进行结构、强度、承载能力等计算以及射击间的围护结构设计。

在上述的计算和分体工程设计后,即可进行总体工程的设计,其总体工程的方案见图6-12。

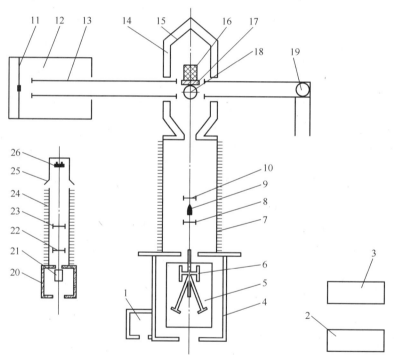

图 6-12　坦克装甲抗弹检验试验场平面示意图

1—火炮射击控制室;2—测试仪器室;3—弹药准备工房;4—火炮射击间;5—炮位;6—火炮;
7—靶壕;8—第一火炮测速靶架;9—飞行弹丸;10—第二火炮测速靶架;11—单梁起重机;
12—检靶间;13—地面轨道;14—钢筋混凝土围护结构;15—防弹钢板;16—靶架基础;
17—装甲板;18—炮塔;19—转向机构;20—枪射击间;21—枪架及枪;22—第一机枪测速靶架;
23—第二机枪测速靶架;24—靶壕;25—挡弹堡;26—钢板靶架。

6.5 坦克射击试验

6.5.1 坦克行进间对固定目标射击

为了试验坦克的火控系统、悬挂系统和行驶系统的综合性能,坦克需在试车场上的行驶过程中对固定目标进行射击试验。

因此,在坦克试车场上,应选择一处能满足坦克行进间对固定目标射击的场地。某试验场的建设方案如图 6-13 所示。

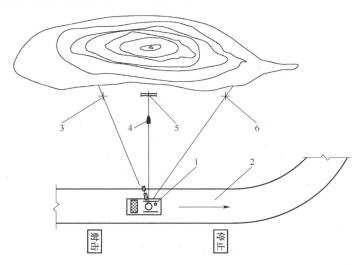

图 6-13　坦克行进间对固定目标射击示意图

1—行驶坦克;2—坦克跑道;3—射击线标志点 A;4—飞行弹丸;5—射击靶板;
6—射击线标志点 B;"射击""停止"—在炮道上设置提示标志。

6.5.2 坦克直接瞄准射击和在行进间对活动目标射击试验

直接瞄准射击的通视靶设在距离 500m、1000m、1500m、2000m、2500m、3000m、4000m 和 5000m 处。2000m 内的靶可用火炮瞄准镜直接进行瞄准射击;3000m 以上的靶用于炮射导弹射击。对于特定的远程射击,可使用专用的发射坡(向上 15%,向下 30%)炮位,使火炮能用最大仰角和俯角进行射击。

行驶在试验场越野路上的坦克,可对活动靶进行射击,以检测火控系统的性能。活动靶的尺寸视射距远近不同,一般为 6m×6m,美国阿伯丁坦克试车场的活动靶面尺寸亦为 6m×6m(20 英尺×20 英尺)。活动靶的移动速度可达 56km/h。用遥控的方法来变换轨道上活动靶的速度和方向。活动靶在环形轨道上移动,坦克可以在行进间对活动靶射击,理论上可以对坦克法线角从 0°～90°射击。试验场的方案图如图 6-14 所示。

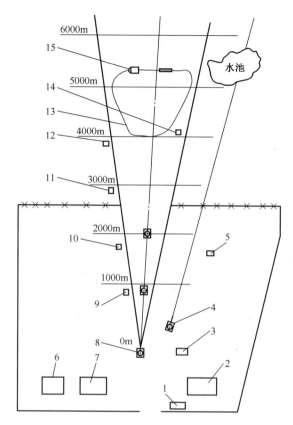

图 6-14　坦克直接瞄准射击和在行进间对活动目标射击试验场

1—值班室;2—办公室;3—炮位掩体;4—近远程坡度炮位;5—活动靶遥控及气象站;
6—弹药存放间;7—测试仪器室;8—活动靶射击炮位;9—1000m 处掩体;10—2000m 处掩体;
11—3000m 处掩体;12—4000m 处掩体;13—活动靶轨道;14—活动靶前方控制室;15—活动靶。

6.5.3　坦克、步兵战车对固定靶及活动靶综合射击试验

1. 试验场的用途

在图 6-15 所示综合射击试验场上,坦克、步兵战车及特种车辆的研制品可以在停顿、行进或在短时停顿间对固定及活动目标进行射击试验,反坦克火炮、近战武器及轻武器的研制品对固定及活动目标进行射击试验等。

2. 试验内容

总的来说试验内容有三种:一是战车行驶时对固定靶射击;二是战车行驶时对活动靶射击;三是战车停顿时对活动靶射击。

(1) 坦克、步兵战车及其附属仪器在行进或在短时停顿间对固定及活动目标进行射击试验(车辆以 0°及 90°进入角向目标运动时)。

196

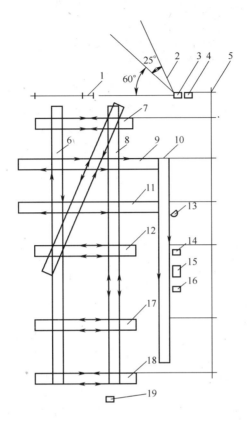

图 6-15　坦克、步兵战车、反坦克武器综合射击试验场方案

1—固定靶;2—活动靶轨道;3—活动靶牵引间;4—活动靶动力间;5—距离标桩;
6—左侧纵向跑道;7—射距 500m 横向跑道;8—右侧纵向跑道;9—射距 1000m 横向跑道;
10—辅助跑道;11—射距 1500m 横向跑道;12—射距 2000m 横向跑道;13—探照灯;
14—指挥所及生活间;15—修理间(蓬);16—变电所;17—射距 3000m 横向跑道;
18—射距 4000m 横向跑道;19—4km 指挥所及生活间。

（2）坦克、步兵战车及其附属仪器在停顿、短时停顿及行进间对活动靶进行射击试验（在目标的 15°、30°、45° 及 90° 进入角向射击面运动时）。

（3）反坦克、近战武器及轻武器停顿间对活动靶进行射击试验（在目标以各种进入角向射击面运动时）。

3. 射击试验方法

1）行进或在短时停顿间对固定目标进行射击试验

坦克、步兵战车在距离目标规定的距离时,以规定的速度在纵向及横向跑道上运动并对目标进行射击。在射击跑道的始端地区及终端地区上设有标桩。坦克、步兵战车在该区进行若干发射击后,返回至始端地区,这样,重复来回一次,直至这组弹射完为止。当一组弹射击完成后,坦克、步兵战车驶至场边,进行下一组弹的准备,这时观测员可至射击过的靶板上测量弹孔的坐标,待靶测量后及坦克、步兵战车准备完毕后,按试验计划进行下组弹药的准备射击。

2) 对活动目标进行射击试验

坦克、步兵战车停留射击时或驶进跑道始端地区进行射击准备时,按射击准备程度,活动靶开始以规定的速度及角度运动着,当活动靶行经其轨道旁的限定标桩时,坦克、步兵战车向活动靶射击,当活动靶到达第二个限定标桩时,坦克、步兵战车应停止开火。

进行短时停顿或行进间射击时,在开动行进时就应估算到当活动目标在轨道上行至第一限定标桩时,坦克、步兵战车应驾驶至跑道允许开火时限定标桩旁。参考时间见表6-1。

表6-1 活动目标行驶速度与时间关系

速度/(km/h)	每分钟速度/(m/min)	每秒钟速度/(m/s)	500m 行驶需时间/s
5	83	1.39	360
10	166	2.76	181
15	250	4.17	120
20	334	5.56	90
25	417	6.94	72
30	500	8.33	60
35	583	9.72	51
40	667	11.1	45
45	750	12.5	40
50	833	13.9	36
55	917	15.3	33
60	1000	16.7	29.9
65	1083	18.1	27.6
70	1167	19.4	25.8
75	1250	20.8	24
80	1333	22.2	22.5
85	1417	23.6	21.2

当活动靶行至第二个限定标桩或坦克、步兵战车行至跑道停止开火的限定标桩时,不论前者的坦克、步兵战车还是后者的活动目标位于何处,射击应一律停止。

射后,坦克、步兵战车及活动目标返回原来的位置,以便进行下一次的行驶。这种行驶重复若干次,直到规定的一组弹射完为止。

射完一组弹后,坦克、步兵战车行驶到另一边,进行下一组弹的准备,这时可至活动目标靶旁,测量和记录弹丸命中的数量及其坐标。

3) 反坦克炮、近战武器及轻武器对活动目标进行射击试验

火炮安放在炮位上,按其开火的准备程度,活动靶以规定的速度及进入角开始运动,当活动靶行至限定标桩时,火炮即开火射击直到当活动靶到达第二个限定标桩止。此后,活动靶返回原地又行驶若干次直至该组弹规定数射完。射完一组弹后,火炮移至其他位置,进行下一组弹的准备。这时,观测员可到靶板处进行测量和记录弹丸命中情况。

与固定靶旁观测掩体内的观测员、活动靶观测员及电动靶车的操作人员之间的联系可以采用有线电话,与运动坦克的通信采用设置在指挥所内的无线电台。

6.5.4 射击跑道

1. 任务

射击跑道供坦克、步兵战车所安装的火炮、机枪或其他特种车辆安装的射击兵器在行进间及短时停顿间向固定和活动靶进行射击试验使用。按上述任务,在试验场内应设置对固定目标射击跑道和对活动靶目标射击跑道两部分,下面是把两部分结合后综合考虑设置如下跑道,并提出参考跑道的长度及射击距离:

(1) 向固定目标进行射击的纵向跑道,长度 500～4000m;

(2) 向固定目标进行射击的横向跑道,长度 300m,射击距离 500m;

(3) 向固定目标进行射击的横向跑道,长度 400m,射击距离 1000m;

(4) 向固定目标进行射击的横向跑道,长度 500m,射击距离 1500m;

(5) 向固定目标进行射击的横向跑道,长度 400m,射击距离 2000m;

(6) 5°进入角向活动靶进行射击用的纵向跑道,长度 500～1000m;

(7) 30°、90°进入角向活动靶进行射击用的纵向跑道,长度 500～2000m;

(8) 45°、20°进入角向活动靶进行射击用的辅助跑道,长度 500～2000m。

2. 对跑道要求

试验场的道路由试验道路(向目标靶运动的道路)和返回道路(回转到原位的道路)组成。试验道路路面按试验计划确定,返回道路的路面可以采用野外或改良土路面。横向跑道距离固定靶为 500m、1000m、1500m、2000m、3000m 和 4000m。上述给出的横向跑道的长度是初步的,其具体长度应根据向固定靶进行射击的安全扇形区来确定。

横向跑道和总向跑道上均设有射击限定标桩,以确保不射击场外。

限定标桩的结构由底座和金属杆组成,杆上焊有金属板,板上有红色和白色油漆符号标志。限定标桩可固定可移动。

6.5.5 活动靶及其轨道

我国某试验场的活动靶装置由活动靶、动力装置、轨道和供电滑轨四部分

组成。

1. 活动靶及靶车

活动靶分为正面靶和侧面靶两种。正面靶尺寸一般长度为 3.0~3.5m，高度为 3.2m；侧面靶高度为 3.2m，下部支架宽度一般为 1.5m，美国阿伯丁坦克试车场的活动靶面尺寸为 6m×6m（20 英尺×20 英尺）。

移动靶安放在靶车上。移动靶的靶形可为坦克的侧面、正面形状，一般为木质的。移动靶可以用两个插杆插接到靶车的圆筒内，原用木质的插杆，损坏后插接部分很难取出，后改为槽钢的。

2. 动力装置

动力装置布置在动力站内，由一台电动机、减速器、滑轮、牵引钢丝绳等组成，电动机功率为 19 马力，3 相，380V，10.7A，转速 $n=970$；几组齿轮可转换不同的牵引速度（8km/h、10km/h、12km/h、18km/h、20km/h），也可以更换为无级变速的电动机适应各种不同的牵引速度；牵引钢丝绳的直径为 3mm，太粗连接起来很困难，而且磨损严重。

牵引动力为

$$P = F_总 v \times \frac{0.73}{750} \times 0.75 = 374.4 \times 25 \times \frac{0.73}{750} \times 0.75 = 12.15$$

式中：P 为牵引功率（kW）。

$$v = v_1 + v_2 = 10 + 15 = 25(\text{m/s})$$

$$S = 3.0 \times 3.2 = 9.6(\text{m}^2)$$

$$F = \frac{v^2}{16} = \frac{25^2}{16} = 39(\text{kg/m}^2) = 3.9(\text{MPa})$$

$$F_总 = 9.6 \times 39 = 374.4(\text{kg}) = 3669.12(\text{N})$$

式中：v 为活动靶速度（m/s）；v_1 为风速（10m/s）；v_2 为靶速，5~54m/s，按 4000m/3600s＝15m/s；S 为正面靶面积（m²）；F 为单位面积上压力（MPa）；$F_总$ 为总压力（N）。

动力站应设计掩体式，即按射弹直接命中考虑，门应背向射击方向，坡向炮位的一面应覆有 10°~15° 角度的土层。

3. 轨道

轨道是用于导引靶车的并提供靶车的角度。按目前对装甲目标的射击角度要求，一般为 0°、30°、60°、90°，按这一要求，可以将轨道设置为图 6-16 所示方案。

环形方案可以满足上述射击角度的要求，但转弯太多，电动机功率很大，一旦出问题全线不能使用。

直线放射形方案三条钢轨，第一条钢轨布置向反时针方向转 5°，但应把靶转为 30°，理由是避免射弹命中动力站。第二条钢轨用于对 60° 侧面靶射击。第三条钢

200

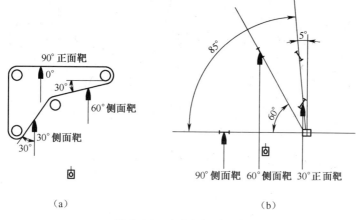

（a）

（b）

图 6-16　活动靶轨道方案

（a）活动靶曲线环形方案；（b）直线放射形方案。

轨用于对 90°侧面靶射击。第二条钢轨与第三条钢轨夹角为 60°。第一条钢轨与第三条钢轨夹角为 85°。

双轨靶车轨道，轨道长度为 350～500m，轨道间距为 1435mm，轨道断面：底 80mm，高度 90mm，顶部宽度 40mm。

4. 供电滑轨

靶车供电可以采用吊线式或滑轨式。俄罗斯某坦克试验场采用吊线式，靶车速度可达 65～88km/h，吊线拉力为 4.4t，挠度为 20cm（冬天为 18cm。吊线铺设在地沟内，但存在雨雪、风沙不易排除的问题）。

我国采用供电滑轨，为双钢轨，靶车伸出的滑杆铜质滑头与钢轨接触，给靶车供电。试验得知：上述的结构可以使靶车在 70m 的转弯半径下速度达 75～80km/h。滑头与钢轨接触在运动时会产生跳动，因此，滑头与钢轨接触的压力应大于 25kg。由于供电滑轨曝露在地面上，朝向射击方向的一面应设有防护设施，如土堤等。

6.5.6　坦克对固定靶射击试验

在战场上，坦克对地面目标射击试验是最基本的项目，主要是考核射弹命中目标的情况；在靶场上对立靶检验的方法，最简单的是实地测量弹着点的位置与靶心的距离，而目前非接触的测试方法是用数码照相机间接测量，并把测得的数据传给计算机，进行计算处理，得出弹着点的位置、平均弹着点的位置及与靶心的距离等打字数据；高速数字摄像机可观测弹序和脱靶情况。测试布置见图 6-17。数码照相机应偏离弹道线，但不宜角度过大，一般为 5°～25°，否则误差大；视照相机的镜头不同，与固定靶设置的距离也不同，一般为 20～30m。

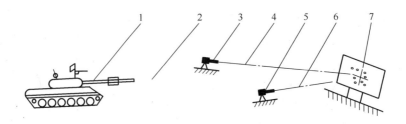

图 6-17　坦克对固定精度靶射击

1—坦克炮;2—弹道线;3—高速数字照相机 A;4—数字照相机光学轴线 A;5—高速数字摄像机 B;

6—数字照相机光学轴线 B;7—固定靶。

6.5.7　事故案例及防范措施

事故案例 1:相互撞车

发生事故的时间　　　2012 年 7 月

发生事故的地点　　　某试车场

事故性质　　　　　　责任事故

事故主要原因分析　　违反操作规程

伤亡情况　　　　　　死 2 人,伤 1 人

1)事故经过和概况

2012 年在某试车场上发生一起撞车事故。当时两辆步兵战车相向而行,在高速跑道上行驶的 W19 号车左转弯时与在一般跑道上行驶的 W21 号车右转弯时相撞,造成 2 死 1 伤的事故。事故图解见图 6-18。

2)原因分析

(1)W19 车未完全在规定的线内行驶,即压中线行驶;

(2)W21 车违章车外载人;

(3)在一般跑道上的车行驶速度较快;

(4)交会车道之间有 4° 的坡度;

(5)撞车处是高速跑道与一般跑道垂直交会处,有 90° 弯道,视野死角,发现后双方来不及避开。

3)应汲取的教训

(1)应各行其道,不压线行驶;

(2)不违章车外载人;

(3)应按规定速度行驶;

(4)弯道坡道应限速行驶;

(5)90° 交会处视野遮挡,建议清除遮挡物。

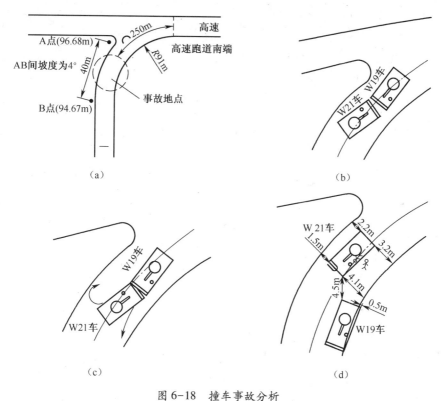

图 6-18　撞车事故分析

（a）事故地点地貌；（b）两车相撞前位置；（c）两车相撞时位置；（d）两车相撞后位置。

事故案例 2：85mm 坦克炮灌"海水"试验膛炸

发生事故的时间	1978 年 8 月 3 日
发生事故的地点	某靶场炮位
事故性质	破坏性缺陷
事故主要原因分析	产品设计缺陷
危险程度	有引起伤亡的可能

1）事故经过和概况

为考察水路两用坦克装备的 85mm 坦克炮在水上作战时炮管灌进海水后的射击效果，进行了多项模拟试验，其中包括弹道性能、立靶精度、弹体强度、射击安全性、引信作用及"模拟穿浪"（弹丸通过悬挂的海水塑料袋）等。试验时，炮口灌入海水（按海水含盐比例配制）4L，用真引信的 85mm 气缸尾翼式破甲弹，强装药，射角 3°射击，发生膛炸。炮管被炸裂，见图 6-19。

膛炸点在炮管内距炮口 2100mm 处，炮管被炸裂长 700mm，呈三瓣状开裂，隆起最大高度为 265mm，其中一瓣的部分残片质量约为 10kg，被抛到炮尾右后方 67m 处。高低机蜗杆变形，不能动作，上甲板内侧的加强筋被炸断。发生事故前曾进行发射碎甲弹和破甲弹,灌水3L试验,其最大膛压达300MPa,弹体明显变形,因此,人员有准备,进行了隐蔽,未发生伤亡。

图6-19　85mm坦克炮"海水"试验膛炸

2）原因分析

（1）检查膛炸后的炮管,发现在开列处有补焊痕迹,长约30mm、宽10mm、深5mm。说明补焊区经受不了膛压达300MPa的压强。

（2）曾灌海水3L发射碎甲弹和破甲弹进行试验,均已发现弹体有明显的变形,说明弹体强度不够,在这种情况下还继续灌4L的海水,其最大膛压会高于300MPa,弹体在炮膛内会产生严重的变形,以致炸药装药受挤压,超过其临界起爆应力而膛炸。

3）经验教训和防范措施

（1）在试验已达到预期的目的时,如已经发现弹体有明显的变形,说明弹体强度不足,再继续试验有可能发生膛炸是可以预见的。

（2）试验弹药的坦克炮,火炮必须是合格的成品。

第7章 火箭发动机试验台（站）

7.1 火箭发动机试验台的分类

火箭发动机试验台（以下简称试验台）按使用推进剂的燃料分类，可分为固体燃料火箭发动机试验台和液体燃料火箭发动机试验台，其固体燃料火箭发动机剖示图和液体燃料火箭发动机外貌分别见图7-1和图7-2。

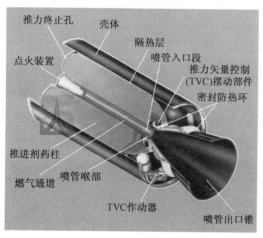

图7-1 固体燃料火箭发动机剖示图

图7-2 液体燃料火箭发动机外貌

按建设的形式分类，可分为卧式火箭发动机试验台和立式火箭发动机试验台。安放或悬挂在试验台上的发动机，姿态是平躺着的称卧式火箭发动机试验台，姿态是立着的称立式火箭发动机试验台。试验台外部有围护结构的称室内式火箭发动机试验台，外部无围护结构的称露天式火箭发动机试验台。

按承力台承力的大小分类，火箭发动机试验台可分为小型（<50kN）、中型（100~500kN）、大型（600~2000kN）和特大型（>2000kN）的试验台。

7.1.1 卧式固体燃料火箭发动机试验台

露天式火箭发动机静止点火试验见图7-3，其使用的试验台有几种形式：

（1）发动机固定在试验台的承力台上，发动机及其系紧带不允许移动。记录

205

图 7-3　露天式火箭发动机静止点火试验外貌

推力所需要的移动只允许发动机与基础间用柔性构件来实现。

（2）发动机安装在带有可调滚筒的开口环内,滚筒既是底座又是系紧带。它允许发动机作轴向移动。它只适用纵向推力测量。

（3）发动机装卸小车或带有车轮的推力台架。这种安装形式为记录推力提供必要的有限运动。

（4）当试验的发动机具有推力矢量控制装置或者具有柔性喷管或倾斜喷管时,一般在六个方向上取得推力测量,一般称为六分力测量台。它可测量主推力、前侧分力、前底分力、喷管侧分力、喷管底分力和转动力矩分量。

尾翼式火箭弹的发动机静止试验一般都在有试验间的卧式火箭发动机试验台上进行。安放在试验台上的发动机、推力测量装置以及发动机工作时的喷火情况见图 7-4。悬挂的发动机试验台、推力测量装置以及发动机工作时的喷火情况见图 7-5。

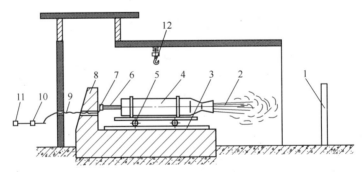

图 7-4　卧式火箭发动机试验台工作时的喷火情况

1—防护墙;2—喷出的火燃;3—滑轨;4—试验的发动机;5—滑车;6—测力推杆;
7—推力传感器;8—承力台(试验台);9—信息数据线;10—前置放大器;11—记录装置;12—电动葫芦。

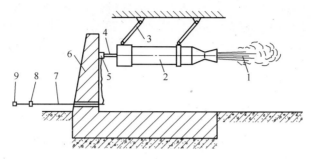

图 7-5 悬挂式的火箭发动机试验台工作时情况

1—喷出的火燃;2—试验的发动机;3—活动摇架;4—测力推杆;5—推力传感器;

6—承力台(试验台);7—信息数据线;8—前置放大器;9—记录装置。

　　试验台推力吨位的确定,主要取决于在试验台上承担试验发动机的推力大小。由于火箭弹或导弹的品种、型号十分繁多,推力变化范围也很大,从表 7-1 上可以看出,推力有 daN、hN、kN 和 MN 数量级的,甚至有的在 7000kN 数量级以上,因此,欲建设一个数量级的试验台适应于各种类型的不同数量级的发动机试验的需要是不适用的,也是不经济的。就像天平称量范围的设置一样,想用一个称量范围的天平称量所有的物品是不实际的。通常,人们把卧式火箭发动机试验台的承受推力设计为 10kN、50kN、100kN、200kN、500kN、1000kN、1500kN、2000kN、5000kN 和 10000kN 等多个台阶,设计发动机试验台时,首先应理顺其等级。某些火箭或导弹发动机的推力见表 7-1。

表 7-1　某些火箭或导弹发动机的推力

型号或名称	平均推力/kN			燃烧时间/s	弹质量/kg	推进剂质量/kg
	常温 15℃	高温 40℃	低温-40℃			
俄罗斯 MS-300	4.0	涡喷、涡扇巡航导弹发动机				
美国 F107-WR-100	2.76	转数 64000(高)r/min 35500(低)r/min				
法国 TRI-30	5.32	转数 29500r/min				
57mm 航空火箭弹		3.4		0.55~0.92	3.86	1.13
107mm 火箭弹	9.18				18.85	3.52
122mm 火箭弹	34	50		1.7	66.65	20.6
130mm 火箭弹	20.92	27.11			32.98	6.74
180mm 火箭弹	64.57					
"红箭"-8 助推火箭	42			1		
"红箭"-8 主机火箭	22			2		
"红箭"-73 反坦克 导弹起飞火箭		170~180N (50℃)续航	80N	8 续航		

型号或名称	平均推力/kN			燃烧时间/s	弹质量/kg	推进剂质量/kg
	常温 15℃	高温 40℃	低温 -40℃			
PL-2		30~40(+50℃)	100N(50℃)	1.7		
SAM-2 地空导弹（"红旗"-2）		400		3~4.3		547
"红旗"-2 乙		500	发动机重 650kg	3~4.3		
XX 导弹		295		1.85		285
XX 导弹		250		1.6		170
"三叉戟"导弹 一级发动机	1602			64.7		36935
"三叉戟"导弹 二级发动机	396.8			73.7		10023
"三叉戟"导弹 三级发动机	133.3			37.0		NEPE
"土星"5	6000					

7.1.2 立式固体燃料火箭发动机试验台

涡轮式发动机静止试验，一般都在有试验间的立式火箭发动机试验台上进行，如图 7-6 所示。

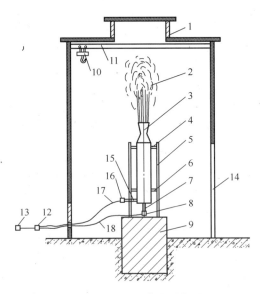

图 7-6 立式固体火箭发动机试验台

1—百叶窗；2—喷出的火燃；3—试验的发动机；4—辊轮接触杆；5—发动机支架；6—感应转速器；
7—推力油缸；8—推力转变器；9—承力台；10—电动葫芦；11—轨道；12—前置放大器；13—记录装置；
14—防护门；15—燃气导管；16—压力传感器；17—压力信号电缆；18—推力转换为压力信号线。

208

涡轮式火箭发动机出厂时,每批均要抽取一定数量的发动机进行性能试验,检验的项目主要有压力—时间曲线、推力—时间曲线、转数—时间曲线等。试验台承受推力吨位的确定,通常是以试验发动机高温下的推力再乘以工程的设计安全系数值来确定,涡轮式火箭弹发动机的推力一般都在100kN以下,故其试验台承受推力吨位可设计为10kN、30kN、50kN、100kN和500kN的几个等级。图7-7为大型立式火箭发动机试验台示意图,多用于液体火箭发动机试验。

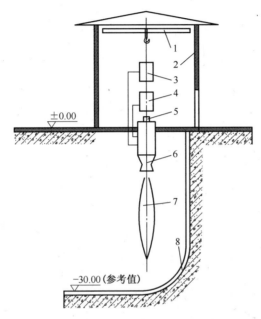

图 7-7 大型立式火箭发动机试验台示意图
1—吊车轨道;2—围护结构;3—燃料箱;4—氧化剂箱;5—测力推杆;
6—试验的发动机;7—喷出的火燃;8—导流槽。

7.2 固体燃料火箭发动机试验

7.2.1 概述

固体燃料火箭发动机试验台是固体燃料火箭发动机试验站内主要的构筑物之一,它是一种提供火箭发动机装药瞬时高温高压燃烧工作的试验装置。在研制新型发动机和新型推进剂的过程中,为了验证它们的实际性能,需要进行许多试验,而发动机试验台试验是发动机整体性能的最终试验。

从试验、测试使用和工程设计的角度来看,固体燃料火箭发动机试验台应适应下述的发动机试验工作状态和条件:

209

（1）固体燃料火箭发动机燃烧室内温度高，燃烧室内压力变化快，喷管燃气流高速流动。

（2）固体燃料火箭发动机动力型或助推型装药工作时间较短，而续航型装药工作时间较长，常在10~20s时间范围，有的长达200~300s，持续为导弹或飞行器提供续航动力。

（3）火箭发动机工作时产生很大的震动和噪声，有时还存在不稳定燃烧现象而产生压力振荡，并且有发生爆炸的危险。

（4）火箭发动机工作时从喷管排除的燃气压力场似椭圆形，轴线长度为几米到几十米。

（5）固体燃料火箭发动机试验是一次性的，即试验后，该火箭发动机壳体即报废不能重复再试验，因此，要求除固体燃料火箭发动机本身以外的试验台、试验架、测试条件都应可靠。

（6）火箭发动机工作时从喷管排除的气体有一定毒性和腐蚀性。

（7）火箭发动机工作时的压力，其动力型在10~20MPa之间，助推型的在20~30MPa之间，续航型的在2~10MPa之间。

7.2.2　火箭发动机试验台的任务

按现行的火箭发动机制造验收条件生产的发动机和推进剂均应在静止火箭发动机试验台上进行批量抽验，检查发动机和推进剂的加工与装配质量是否符合产品制造图纸及验收技术条件的规定，并进一步确定能否交付订货方使用。

科研部门研制和改进的火箭发动机也应在静止火箭发动机试验台上进行点火试验，以验证火箭发动机主体、喷管组合件、推进剂药型及最佳装填方案、点火系统的设计是否正确合理，并进一步进行结构分析、零部件材料的选择和修正工作，以及火箭发动机的内弹道基本理论的研究和参数的测试等。

高等院校火箭发动机试验台的试验任务主要以教学示范和基础理论（如推进剂的燃烧规律、压力—时间曲线、冲量理论等）为主，有些院校还兼有与科研单位大致相同的科研任务课题。

7.2.3　火箭发动机试验台的测试项目

根据制造和研制火箭发动机类型（按稳定方式的）的不同、推进剂品种的不同、点火方式的不同以及制造工艺的不同，在制造厂、科研单位或高等院校的火箭发动机试验台上进行的试验项目也不相同，下面分别列出部分生产验收和科研试验的项目。

1. 生产验收试验项目

在火箭发动机静止试验台上进行的试验项目很多，但在产品验收中的主要项

目却很少,主要有:

(1)燃烧室内的压力(P),压力—时间曲线(P-t)。燃烧室内的压力一般在几兆帕至几十兆帕之间。

(2)推力(F),推力—时间曲线(F-t)。

推力是由火箭发动机喷管向外喷气而给予火箭发动机本身的反作用力,也是给火箭发动机试验台大小相等的作用力。推力的表达式为

$$F = \frac{m}{g}\omega + (P_a + P_0)S_a \qquad (7-1)$$

式中:F 为推力(kg);m 为每秒消耗推进剂的质量流量(kg/s);ω 为燃气的排气速度(m/s);g 为重力加速度(m/s^2),($g = 9.8$m/s^2);P_a 为燃气压力(MPa);P_0 为外界大气压力(0.1MPa);S_a 为喷管截面积(cm^2)。

从式(7-1)可知,推力是动量推力(m/g)与压差 $(P_a + P_0)S_a$ 推力的总和。当 $P_0 = 0$ 时,推力 F 便达到最大值,称为真空推力。引用推力表达式的目的是为了在工程设计时,核算承力台的原始推力,在已知燃气压力等的情况下,即可估算出发动机的推力。

(3)转数(n),转数-时间(n-t)曲线。

对于涡轮式火箭弹,转数的大小直接影响火箭弹的飞行稳定性,进而影响火箭弹的密集度。发动机的转数一般在 1000~25000r/min 之间。

2. 科研试验项目

科研试验项目除了包括生产验收试验项目以外,还需进行下列全部或部分的试验项目:

(1)比推力(F_s)。指火箭发动机的推力与每秒所燃烧推进剂的量之比,其数值一般为 250~280N/(kg/s),个别的可达到 300N/(kg/s)以上。

(2)冲量或总冲量(I)。指火箭发动机的推力与其总的工作时间的乘积。目前固体火箭发动机的总冲量一般在几百牛·秒范围内。

(3)比冲量(I_s)。指发动机中燃烧单位推进剂时,火箭所获得的冲量,通常认为是火药火箭发动机最重要的性能。比冲量大小与推进剂配方有关,改性双基推进剂比冲为 2542N·s/kg,复合改性推进剂比冲为 2560N·s/kg,NEPE 推进剂比冲为 2650N·s/kg,XLDB 推进剂比冲为 2650N·s/kg。

(4)推重比。指火箭发动机的推力与它的重量之比,即指 1kg 火箭发动机的结构重量(净重)所能产生的推力。一般火箭发动机,其推重比都大于 100,如 107mm 和 180mm 火箭弹的推重比分别为 132 和 180。

(5)工作时间。火箭发动机的工作时间,是反应发动机推力、加速性及其寿命等综合性能的指标。目前,火箭发动机的工作时间短的只有零点几秒,一般都在几秒左右,长的可达 300s。

（6）燃烧室内火药气体温度。其燃气温度一般在 2500～3000℃。

（7）燃烧室、喷管等零部件的外壁温度及传热和散热情况的测试。

（8）发动机各构件的应力和各部位的振动（加速度）、推力偏心值及其影响参数的测试。

（9）发动机的火燃流场、火燃反应区的温度分布。

（10）脉冲噪声及其声场的分布。

（11）推进剂的配方、药型、药柱的压制方法和装填方法的研究及参数的测试等。

此外，发动机燃烧室的结构或构件材料变化、推进剂包复材料或工艺的改变、燃烧室隔热涂层材料及涂层工艺的改变等，都会因此而增加一些专题试验项目。

上述列出的测试数据，是设计火箭发动机静止试验台人员选择该项目工艺设备、仪器的依据，也是工程结构等专业设计的依据，是十分必要的，有关设计人员应掌握。

7.2.4　火箭发动机试验站的组成

下面以一个设施比较全的火箭发动机推进剂制造厂为例，介绍其火箭发动机试验台组成。

（1）火箭发动机静止试验台及其试验间数量。火箭发动机静止试验台数量一般按品种设计，如果试验数量较大还应按其生产量和生产台时定额来计算，试验台数量为

$$N = S\tau / T$$

式中：N 为试验台的计算数量（个）；S 为年试验量（台）；τ 为试验台的台时（h/台）；T 为试验台的年时基数（h）。

例如，年产 3896 台，每台发动机台时为 0.8，每天一班制，发动机试验台的年时基数为 2350h，则计算的发动机试验台数量为 1.317 台，取 2，设计采用 2 个试验台。

（2）点火控制及观察间。

（3）测试、数据采集及处理室。

（4）火箭发动机常温、高温和低温恒温间及其能源室。

（5）火箭发动机准备检测工房。

（6）弹道摆试验间，弹道摆是一种测量冲量绝对值的装置。利用它可以测量发动机、炮弹或枪弹的"瞬时"冲量。弹道摆由悬挂在四根细长钢索上的重锤、支架、记录装置、点火系统以及支架基础等组成。按相关试验要求，摆锤质量为 250kg，每根钢索长为 8.25m，摆锤最大摆移量为 3～4m。

（7）火箭发动机及点火系统等危险品存放间。

（8）办公及动力设施用房。

火箭发动机试验站有独立设置的，也有与靶场合并建设的，后者可以一并建设公用设施，以节省投入。

教学性质的火箭发动机试验台，也应具备上述内容，但规模和形式可以不同。例如，由于教学试验台的吨位较小可以不独立建设试验台，可以与有关的实验室合并建设；又如，由于教学试品尺寸较小，可以不单独建设高低温保温工房，而以保温箱来代替等。

7.2.5　火箭发动机试验台工程设计要求

（1）静止火箭发动机试验台用于安放火箭发动机和承受其试验时产生的推力，故试验台也称承力台。通常，承力台布置在试验间内，并借助试验间作为防护的围护结构。试验台及试验间的建筑结构应能满足发动机正常燃烧试验条件及偶尔发生发动机爆炸或起飞等特殊情况下安全防护的要求。

（2）试验台一般设计为现浇钢筋混凝土结构，它可以单独建设，也可以与试验间连成整体。连成整体的好处是可以使试验台平衡推力的翻倒力矩增大，即可以减小试验台的重量。试验台的台体应按所试验的发动机推力及过载系数进行结构设计，各类发动机的推力可参考表 7-1 的数据。试验台的设计最大推力为

$$F = k_1 k_2 F_H$$

式中：F 为设计最大推力（kN）；k_1 为发动机高温过载系数，取用 1.5；k_2 为动负荷过载系数，取用 2~2.5；F_H 为发动机的标准推力。它的大小与推进剂的品号、质量、燃烧时间及燃烧室、喷管等结构有关。F 与推进剂的重量和比冲成正比，与燃烧时间成反比。

（3）试验台的结构计算可按一般静力学方法算出台体基底土壤应力及台体的受力稳定性。

（4）卧式发动机试验台的上方空间宜留有局部升高圆弧形的进气天窗，天窗应能防雨雪。发动机的喷火方向应为敞开的，但要在一定的距离处建设防护挡墙，在发动机的喷火方向两侧及顶部还要有防护设施。

（5）通常，试验间都采用一面可泄压的现浇钢筋凝土结构，结构的强度计算可按 GB 50907—2013《抗爆间室结构设计规范》的设计方法进行计算，其中：双基固体推进剂装药的 TNT 当量系数可取 0.7~0.8，复合固体推进剂装药的 TNT 当量系数可取 1.2~1.6，参与爆炸的药量可按发动机装药量的 30%~40% 进行计算。

（6）没有围护结构的试验台，即敞开建筑形式的试验台，对内部、外部的建筑物应保持规定的安全距离。

（7）试验间的地面宜采用耐热的混凝土地面，卧式发动机试验间的地面，其局部应铺以钢板防护，立式发动机试验间的顶盖处，也应设有钢板防护。

（8）试验间的墙体、顶盖、防护窗和门,除了应能满足发动机点火试验时喷出的高温燃气的冲击以外,还应考虑一旦发动机燃烧室发生爆炸,高温高压火药气体形成的冲击波及飞散碎片的破坏作用。

（9）试验间一侧墙体的下部宜设置钢质防护窗,与其相对应的另一侧墙体的上部也宜设置钢质防护窗,以便在试验时能从上部排除具有一定压强的燃气和从下部补充足够的新鲜空气。钢质防护窗宜设计如图7-8的样式,以避免在发动机燃烧室发生爆炸时,其破片飞出。

钢质防护窗的钢板厚度可取为8~20mm。图7-8(a)为百叶窗式,适合冲击波压力较小的情况,如果冲击波压力较大,则可设计整流罩式或闸板式,分别见图7-8(b)(c)。

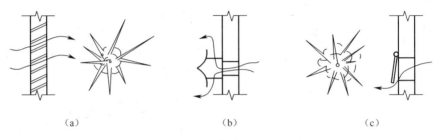

图 7-8　钢质防护
(a)百叶窗式;(b)整流罩式;(c)闸板式。

（10）试验间的大门强度应等同于其墙体,并应能满足发动机正常燃烧试验时产生的高温火药焰气的冲刷及偶尔发生发动机爆炸或起飞情况下的打击作用。计算大门的强度时,推进剂装药的 TNT 当量系数、参与爆炸的药量的 TNT 当量系数,可参照试验间的墙体计算有关规定取舍。大门应采用钢结构,门板的厚度应能抗物体打击而不被贯穿。由于大门重量较大,因而宜采用双扇电动推拉式的,牵引机构的暴露部分应有防护。

（11）当试验间内设有起重设备时,应将其设置在隐蔽处以防被冲击波或金属物体打击而损坏。

7.2.6　火箭发动机试验台的安全要求

（1）在火箭发动机燃烧工作时,由于燃烧室内压力很高,有时高达 30MPa 以上,一旦发动机燃烧室发生爆炸,产生的冲击波和破片将形成杀伤性危险,发动机固定不牢靠还会发生整体发动机起飞的危险,如某导弹发动机试验时曾从中心辊轮上飞出过,某导弹发动机试验时还爆炸过,幸未造成伤害。所以,工艺设计、设备安装以及建筑的设计均应从其本身设计角度考虑存在的安全问题。例如:应为直接参加试验的人员设计钢筋混凝土的防护控制室,使他们能从控制室内控制、直接观察发动机的燃烧过程情况;还应为间接参加试验的人员在一定距离内的防护室通过设置的工业电视观察发动机燃烧过程的工作情况。控制室和防护室应设计为钢筋混凝土结构。

(2) 由于发动机试验台与控制、测试、数据采集和数据处理室之间要求距离不能太远,可设置前方测试间因此,在它们之间应设有可靠的防冲击波、防碎片和防震动的措施。发动机试验台与本试验站的发动机准备工房,测试室,高温、低温、常温恒温工房等建筑物之间应保持一定的安全距离,以确保它们在发动机试验时不受或少受震动和脉冲噪声的影响,以及在发动机发生爆炸时不致造成上述建筑物的严重破坏。

如发动机试验台吨位较小,可以把试验台与发动机准备工房毗连建设,组成一个建筑物,以利工作联系和节省占地面积。

在发动机试验台的控制间应设有能发出警报的声响信号装置,如电铃、蜂鸣器或喇叭等,以便在点火之前发出报警信号,使试验人员离开危险区。此外,在发动机试验台外场地上的明显位置,还应设置预报危险信号,如旗子、杨旗或信号灯等,以防其他人员误入危险区。

7.2.7 火箭发动机试验台设备选择

依据固体火箭发动机的试验项目,结合场地的具体情况,可以参考选择表 7-2 的试验设备和测试仪器。

表 7-2 固体火箭发动机试验台常用设备和仪器

仪器名称	主要用途及简要规格
卧式推力试验台架	50kN,100~200kN,2000kN 依据发动机推力选择
立式推力试验台架	20~50kN,依据发动机推力选择
图像处理系统	用于内弹道设计计算及发动机总体设计。图形原点输入复印外部设备,配有函数处理软件,对曲线进行处理
快速电子光学高温计	测量火焰反应区(含预备区)的温度分布。非接触法测量
动态黏弹谱仪(DTMA)	通过透明发动机观测流场变化及侵蚀燃烧,观察喷管摆动情况,分析控制力大小及方向变化,观察喷出气流不对称情况,分析推力偏心原因
近摄高速照相机	拍摄燃烧过程,药柱的燃烧情况,K20S4E-215
记忆示波器	发动机装药点火研究记录,Tektronix-8483
摄像机	拍发动机气流流场
录像机	录发动机气流流场
万能材料试验机	测量黏性材料的力学性能,如药柱强度,提供药柱极限强度,静态应力松弛模量试验数据(较广温度范围)适于药柱小载荷试验
标准测力计	标定推力传感器
红外测温仪	测流场温度及表面温度。HCW-4 非接触 0~100℃,0~300℃,测距达100m,15V 及 9V 电源,d130×280mm 三脚架,西北光学仪器厂

仪器名称	主要用途及简要规格
数字电压表	与标准传感器配用,作为传感器的标准
直流放大器	发动机振荡燃烧研究,信号放大,DA＝260D
直流放大器	发动机装药点火研究燃烧,信号放大,DA＝360D
固体推进剂装药设计演示验证专用系统	演示设计数据
激光器	106μm
数据采集系统	Jovian5204B
防爆保温箱	50℃,－40℃,20℃,保温48h
工具显微镜	对比显示
检验平台	一级,尺寸6000mm×3000mm 依据发动机尺寸选择

7.2.8　火箭发动机试验台的安全距离

（1）固体发动机试验台的危险等级。在现行的"安全规范"中没有定义其危险等级,其原因是发动机试验台与危险性工房、实验室的要求不同,不可等同对待。与工房、实验室工程要求相同的部分,工程设计可依据其装填推进剂的类别、重量进行划分,装填的是双基推进剂的可划分其危险等级为 C_2,按"小药量规范"的规定,药量小于100kg的可划为 C_x。按《复合固体推进剂及其制品的厂房、库房设计安全规范》（征求意见稿）意见,NEPE类推进剂危险等级为1.2级,丁羟、丁羧、丁腈三组元,含硼或铝、镁的贫氧推进剂和丁羟、四组元（RDX、HMX≤18%）推进剂危险等级为1.3级。

（2）火箭发动机试验台的内部、外部安全距离。应按正常试验、意外爆炸和整体飞出三种情况考虑。正常试验时主要应考虑火箭发动机试验时产生的震动、火焰喷射和噪声。意外是考虑一旦发生爆炸,将产生剧烈的震动、冲击波超压和破片飞散。如果发动机固定不牢,有可能发生整体发动机的飞出。对内部安全距离,建议主要考虑上述三种情况,其中《中华人民共和国工业企业设计卫生标准》规定噪声设防后有人员工作的场合不应大于85dBA;对外部安全距离,则主要应考虑环境噪声的大小,《中华人民共和国城市区域环境噪声标准》对于乡村昼间规定不超过50dBA,夜间应不超过40dBA。

（3）在现行的"安全规范"中,火箭发动机的推力试验台以20t推力划分界限,已经不符合目前的实际情况。当前,火箭发动机的推力一般从几牛到2000kN,有的大于2000kN多个阶梯,如果按此来规定其内部、外部安全距离比较繁杂,建议分成四个等级,即

① 小推力火箭发动试验台,推力小于50kN;

② 中推力火箭发动试验台,推力为 50~500kN;

③ 大推力火箭发动试验台,推力为 500~2000kN;

④ 特大推力火箭发动试验台,推力大于 2000kN。

在此基础上规定其内部、外部安全距离。

7.2.9　火箭发动机试验台群布置方案

在图 7-9 所示固体火箭发动机试验台群上布置大推力为 1500kN 的试验台、中推力为 50~500kN 的试验台、小推力为 50kN 的试验台,以及推力为 100~150kN 的立式试验台和相应的试验准备工房。

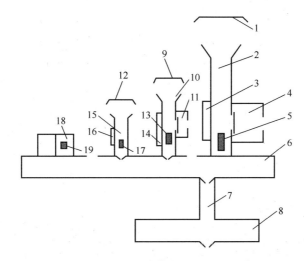

图 7-9　固体火箭发动机试验台群

1—大型卧式发动机承力间防护墙;2—大型卧式发动机试验间;3—大型卧式发动机前方测试间;4—抗爆装甲门厅;
5—大型卧式发动机承力台;6—工作间;7—连廊;8—发动机试验准备间;9—中型卧式发动机试验间防护墙;
10—中型卧式发动机试验台试验间;11—抗爆装甲门厅;12—小型卧式发动机试验间防护墙;
13—中型卧式发动机承力台;14—中型卧式发动机试验台前方测试间;15—小型卧式发动机试验台试验间;
16—小型卧式发动机试验台前方测试间;17—小型卧式发动机承力台;
18—立式发动机试验间;19—立式发动机承力台。

上述固体火箭发动机试验台群,适用于大、中、小吨位较多的火箭发动机试验部门。如果同时进行试验,其间应保持一定的安全距离;如果不同时试验,仅同时进行准备,其安全距离可按相互不影响确定。

大、小吨位的火箭发动机试验台,其结构尺寸相差较大,如某 1500kN 的发动机试验台的围护结构长度 38m、宽度 9m,而 150kN 的发动机试验台围护结构长度 17m、宽度 5m,它们可以组建一起,但不一定靠在一起。

"安全规范"规定在发动机试验台喷火方向的尾端设置八字形防护墙,主要是考虑:①防止发动机固定不牢靠(需弹性连接),从承力台架上飞出;②发动机一旦发生爆炸,阻挡破片的飞出;③对发动机试验产生的火焰也起安全隔离作用。工程结构设计主要应满足前两条。

7.2.10　事故案例和防范措施

事故案例1:某火箭发动机从承力台上飞起

发生事故的时间　　　1971年6月

发生事故的地点　　　某靶场发动机试验台

事故性质　　　　　　责任事故

事故主要原因分析　产品设计缺陷

危险程度　　　　　　有引起伤亡的可能

1）事故概况和经过

在进行某火箭发动机强度和$P-t$曲线的试验中,某火箭发动机几次从承力台上飞起,飞出试验间,最远的一次飞出约400m。最危险的一次是火箭发动机飞到约200m处的一个学校。火箭主发动机和助旋发动机连接处被烧穿,形成非一端喷气,使发动机在学校的两个教室之间,来回飞撞。最后,顶在窗台上停下。幸学生都在教室内上课,未造成伤害。

2）原因分析

经检查,发动机装药的包覆层不符合质量要求,发动机燃烧时烧穿了包覆层后,进而又烧穿了燃烧室,形成非一端喷气,使发动机飞出试验台。

3）经验教训和防范措施

（1）应改进发动机的包覆层工艺,确保包覆层在规定的时间内不被烧穿。

（2）点火试验的发动机应可靠地固定在试验台的承力台上。

（3）试验间的墙体、顶盖及喷火方向的防护,应确保事故时整体发动机或其形成的碎片不飞出规定的范围。

（4）按"安全规范"的要求,该发动机试验台距离该厂生产区的边缘、职工总数50~500人企业围墙不应小于600m。

事故案例2:某发动机试验台出现增体发动机飞出的事故

在试验某导弹发动机和某某导弹发动机时,其发动机曾从中心辊轮支架上飞出过,但由于试验间有防护,发动机没有飞出试验台间。

事故案例3:其他发动机试验台出现的问题

（1）在某导弹歪喷嘴发动机试验时,曾发生燃烧室爆炸事故。

（2）某300kN推力试验台,长度为25m、高度6m、宽度为6m。钢砼结构,八字墙为砖混结构。试验时,发动机喷出的火焰被设在25m处的防护挡墙倒回,并将墙壁上的门冲击损坏。承力台与挡墙距离较近。该推力试验台与其测试室连接在一起,试验时,把测试仪器震坏,不能再用。原因是,承力台与测试仪器间安全距离不足。

（3）某1500kN推力试验台,与发动机的高温、低温和常温保温间的相互位置不便于专用转运车的运输,造成转弯较多,不能满足工艺试验时间的要求。原因是,总图布置缺少工艺配合。

7.3 液体推进剂火箭发动机试验

7.3.1 概述

液体推进剂火箭发动机(Liquid Propel lant Rocket Motor,LPRM)系统由氧化剂储箱、燃料储箱、推进剂系统、自动控制系统、推力室及有关附件组成,发动机系统见图7-10。其试验包括发动机推力、推力—时间曲线、压力、压力—时间曲线、比冲试验等,涡轮泵试验,泵试验,喷嘴及流阻试验等。

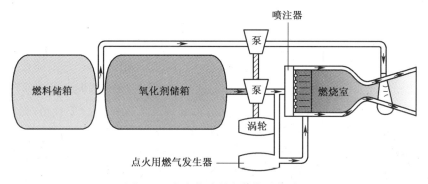

图7-10 液体推进剂火箭发动机系统

LPRM通常按推进剂输送系统的增压方法划分为两类:①气体增压输送系统;②泵增压输送系统。在某些情况下也按推进剂的类型划分,如高沸点自然推进剂、低沸点自然推进剂火箭发动机。

采用的增压方法不同,推进剂类型不同,试验工艺、设备的选择以及试验台的工程设计都不同。

7.3.2 LPRM试验台的任务

LPRM试验台的任务有两项:①产品研制试验;②产品性能鉴定试验。但工程设计时,上述任务一般都兼顾考虑。为了论述方便下面作者参照苏联代号为P-Ⅱ地地弹道导弹(北约称其为"飞毛腿"(Scud)导弹,美国给该导弹划分为6个代号:SS-1B、SS-1D 、SS-1E 等,其弹长、弹头重量等均不完全相同)的推进剂,给出一个试验台的数据,"飞毛腿"导弹的前期推进剂发动机燃料为煤油,氧化剂为防腐红烟硝酸,后期发动机推进燃料为偏二甲肼,氧化剂仍为防腐红烟硝酸,并以推进剂泵式输送系统的要求为依据选择试验项目、设施和工程设计等。

（1）LPRM 试验台的最大推力　　　　300kN
（2）燃烧室最大压力　　　　　　　　120MPa
（3）最长试验时间　　　　　　　　　150s
（4）氧化剂（红烟硝酸）最大流量　　85kg/s
（5）燃烧剂（偏二甲肼）　　　　　　35kg/s
（6）泵的最大流量　　　　　　　　　110kg/s
　　　泵的最大扬程　　　　　　　　　150m
（7）涡轮最大功率　　　　　　　　　500 马力
（8）推力精度（采用原位标定）　　　0.3%
（9）流量精度　　　　　　　　　　　0.3%
（10）水平式或倾斜式试验台。

7.3.3　LPRM 的试验内容和方法

1. LPBM 性能试验

1）主要设施

（1）LPRM 点火试验台。LPBM 静止试验一般都在设有试验间的试验台上进行，它依据推进剂类型和发动机推力大小进行设计。依据试验台的任务和试验量，该试验台选择以高沸点推进剂和一台 300kN 推力试验台为例。LPBM 点火试验台示意见图 7-11。至于选择哪种形式的试验台，是水平式的、立式的还是倾斜式的火箭发动机试验台，可根据发动机试验要求和现场的具体条件确定。

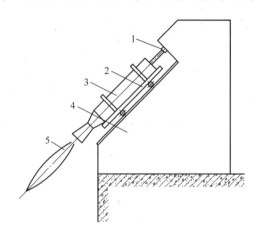

图 7-11　倾斜式火箭发动机试验台示意图

1—推力传感器；2—发动机台架；3—试验的发动机；4—发动机承力（试验）台基础；5—喷出的火燃。

（2）气路系统。高压氮气减压后用于加注、增压和控制气动阀门。

220

（3）流量系统。该系统主要用于推进剂加注、过滤和计量。

（4）数据采集和处理系统。该系统包括数据采集处理机、处理软件、摄像、回放、光电记录和视频监控系统。

（5）水路系统。该系统主要用于清洗和消防，特别是 LPBM 点火试验台上事故消防。

2）主要测试项目

（1）LPRM 的推力，推力—时间曲线。推力采用原位标定，推力测量采用应变式传感器，其精度不低于 0.02%。

（2）LPRM 燃烧室的压力，压力—时间曲线。压力测量采用应变式电阻式传感器，其精度为 0.5%。

（3）氧化剂流量（水平流量和垂直流量）。

（4）燃烧剂流量（水平流量和垂直流量）。流量采用轮式流量计和孔板式流量计同时测量，其精度不低于 0.3%。

3）LPRM 试验台设备仪器

LPRM 试验台设备仪器选择见表 7-3。

表 7-3　LPBM 试验台设备仪器

设备仪器名称	数量	备　　注	设备仪器名称	数量	备　　注
试验台架	1 台	推力 300kN，在原位标定架	瞬态应变仪	4 台	DPM-612B 型
推进剂储箱	6 个	4m³；承受压力 15MPa 不锈钢	数字电压表	1 台	1071 型
燃烧剂输送系统	1 套	不锈钢	摄像机	1 套	高速 1000 幅/S
氧化剂输送系统	1 套	不锈钢	数据记录仪	1 套	64 通路
清洗消防系统	1 套	单独设计	动态压强温度标定计	1 套	
试验控制台	1 台	专用	电动单梁起重机	1 台	30kN
操纵指挥台	1 台	专用	静态压强标定计	3 台	XU-600 型
气路控制系统	1 套	单独设计	红外测温仪	2 套	TM-1 型
气体高压储箱	1 台	30m³ 高压	激光多普勒测速仪	1 套	
数据采集系统	1 套	接触、非接触	试验台工装	1 套	适用于 300kN 及以下的工装卡具
数据处理系统	1 套	MV-8000 型			
负荷传感器	4 台	LC-E 型	维修设备	1 套	车、铣、磨、钻机床

2. 涡轮泵性能试验

涡轮泵性能试验主要是测量燃烧剂泵、氧化剂泵的流量特性以保证推力室的流量要求。以水为介质代替燃烧剂和氧化剂进行试验。

1）主要设施

涡轮泵性能试验台架及其控制操作系统，包括台架、控制台、燃烧剂和氧化剂输送系统及操作台。

燃烧剂和氧化剂输送系统的水流采用闭式循环系统;包括两个高压水箱和两个能量消耗圈。涡轮泵性能试验系统如图 7-12 所示。

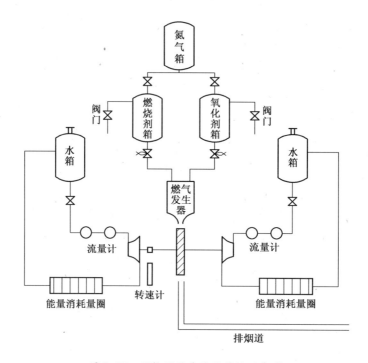

图 7-12　涡轮泵性能试验系统示意图

2)主要测试项目

(1)燃烧剂泵和氧化剂泵的进口压力及出口压力。

(2)燃烧剂泵和氧化剂泵的进口水压力及温度。

(3)燃气发生器中燃烧剂和氧化剂的流量及压力。流量采用轮式流量计和孔板式流量计同时测量,其精度不低于 0.3%。以水为介质代替燃烧剂和氧化剂进行试验。试验后换算出燃烧剂和氧化剂的流量。采用闭式循环系统。燃气发生器的推进剂供给系统采用氮气增压,用减压器调节燃气发生器的入口状态,保持与产品一致。压力用应变式传感器测量,测量精度为 0.5%。

(4)涡轮泵的转数。转数采用非接触式光电转数计测量,测量精度为 0.3%。巡回采集数据,计算机处理数据。

3. 泵的性能试验

泵的性能试验通常都是以水为介质代替燃烧剂和氧化剂作泵的特性试验。试验的目的是检验现有产品的性能,以及新产品的压力、流量和气蚀等。泵的试验台系统如图 7-13 所示。

222

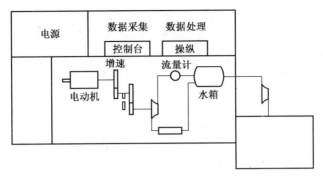

图 7-13 泵的试验台系统示意图

1）主要设施

主要设备是一台 3kW 的直流电源、一台 2.5kW 的直流电动机、增速器、储水箱、吊装设备以及控制和测量系统。

2）主要测试项目

（1）泵的转数。泵的试验采用闭式循环系统。高压水通过能量消耗圈变为低压水。

泵的转数采用非接触式和接触式两种类型传感器同时测量，以保证转数测量的精确性和可靠性。直流电动机与泵之间用齿轮增速，使泵的转数最大可达 40000r/min。

（2）泵的流率。流量采用电容式流量计和涡轮流量计同时测量。

（3）泵的出口压力。压力采用应变式压力传感器测量。

（4）介质温度。

4. 液流阻力试验

液流阻力试验台的系统如图 7-14 所示。

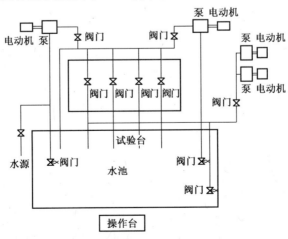

图 7-14 液流阻力试验台的系统示意图

223

1）主要设施

试验介质采用开式循环水系统。主要设施有多级水泵 4 台、电动活门和手动活门及流量计等。

2）主要测试项目

（1）阀门阻力。

（2）管道沿程阻力。流动阻力采用汞柱压差计测量,此法可以保证足够的精度。

（3）喷嘴特性。只测量流量—压差曲线和流量分布特性。

3）泵的性能和液流阻力试验台设备仪器选择

泵的性能和液流阻力试验台设备仪器选择见表 7-4。

表 7-4　泵的性能和液流阻力试验台设备仪器

设备仪器名称	数量	规格	备　注
推力测量系统	3 套	300kN	推力架承力 640kN
泵试验台架	1 台	专用	
储水箱		13m³	
直流电动机组	2 套	非标	无极输出
增速箱	2 台	非标	
光电转速仪	4 台	非标	20000r/min
机械式转速表	4 台	非标	2000r/min
流量测量系统	1 套	专用	
控制调节台	1 套	专用	
数据采集调控系统	2 套	专用	64 通道模拟量输入
数据处理系统	2 套	专用	
液流试验台	1 台	专用	
轴流式多级水泵	4 台	非标	
压强测量系统	2 套	非标	
电动单梁起重机	1 台	非标	100kN 地面操作
工控机	1 台		P4/512M/500G/32M
工艺流程显示软件	1 套		系统及显示面板
数据自动分析处理软件	1 套	航思通	
安全监控系统	2 套		压力系统、火警报警
网络设备	1 套	100Mb/s	

7.3.4　LPRM 试验台系统

在 LPRM 试验站设有以下系统:

（1）LPRM产品试验系统，即发动机的准备、安装、调试、试验、卸装、试后结束工作等试验台系统，见图7-15。

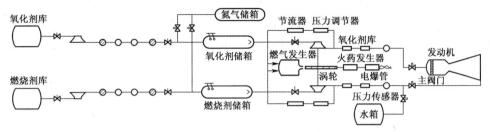

图7-15　LPRM试验系统示意图

（2）调节控制系统。该系统设有操作台和指挥台，其功能是操作员按程序启动、停车。指挥员可以依据目测情况作紧急处理。控制系统可以自动操作和手动操作。手动操作主要用于试验前的单元检查和调节。自动操作系统可以预先设置程序，从发动机点火、到熄火及试后清洗可自动进行。其控制流程示意如图7-16所示。

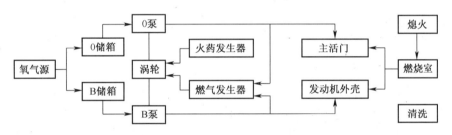

图7-16　控制流程示意图

（3）流量系统。
（4）气路系统。
（5）水路系统。

7.3.5　LPRM试验台(站)的组成及布置

LPBM试验站一般由下列建筑物组成：
（1）LPBM倾斜式或立式试验台；
（2）氧化剂储槽；
（3）燃烧剂储槽；
（4）控制室；
（5）观察室；
（6）指挥室；
（7）装配工房；
（8）氧化剂库；

（9）燃烧剂库；

（10）氮气生产及储存库；

（11）水池。

按上述建筑物的组成，其LPRM试验站的系统建筑布置示意如图7-17所示。

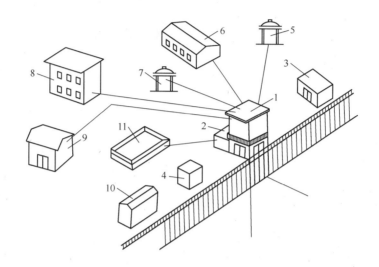

图7-17 LPRM试验站系统建筑物布置示意图

1—LPBM试验台；2—控制间；3—观察指挥间；4—观察间；5—氧化剂箱；6—测试间；

7—燃料箱；8—燃料、氧化剂库；9—氮气生产间；10—装配工房；11—水池。

7.3.6 液氢液氧LPRM试验台的组成及布置的方案

世界上20世纪60年代就开始使用液氢液氧火箭发动机，液氢液氧LPRM是无环境污染的运载火箭的主要动力装置，我国具备相当规模。

1. 试验台的主要设计内容

依据产品的试验要求，对产品整体进行试验时，需要设计比较高大的试验台和其准备工房，如图7-18所示的产品需设计五六层楼高度的试验台和相应长度的准备工房。但一般只是进行LPBM的试验。

下面介绍液氢液氧推进剂的LPRM的试验条件和内容：

（1）试验台的最大允许推力及试验方式；

（2）在不考虑整体火箭的地面试验时，液氢液氧LPBM的最大外径和长度尺寸及其安放方式；

（3）钢塔架和承力桁架的结构方案；

（4）承力桁架结构及其基础方案；

（5）导流方式及导流槽的最大宽度和长度以及与当地条件的结合情况等。

图 7-18　运载火箭发动机及其推进剂系统外貌

2. 试验台设计的前提条件

为了说明问题方便,作者举例并在这些假设的前提情况下经计算确定其内外部距离。

(1) 液氢液氧 LPBM 试验台的最大允许推力为 1000kN,其动载荷和超载荷系数为 4;当最大允许推力为 1600kN 时,其动载荷和超载荷系数为 2.5。

(2) 在液氢液氧 LPBM 试验台上,不考虑增体产品试验,只考虑发动机本身试验。

(3) 液氢液氧 LPBM 试验台的一侧设有带顶盖的敞开的液氢贮箱平台,面积 225m²,储存 320m³ 的液氢,质量等于 24t。

(4) LPBM 试验台的另一侧设有带顶盖的敞开的液氧储箱平台,面积 140m²,储存 160m³ 的液氧,质量等于 134t。

3. 内部(线内)、外部安全距离的确定

计算液氢液氧 LPBM 试验台的内部(线内)、外部安全距离,应从两处着眼: ①计算出 LPBM 试验台点火试验时留在发动机燃烧室内推进剂的最大质量,并按其爆炸事故时产生的超压来确定 LPBM 试验台周边的破坏情况,确定内部(线内)、外部安全距离;②计算出液氢液氧储箱的重量,并按其泄漏混合后发生爆炸事故时产生的超压来确定 LPBM 试验台周边的内部(线内)、外部安全距离。

1) 确定内部安全距离的步骤

(1) 发动机爆炸能量的计算。参与事故药量的确定。假设 2.6s 燃气发生器点火器启动、推力室氧阀门打开,小流量液氧进入推力室,燃烧室开始出现液氢液氧混合物。如果推力室点火器不能正常工作,3.8s 之前自动关机系统即可发出紧急关机指令,关闭液氧液氢应急阀门,切断推进剂供应。假设液氧、液氢的额定流量分别为 26.2kg/s 和 141.84kg/s,液氧、液氢应急阀的响应时间在 0.3~0.5s。紧急关机后滞留在发动机中推进剂最大量为 0.3~0.5×(26.2+141.84)= 50.4~84.02kg。

参考 2008 版美国 DOD6055.9.STD《国防部弹药和火炸药安全标准》(以下简

称"DOD 标准"),氢氧总量折算成 TNT 当量约为 $4.13 \times (50.3^{2/3} \sim 83.9^{2/3}) = 4.13 \times (13.63 \sim 19.17) = 56.3 \sim 79.2$ kg,取大值为 79.2kg。

推力室外的推进剂能够依靠冷氢点火装置完全燃烧。

(2)液氢液氧平台破坏压力的计算。发动机爆炸形成的超压,可以按我国根据大量爆炸试验数据处理的结果,并参考萨道夫斯基的超压计算公式,得出的相当于 TNT 球形装药在均匀大气空中爆炸时的冲击波峰超压值:

$$\Delta P = 10^5(0.84/R + 2.7/R^2 + 7.0/R^3) \quad (1 \leqslant R \leqslant 10 \sim 15)$$

式中:ΔP 为冲击波峰值超压(MPa);$R = r/W^{1/3}$ 为比距离(m/kg$^{1/3}$);r 为距爆炸中心的距离(m);W 为爆炸药量(kg)。

计算结果:对液氢平台的 $\Delta P_{LH} = 0.03 \sim 0.04$MPa;

对液氧平台的 $\Delta P_{LO} = 0.02 \sim 0.025$MPa。

发动机试验台与液氢液氧平台的平面位置及立面如图 7-19 所示。

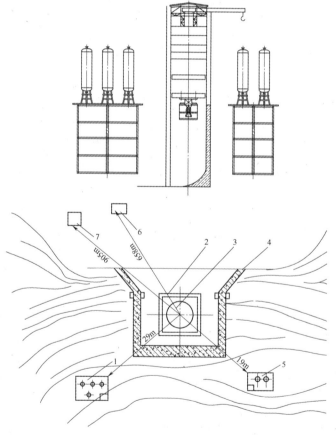

图 7-19 发动机试验台与液氢液氧平台位置及立面

1—液氢平台;2—试验塔架;3—发动机;4—防护结构;5—液氧平台;6—近距离村庄;7—远距离村庄。

（3）液氢液氧平台结构强度的计算。经计算的冲击波超压，换算为静载荷后即可进行强度计算。因计算篇幅太长，此处不再赘述。在液氢液氧平台与试验发动机之间，经计算设计有1.5m厚的钢筋混凝土防护墙，一旦发生发动机爆炸事故，不会对整体试验台及液氢液氧平台造成严重的破坏。

2）确定外部安全距离的步骤

（1）确定液体推进剂储存相容性分类。液体推进剂储存相容性按其特性进行分类，同种类推进剂可以一起储存，不同种类推进剂应单独储存，参考"DOD标准"见表7-5。上述举例中的燃料为液氢，类别为"C"。

表7-5 液体推进剂储存相容性分类

类别	物质属性	液体推进剂名称
A	氧化剂	红烟硝酸、四氧化二氮、液氧、过氧化氢、卤代氟化物
B	已不用	
C	燃料	酒精、液氢、肼、肼-70、单推-3、偏二甲肼、甲基肼、混铵-50、烃类、硝酸异丙酯
D	硼烷、环氧烷类	硼烷、环氧乙烷、三乙基硼
E	增压气体	氮气、氦气
F	冲击敏感燃料	硝基甲烷、四硝基甲烷
G	单元推进剂	鱼推-3

（2）确定液体推进剂储存危险性分类。液体推进剂具有一定的毒性，按其毒性的危险性分类参考"DOD标准"（表7-6），上述举例中的燃料为液氢，类别为"Ⅲ"。

表7-6 液体推进剂储存危险性分类

类别	危险程度	液体推进剂名称	安全距离
Ⅰ	危险性较小，有潜在着火危险	酒精、烃类、混铵-50、鱼推-3、硝基氧化剂、三乙基硼	最小
Ⅱ	与有机物接触燃烧危险	液氧、过氧化氢、卤代氟化物	较小
Ⅲ	遇火源易发生气相爆炸，容器爆破危险	肼、肼-70、单推-3、偏二甲肼、甲基肼、液氢、甲烷、硼烷、环氧乙烷	较大
Ⅳ	冲击敏感的单元推进剂燃料与氧化剂混合物	硝酸异丙酯、硝基甲烷、四硝基甲烷、燃料与氧化剂混合物	最大

（3）确定液体推进剂炸药当量。使用混合燃料液体推进剂的火箭发动机的静止试验台和靶场发射台，可以参考"DOD标准"给出推进剂的炸药当量，见表7-7，上述举例中的燃料为液氢，其炸药当量为60%。

表 7-7　液体推进剂炸药当量

混合燃料推进剂	静止试验台	靶场发射台
液氧/液氢	爆炸当量重量取下列的大者：$4.13W^{2/3}$ 或液氧/液氢质量的 14%	爆炸当量重量取下列的大者：$4.13W^{2/3}$ 或液氧/液氢质量的 14%
液氧/液氢+液氧/RP-1	（$4.13W^{2/3}$ 或液氧/液氢质量的 14%）+（10%液氧/RP-1）之和	（$4.13W^{2/3}$ 或液氧/液氢质量的 14%）+（10%液氧/RP-1）之和
液氧/RP-1	10%	小于 500000 磅（226795kg）20%　大于 500000 磅（226795kg）10%
抑制的红色发烟硝酸(IRF-NA)/偏二甲肼	10%	10%
N_2O_4/偏二甲肼+N_2H_4	5%	10%
N_2O_4 液体氧化剂+聚丁二烯-丙烯腈固体燃料（混合物推进剂）	爆炸物破坏占 15%，高速冲击占 5%，静态混合破坏占 0.01%	爆炸物破坏占 15%，高速冲击占 5%，静态混合破坏占 0.01%
硝基甲烷(单独的或在混合中)	100%	100%
乙烯氧化物	100%	100%
奥托(Ouo)燃料Ⅱ	存在大量有一定爆炸风险的蒸气云的场所(例如，用大型罐储存) 100%	
	对水下静止试验台，当作业在水压大于 345kPa 时，推进剂的储箱爆炸压力大于 690kPa，但未设置合适的压力释放装置。水下静止试验台的 TNT 当量（即最大可信事件）应包括所有泵和管道中含能液体的总量，还应包括燃料箱中滞留的含能液体	

（4）计算液体推进剂储存的质量，并按其确定其安全距离，可参考 DOD6055.9-STD 美国国防部弹药与爆炸物安全标准，见表 7-8。

表 7-8　液体推进剂储存的安全距离

推进剂质量/kg	Ⅰ类[①]		Ⅱ类		Ⅲ类		
	IBD、PTR[②] 和不相容Ⅰ类[③]	类内 ILD[④] 和Ⅰ类[⑤]	IBD、PTR 和不相容Ⅱ类[⑥]	类内 ILD 和Ⅱ类[⑦]	IBD、PTR 和不相容Ⅲ类[⑧]		类内 ILD 和Ⅲ类[⑨]
					无防护	有防护	
0~45	9	8	18	9	183	24	9
45~91	11	9	23	11	183	30	11
91~136	12	11	26	12	183	34	12

230

推进剂质量/kg	I类①		II类		III类		
	IBD、PTR② 和不相容 I类③	类内ILD④ 和I类⑤	IBD、PTR和 不相容II 类⑥	类内ILD和 II类⑦	IBD、PTR和不 相容III类⑧		类内ILD 和III类⑨
					无防护	有防护	
181~227	15	12	30	15	183	40	15
272~318	17	12	32	17	183	43	17
363~408	18	14	35	18	183	46	18
454~907	20	15	40	20	183	53	20
1361~1814	23	17	46	23	183	61	23
2268~2722	24	18	50	24	183	67	24
3175~3629	26	20	53	26	183	70	26
4082~4536	27	21	55	27	183	73	27
6804~9072	30	24	62	30	366	84	30
11340~13608	34	26	67	34	366	90	34
15876~18144	35	26	70	35	366	94	35
20412~22680	37	27	73	37	366	98	37
27216~31752	39	29	78	40	366	104	40
36288~40824	41	30	81	41	366	110	41
50480~56700	43	34	87	43	549	116	43
68040~79380	46	35	93	46	549	123	46
90720~113400	49	37	98	49	549	130	49
136080~158760	52	40	103	52	549	139	52
181440~204120	55	41	108	55	549	145	55
226800~272160	56	43	114	56	549	152	56
317520~362880	59	46	120	59	549	161	59
408240~453600	62	47	125	62	549	168	62
907200~1360800	78	58	154	78	549	206	78
1814400~2268000	84	64	169	84	549	226	84
2721600~3175200	90	67	178	90	549	238	90
3175200~3628800	91	69	183	91	549	244	91
3628800~2743200	93	70	186	93	549	248	93
2743200~4536000	94	72	189	94	549	253	94

① 液体推进剂储存危险性分类见表7-6;
② IBD为居民建筑物,PTR为公用道路,ILD为类内距离;
③ 为II类距离的50%;
④ 在试验区内,爆炸物与控制间等建筑及测试场之间的间隔距离;
⑤ 为II类ILD的75%;
⑥ 为III类有防护距离的75%;
⑦ 为III类有防护距离的37.5%(与III类ILD相同);
⑧ 根据美国内务部矿务局报告NO.5707(1961);
⑨ 为III类有防护距离的37.5%

（5）·计算液体推进剂的质量，确定试验台的推进剂计算质量。由于国内目前尚无正式的氢氧发动机试车台相关规范，参考"DOD 标准"，试验台液氢液氧总量当量质量 W_{PE} 应按推进剂总量 W_P（kg）的 14% 或 $4.13W^{2/3}$ 计算取其大值，液氢液氧推进剂加注总量为 158t，折合 TNT 当量质量 $W_{PE} = 22120$kg。

（6）火箭动力系统试验台和靶场发射台的燃料与氧化剂的混合物和Ⅳ类推进剂的当量质量与其他设施的分隔距离，参考"DOD 标准"，见表 7-9（已将英制换算成公制），按确定的试验台推进剂计算质量，确定其内部、外部安全距离。

表 7-9　燃料与氧化剂的混合物和Ⅳ类推进剂的的安全距离[①②]

燃料与氧化剂的混合物和Ⅳ类推进剂的当量质量/kg[③]	由推进剂爆炸危险性地点算起至下述建筑的距离/m				燃料与氧化剂的混合物和Ⅳ类推进剂的当量质量/kg[③]	由推进剂爆炸危险性地点算起至下述建筑的距离/m			
	住宅[④]	公路运输线路[⑤]	有挡墙的内部距离[⑥]	无挡墙的内部距离		住宅[④]	公路运输线路[⑤]	有挡墙的内部距离[⑥]	无挡墙的内部距离
23	46	28	10	20	11340	357	213	80	160
45	58	35	13	26	13608	380	227	85	170
91	72	43	16	32	15876	399	239	90	180
136	82	49	18	36	18144	418	250	94	188
181	98	58	22	40	20412	434	260	98	196
227	98	58	22	44	22680	450	270	101	202
272	102	62	23	46	24948	463	277	104	208
318	108	66	24	48	27216	477	287	107	214
363	114	69	26	52	29484	491	294	110	220
408	119	72	27	54	31752	503	302	113	226
454	122	73	28	56	34020	514	308	116	232
680	140	84	31	62	36288	526	315	118	236
907	154	93	34	68	38556	536	322	121	242
1361	177	107	40	80	40824	547	328	123	246
1814	194	116	44	88	43092	556	334	125	250
2268	209	125	46	92	45360	565	340	127	254
2722	223	134	50	100	56700	645	387	137	274
3175	235	140	52	104	68040	716	430	146	292
3629	244	146	55	110	79380	782	469	153	306
4082	255	152	57	114	90720	844	506	160	320
4356	264	158	59	118	102060	904	543	167	334
6804	302	181	68	136	113400	960	576	173	346
9072	322	200	74	148	124740	991	594	178	356

燃料与氧化剂的混合物和IV类推进剂的当量质量/kg[3]	由推进剂爆炸危险性地点算起至下述建筑的距离/m				燃料与氧化剂的混合物和IV类推进剂的当量质量/kg[3]	由推进剂爆炸危险性地点算起至下述建筑的距离/m			
	住宅[4]	公路运输线路[5]	有挡墙的内部距离[6]	无挡墙的内部距离		住宅[4]	公路运输线路[5]	有挡墙的内部距离[6]	无挡墙的内部距离
136080	1020	611	183	366	408210	1484	890	265	530
147420	1049	629	189	378	453600	1936	1162	346	628
158760	1074	645	193	386	680400	1759	1055	314	628
170100	1099	660	198	396	907200	1936	1162	346	692
181440	1123	674	202	404	1134000	2086	1252	372	744
226800	1210	725	218	436	11360800	2216	1330	396	792
272160	1296	778	231	462	1587600	2333	1400	416	832
317520	1364	818	244	488	1814400	2439	1463	436	872
362880	1427	856	255	510	2268000	2628	1577	469	938

① 来源于 DOD6055.9-STD 美国国防部《弹药和爆炸物安全标准》和 NSS1740.12 美国宇航局《炸药、推进剂和火药安全标准》；

② 适用于火箭动力系统试验台和靶场发射台；

③ 燃料与氧化剂的混合物的当量质量 $W = K(W_O + W_F)$，K 为当量系数，W_O 为氧化剂质量，W_F 为燃料质量；

④ 当量质量为 45360kg 时，可按 $d = 16W^{1/3}$ 估算；

当量质量为 113400kg 以下时，可按 $d = 1.164W^{0.577}$ 估算；

当量质量为 113400kg 以上时，可按 $d = 20W^{1/3}$ 估算；

⑤ 为到居民建筑物距离的 60%；

⑥ 为无隔墙距离的 50%

当 $45359\text{kg} \geqslant W_{PE} > 13608\text{kg}$ 时，举例的试验台要求到居民建筑物的距离按照 $d = 15.87W_{PE}^{1/3}$ 计算，得到试验台与居民建筑物的距离为 $d = 486\text{m}$，符合规范要求，详见表 7-9。但某村实际距试验为 658m，却反映试车时噪声大、时间长，不能接受。

作者用三种不同的计算方法重新进行核算，其结果均小于原计算数据，LPRM 试验台外部距离计算见表 7-10。

表 7-10 LPRM 试验台至居民点的外部距离计算表

LO_2 与 LH_2 总量	158000kg		
计算公式	14%	$8W^{1/3}$	$4013Q^{1/3}$
TNT 当量质量	22120kg(14%)	39605，即 17963kg(11.4%)	12070kg(7.6%)
至居民点外部距离计算公式	$d = 15.877W_{PE}^{1/3}$		$W_{PE} < 13608\text{kg}$
至居民点外部距离计算公式	446m	416m	381m

作者又对不同燃料不同 TNT 当量的 2800kg 助推器试验进行计算,结果至居民点外部距离为 486m,仍小于实际的距离。最后作者得知主要原因是环境噪声干扰问题,并非安全问题。

作者又对该试验台与本试验区内同类建筑物的内部距离进行计算,当无防护时按照 $d = 7.14 W_{PE}^{1/3}$ 计算,则 $d = 219$m,当有防护时取无防护时距离的 1/2,则 $d = 109$m,因此,试验区内试验台和某些建筑物不符合规范要求。

4. 国外液氢液氧推进剂发动机试验台发生的事故情况

表 7-11 为国外液氢液氧推进剂发动机试验台发生的事故情况。

表 7-11   国外液氢液氧推进剂发动机试验台发生的事故情况

飞行器/地点/日期	推进剂/kg	TNT 当量(%)/kg	事故原因	破片质量/kg	主要碎片半径/m	碎片散布半径 929m² 面积上碎片平均密度/m
S-Ⅳ-ASTV 道格拉斯-萨克拉门托 1964-01-24①	液氧/液氢 45350	(1%) 453.5	液氧储箱超压到 689.5kPa 爆炸	118.8(总)19.9 853.5	121.9	0.095
"大力神"-"半人马座"肯尼迪空间中心 1965-03-02②	液氧/液氢 13610 液氧/RP-1 78000	(0.75%) 875.3	发射 1.1s 时助推器关机,1.6s 垂直速度等于 0,飞行器下落,使助推器储箱爆炸	18.1 4120	121.9	0.088
S-Ⅳ-爱德华基地 1965-07-14 试验飞行器 062③	液氧/液氢 41270	(3.5%) 1451	诱导失效 45.7cm 冲压内储箱舱壁	186.8 1417	152.4	0.152
S-ⅣB-503 道格拉斯-萨克拉门托 104800 1967-01-20④	液氧/液氢	(1%) 1043	误用焊条,钛球超压爆炸	75.3 646.7	182.9	0.244
PYRO-275 (试验储箱)美国空军火箭推进剂室 爱德华基地 1967-03-22⑤	液氧/RP-1 11340	(4%)453.5	混合 500ms 后储箱破裂自燃	27.2 738.3	152.4	0.091
① J. B. Gayle S-Ⅳ 飞行器爆炸研究; ② S. S. Perlman "大力神"-"半人马座"飞行器爆炸研究; ③ PYRO 计划季度进展报告; ④ K. B. Debus S-ⅣB-503 事故研究报告 1967.01.20; ⑤ PYRO 报告 1967.03,1967.06						

从上述事故得知,事故时产生的碎片较大,飞散距离较远,因此在发动机试验台的周围 200m 范围内的设施均应有防护。

7.3.7 事故案例及防范措施

事故案例:某火箭发动机液体推进剂威力试验爆炸

发生事故的时间　1967 年 6 月 18 日 18 时

发生事故地点　　某试验场

事故性质　　　　责任事故

主要原因　　　　对该液体推进剂的危险性认识不足

伤亡人数　　　　死亡 1 人,重伤 1 人

1)事故概况和经过

用四氧化二氮(N_2O_4)和偏二甲肼 $H_2N_2(CH_3)_2$ 进行威力试验,试前,向试验人员讲解了液体推进剂的理化性能和着火爆炸的危险性。

试验装置结构示意图如图 7-20 所示。

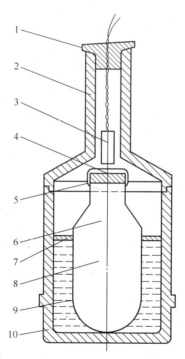

图 7-20　试验装置结构示意图

1—防潮塞;2—头螺;3—电雷管;4—塑料塞;5—橡皮盖;6—玻璃瓶;7—铝板;

8—四氧化二氮;9—偏二甲肼;10—破甲弹弹体。

试验安全操作守则有 6 条要求:①密度大的液体装在玻璃瓶内,要求玻璃瓶有足够的强度,操作要轻拿轻放;②要保证氧化剂四氧化二氮和燃料偏二甲肼密封可靠,二者的蒸气不外逸和接触;③用 105mm 破甲弹弹体盛装偏二甲肼,用玻璃瓶装四氧化二氮,两种液体可靠隔开;④放入威力试验的爆坑内时,防止撞击,务必轻拿轻放;⑤用冰冷却装置,防止液体推进剂蒸发,对弹体和头螺要同时冷却;⑥要避免气温对试验的影响,最好在早晨试验。

原计划次日试验,后改为当天试验,并于下午 5 时许准备就绪,5 点半,顺利地完成第 1 次试验。第 2 次试验仍由 2 人将弹体放入爆坑。但放弹体时,发现放不到底,挖爆坑的工具又坏了,就用手修理爆坑,反复几次,弹体仍放不到底,为了取得可靠的数据,继续修挖爆坑。当修挖好弹坑往里放时,发生爆炸。

1 人当场死亡,1 人双目失明致终身残废。

2)原因分析

(1)四氧化二氮沸点为 21℃,当时气温高于 21℃,由于修挖爆坑,拖长了作业时间(估计约 15min,而第 1 次仅为 5~6min),弹体又未放回冰箱,四氧化二氮受气温影响,蒸气压力增大,顶开瓶盖(塑料塞和乳嘴),蒸气外逸,与偏二甲肼气体接触,着火,进而爆炸。

(2)装四氧化二氮的玻璃瓶,未用磨口瓶,瓶口密封不严实。

(3)忽略了大气温度及拖长时间作业的后果。

3)验证试验

事故次日,进行了两次模拟试验。瓶盖(塑料塞和乳嘴)虽有两层密封,但在气温 27~28℃环境下,四氧化二氮达到沸点后,瓶盖仍被蒸气压力顶开。

4)经验教训和防范措施

(1)应充分认识四氧化二氮是强氧化剂,偏二甲肼是燃烧剂,两者混合后不需要点火就可以自燃的特性。

(2)火箭使用的四氧化二氮是二氧化氮和四氧化二氮的混合物,正常的沸点为 21.15℃,冰点为 -11.2℃,20℃时的液体密度为 1.45g/m³,临界压力为 99.96atm(1atm=0.1MPa),临界温度为 158.2℃,汽化热为 9110cal/92.016g(1cal=4.18J)(21.15℃平衡混合物),应了解四氧化二氮的上述物理性质。

(3)应选择适合要求的场所进行试验研究,即试验场所的温度不应大于四氧化二氮的沸点,否则应采取降温措施或在规定时间内试验,试验场所应有防护设施。

(4)在给液体火箭发动机加注四氧化二氮时,难免出现泄漏现象,应注意不与燃料相混合。

(5)在生产四氧化二氮时,有的厂家在生产线的终端规划存放大量的四氧化二氮(百吨级),一旦出现事故,后果将不堪设想。规划、安评、设计和生产、使用过程中,经常出现这类的问题,即把生产工房当作库房用,其危害未引起有关部门的关注。

7.4 水下火箭发动机试验

7.4.1 概述

潜艇一般是从几十米的深水中发射导弹,如图 7-21 所示,与地面发射导弹的环境完全不同,因此,研制单位需设有模拟水中发射环境的火箭发动机助推器水下试验台,以了解潜射导弹在水中运动、出水所需动力的情况。火箭发动机助推器装填的是固体燃料,一般推进剂有氧化剂、金属燃料、黏合剂及其他添加组分。目前最常用的固体推进剂为丁羟复合推进剂,其中氧化剂为过氯酸铵约 70%、燃料为铝粉约 18%、黏合剂为丁羟胶约 12% 等。该类发动机的装药量一般为 150~500kg(典型 190kg)。对水下试验台的设计药量,可以不按全部推进剂的装药量计算,有人提出一次参与爆炸的药量按约占总药量的 10% 计算,即 TNT 当量为 15~50kg。发动机工作时间为 5~20s(典型 15s)。

图 7-21 中国海军潜艇发射"巨浪"潜射导弹

7.4.2 水下火箭发动机试验工艺流程及测试项目

1. 试验工艺过程简述

水池加水,安装发动机助推器—启动电动闸门,往推力试验台间注水—气源闸门打开,水深模拟系统启动增压—测试系统启动—发动机助推器点火—发动机助推器工作—水深模拟系统闸门关闭—发动机助推器试验台间排水—从试验台上卸下发动机助推器—试验结束。具体固体发动机助推器在水下试验台上的试验工艺流程一般分为三个阶段：

（1）试验前的准备工作，如将固体发动机运到试车台的固体发动机准备工房，进行检测，必要时进行发射电路的通电检测等。

（2）在试车台上的工作，即固定发动机助推器于试车台上—安装测试线路及传感器—给发动机试车台加水—关闭发动机试车台的抗爆门—给发动机试车台加气压到规定的压力—发出试车警戒信号—点火—测试。

（3）试车后上的结束工作，如数据处理工作，拆除固体发动机助推器并运至固体发动机助推器准备工房，进行检测工作等。

2. 测试项目

（1）如发动机压力时间曲线、推力时间曲线、壳体的温度与时间曲线；

（2）试车台的水压、气压时间曲线；

（3）不同距离处燃气与水混合流场速度时间曲线；

（4）对水下的发动机进行视频监控录像等。

3. 主要设备

主要设备有发动机试验台架、吊装设备、运输设备、水深模拟测试传感器、燃烧室压力传感器、温度传感器、推力传感器、流场压力传感器及其记录设备等。

7.4.3　水下火箭发动机试验台设计方案

发动机（助推器）水下试验台由试验水池、发动机试验间、控制及测试仪器室、吸波系统、发动机准备间和供水供气及排水排气控制间等组成。

水下试验台设计方案示意如图 7-22 所示。

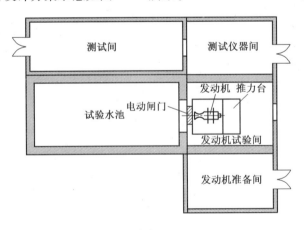

（a）

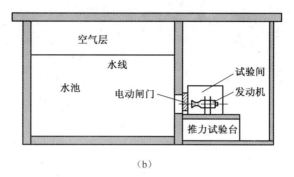

（b）

图 7-22　水下试验台设计方案示意图

（a）平面图；（b）剖面图。

7.4.4　水下火箭发动机试验以往出现的问题

某火箭发动机水下试验台，水池结构的后墙 X、Y、Z 方向的最大拉应力分别为 $\sigma_X = 246\mathrm{MPa}$、$\sigma_Y = 332\mathrm{MPa}$、$\sigma_Z = 314\mathrm{MPa}$，都接近或大于 C_{45} 混凝土轴心抗拉强度 $251\mathrm{MPa}$，前墙、底板、顶板未出现问题，但后墙的门洞上出现裂缝。如果试验的发动机药量再增加，水下试验台的结构可能出现更大问题，因此，在工程设计时应留有余地，特别是发动机的药量，它直接影响到试验台的推力大小和试验水池的尺寸，关系到试验台的结构和方案。

第8章 模拟试验靶道(场)

近年来,飞行体,如弹丸、导弹、火箭弹、航空炸弹、鱼雷等型号的增多和性能的提高,标志着我国设计者的智慧和技术能力,空气动力学和弹道学理论达到的水平。我国建设的火箭橇试验靶道、平衡炮试验靶道、弹道炮靶道、高速炮靶道、轻气炮靶道、垂直对目标射击试验靶道、弹道靶道、柔性滑索、火炮模拟弹试验等,在给定条件下,考核上述飞行体的性能和动态试验,可以预期,这些装置在将来一定能够给人们提供更多有价值的数据。

8.1 火箭橇试验

8.1.1 概述

可以把火箭橇(rocket sled)看作躺在铁轨上的火箭滑行工具。它是以火箭发动机为动力的载体,为试验体提供高加速度和高速度的大型地面试验装置。

火箭橇采用橇形底盘并以特殊形状的滑块扣合在轨道上运行。它可以达到陆地速度的极限——时速10430km,相当于每秒前进2885m,是冲锋枪子弹出膛口速度的4倍。

火箭橇主要由火箭发动机、试验舱、制动系统、整流罩、滑块、导轨等组成。火箭橇滑轨试验设备与火箭橇、测试设备一起完成火箭橇试验。1993年6月18日,我国在湖北某地建成国内第一条火箭橇滑轨,它也是亚洲唯一的一条火箭橇滑轨。滑轨全长3km,钢轨无接缝,直线精度达0.2mm以内。4t重火箭橇可达声速,最大速度为$Ma1.2$。新型飞机弹射救生系统在新建的火箭橇滑轨试验场进行,试验时状态如图8-1所示。而后,我国又在建设了第二、第三条火箭橇滑轨。

美国共建成24条火箭滑轨。英国于1971年在北爱尔兰朗福德洛奇皇家空军基地(RAF Langford Lodge),建成一条6200英尺(1889.78m)的火箭橇滑轨,用于进行弹射座椅测试。俄罗斯星辰科研生产联合体(NPP Zvezda),在莫斯科郊外建成一条8202英尺(2500m)的火箭橇滑轨。法国西南部海滨城市比斯卡洛斯(Biscarrosse)的兰德斯导弹试验和发射中心(CELM),建有一条3937英尺(1200m)长的试验滑轨,目前正在建设第二条、第三条测试滑轨。

图 8-1 火箭橇试验

火箭橇可以用于研制核武器、高超声速导弹及飞行器、航空母舰上的弹射器、战斗机火箭弹射椅、宇航飞船逃逸塔、电子战武器等尖端设备。它是在陆地上进行超声速试验的重要装置,目前全世界仅有美、英、中、俄、法等少数国家拥有此类设备。1943 年,美国选在加州中部的中国湖(Chinalake)地区,建设海军空战武器中心(NAWC)。这是美国海军最大的武器研制基地,占地面积 4400km²,拥有 4400 多人,主要研制美军各类导弹、弹射座椅及电子系统。1944 年,在中国湖基地建成一条代号为 B-4 的火箭橇试验滑轨,该滑轨全长 2073m,主要用于导弹高速测试。1953 年,又增建了一条海军超声速武器研究滑轨,该滑轨全长 6569m,创下时速 4972km 的纪录。1944 年,在加利福尼亚州爱德华兹空军基地,建成全长 609.61m 火箭滑轨。1949 年,又在该基地建成一条滑轨,后延长到 6096m。1951 年,桑蒂亚国家实验室在新墨西哥州阿尔伯克基市科特兰德空军基地,建成一条代号为 Sandia 1 的滑轨,该滑轨全长 609.61m。1966 年,又增建一条代号为 Sandia 2 的滑轨,该滑轨全长 10000 英尺(3048.04m)。

1954 年,在新墨西哥州霍洛曼空军基地,建成霍洛曼高速测试滑轨(HHSTT)1&2 号线,该轨道后来延长至 15480m,成为世界最长和速度最快的火箭橇滑轨。在 HHSTT 轨道上将 192 磅重的测试物加速到时速 10420km,相当于 8.5 倍声速。采用 13 台火箭发动机组成的四级火箭,每台发动机重 500kg,燃烧时间 1.4s,一共能产生 228000 磅(1080kN)的强大推力。美国火箭橇设施主要数据见表 8-1。

表 8-1　美国火箭橇设施主要数据

导轨数据				制动系统		
场名及位置	轨道长度 /m	轨距 /m	轨长 /m	形式	长度 /m	说明
海军军械试验站(NOTS) 加利福尼亚州中国湖	6553.2	17.22	15.24	水	6553.23	轨间全长设置
海军军械试验站(NOTS) B-4 型	4437.94	17.22 3.96	可变	沙	1389.91	轨间部分设置

场名及位置	导轨数据			制动系统		
	轨道长度/m	轨距/m	轨长/m	形式	长度/m	说明
海军军械试验站（NOTS）B-4型	914.41	10.27/10.30	可变	如果需要时采用制动火箭		
空军飞行试验中心 AFFTC 加利福尼亚州德华兹爱空军基地	6096.07	17.22	11.89	水	1828.82	轨间部分设置
空军机械加工性能资料中心（AFMDC）新墨西哥州 Holloman 空军基地	10689.65	25.61	11.89	水	10689.77	轨间全长设置有水闸控制水槽的水位
（HSDS）犹他州 胡尔日卡高地	3657.65	3.28	11.89	水或机械的	3657.64	轨间全长设置，在轨道口部附近有机械式的刹车装置
Sandia 试验场 Saudia 公司 新墨西哥州阿尔伯克尔基	914.41	17.22	11.89	水或链式的	609.61	轨间全长设置
亚伯丁弹道轨道设施 亚伯丁靶场 马里兰州伯丁	746.16	0.61	3.66			
红士兵工厂红石弹道轨道设施 阿拉巴马州汉次维耳	182.88 30°倾斜	17.22	可变	无		
红石一次使用水平弹道轨道设施	273.41	17.22	11.89	制动火箭或沙地	273.41	轨间部分设置

场名及位置	海拔高度/m	场区温度范围/°F	一般用途	附 注
海军军械试验站（NOTS）加利福尼亚州中国湖	640.08	冬 20~80 夏 50~110	高速，重型	对整个 NOTS 的轨道设施有现成的 IBM 计算机的弹道和性能程序
海军军械试验站（NOTS）B-4型	640.08	冬 20~80 夏 50~110	限负荷设计，中等负荷（中型）	液体推进剂火箭橇

场名及位置	海拔高度 /m	场区温度范围 /℉	一般用途	附 注
海军军械试验站（NOTS） B-4 型	640.08	冬 20~80 夏 50~110	无控飞行 终点弹道	
空军飞行试验中心 AFFTC 加利福尼亚州德华 兹爱空军基地	701.05	冬 10~90 夏 60~120	高速，重型	
空军机械加工性能资料 中心（AFMDC）新墨西哥州 Holloman 空军基地	1219.22	冬 5~95 平均 28~76 夏 30~107 平均 53~94	高速重载 型，惯性制 导，航空医学 减速，冲击	
（HSRS）犹他州 胡尔日卡高地	1554.50	冬 27~56 夏 63~98	峭壁上伞 降导弹试验	
Sandia 试验场 Saudia 公司 新墨西哥州阿尔伯克 尔基	1645.94	平均最小 21，平均 最大 92	碰撞，减 速，空投，高 速，中等载荷	
亚伯丁弹道轨道设施 亚伯丁靶场 马里兰州伯丁	5.4865	冬 10~70 夏 50~100	无控飞行 终点弹道 试验	
红石弹道轨道设施 红士兵工厂阿拉巴马州 汉次维耳	174.96 184.10	冬 5~63 夏 60~100	导弹发射 试验	
红石一次使用水平弹道 轨道设施	173.13	冬 5~65 夏 60~100	引信研究 试验，导弹部 件试验	允许进行一次性的高能炸 药试验
注：原表中没有注明单位，作者按英尺计并换算为公制				

8.1.2 典型的火箭橇试验

通过火箭橇试验获取有关气动力速度、加速度、压力、振动和温度等方面的数据，都是火箭橇试验的典型领域。

（1）气动力试验：对火箭、导弹或其他飞行器在接近声速或超声速条件下进行试验研究。

（2）弹道试验：炮弹、火箭弹、导弹、鱼雷在被模拟的条件下发射。

（3）逃逸系统试验：对飞机的座椅进行弹射或投掷试验。

（4）降落伞回收试验：研究降落伞的材料和伞型的试验。

（5）导弹部件试验：在火箭橇给出持续加速度、振动和气动力影响的条件下，对发动机、战斗部引信装置、惯性制导系统、陀螺稳定机构及控制系统进行的试验。

（6）引信研究试验：在被控制的条件下，对引信进行碰撞试验，对检查回收的部件进行研究。

（7）飞行器破坏试验：破坏是在一方或双方物体高速条件下相碰引起的。试验后可以通过部件变形，提供材料的强度和承载力数据。

（8）在高速（$Ma10$）条件下各类自寻式发射装置的适应性试验。

（9）在 $Ma2$ 或更高速度运动的火箭橇上发射试验，还可以研究高速条件下的爆炸效应等。

（10）雨蚀试验：把试验件放到人工降雨中实施，用以考核导弹整流罩的可靠性，同时确定雨蚀对各种材料及鼻锥结构的影响。

（11）航天医学试验：用以确定加速度、减速度和强气流对在防护装置内的生物的影响，而这些防护装置旨在减少这些不希望的影响。

8.1.3 火箭橇试验工艺

火箭橇试验可分为六步进行，即试验场地准备、火箭橇准备、安装火箭发动机、点火发射、数据采集处理和射后清理结束工作。

1. 试验场地准备

（1）安装与试验内容和要求相一致的试验靶架及靶板，一般需要准备吊装工具。

（2）检查射击场地前方落弹区有无需要清理的设施和人员。

（3）检查射击场地的两侧，特别是靶板设置附近警戒区的范围内有无需要清理的设施和人员。

（4）检查射击场地的后端，特别是在发射时，意外飞散可能造成的伤害。

2. 火箭橇准备

（1）对火箭橇进行检查、调试、安装、解锁。

（2）安放视频设备及高速摄像仪器。

3. 安装火箭发动机

（1）将发射体装入火箭橇。

（2）将火箭发动机的点火线路进行短路连接，使点火线路处于短路状态。

（3）检查人员进行最后的安全检查，工作人员全部撤离现场并进入掩体。

（4）检验点火线路，正常后，接入点火电源。

4. 点火发射

（1）检查点火程序系统，显示正常。

（2）检查数据采集系统,显示就绪。

（3）请示后,点火。

5. 数据采集处理

（1）射击后现场拍摄和记录人员进入现场收集并记录现场信息。现场记录包括:发射前和发射后现场仪器布置情况,火箭橇初始状态;发射后,飞行体落点位置,火箭橇变化情况等。

（2）试验数据一般包括:

① 压力—时间曲线,可用多通道压力传感器与记录器测量;

② 飞行体速度,可用640型雷达测试;

③ 摄录飞行体和火箭橇的高速动态视频;

④ 试验现场视频及照片;

⑤ 飞行体内放置的试验部件,如试验引信的过载部件等,其形状不同,安放要求也各异,需要详细记录、测量、录像等;

⑥ 记录点火具的参数,分点火具及总成点火具的电阻值等。

6. 射后清理结束工作

（1）拆出临时铺设的线路;

（2）清理现场,如靶板、废弃物等,需要时使用吊装设备;

（3）回收试验部件;

（4）特别注意检查飞行体的完整性及其飞散情况。

8.1.4 火箭橇试验靶道组成

火箭橇试验场主要由火箭橇、火箭滑轨、发射准备间、终点靶具、各测点布置仪器、准备工房、火箭发动机准备工房和测试实验室等组成,下面重点介绍火箭橇准备工房、火箭发动机准备工房和测试仪器室的设计要求。

1. 火箭橇准备工房

根据以往的经验,火箭橇准备工房工作有两个内容:一是检查维护火箭橇,使其处于正常的工作状态。有时可能更换零部件,甚至动用电焊等工具。二是往火箭橇上装火箭发动机,有时一个火箭橇上装8个助推火箭发动机,需要数千平方米场地和防爆吊装设备。视火箭发动机的装药危险等级确定火箭橇准备工房的危险等级。如果装填的是 NEPE 类推进剂的发动机,该火箭橇准备工房的危险等级应定为 1.2 级;如果装填的是丁羟、四组元(RDX、HMX≤18%)推进剂的发动机,则该火箭橇准备工房的危险等级应定为 1.3 级。工艺的设备选择、工程的结构、供电、供水、消防设施以及日常的管理,均应按相应的危险等级进行。如果使用液体推进剂的发动机,火箭橇准备工房的危险等级应按相应的安全规范另行确定。

火箭橇准备工房可划分两部分:危险等级部分和一般部分,两部分应用主墙隔开。

2. 火箭发动机准备工房

配用于火箭橇的火箭发动机,最好是"拿来就用",不要像正规发动机生产厂那样,还要进行装药装填等工作。这里进行的工作主要是检查,包括通电检查等,应设计检查平台,通电检查的建筑设施应提供"人机"隔离。需要进行保温的火箭发动机,应按试验要求设计相应的保温间。在试验场上应有单独的存放场地。火箭发动机准备工房的危险等级和相应的要求同火箭橇准备工房。

上述火箭橇发动机是指固体推进剂火箭发动机,如果使用液体推进剂火箭发动机,则其准备工房应另行单独设计。

3. 测试仪器室的设计要求

测试仪器室是安放测压、测速、测温、测振、视频以及程序控制系统等仪器的场所,应按其设计要求建设。如果火箭橇试验不单独设置靶场,附建在现有的试验场内,其测试仪器室可不单独建设,可利用现有的靶场仪器或增加相应的仪器进行测试。

8.1.5 火箭橇试验靶道设计方案

按上述测试要求,布置如图 8-2 所示火箭橇试验场方案。

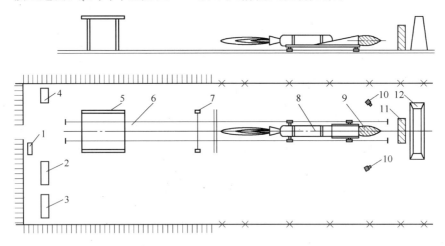

图 8-2 火箭橇试验场设计方案(立面图、平面图)

1—值班室;2—火箭橇准备工房;3—火箭发动机准备工房;4—控制、发射及测试仪器室;

5—发射准备平台;6—长度 3000~16000m 试验轨道;7—高速摄影机及高架;8—火箭橇上的火箭发动机;

9—火箭橇上的试验部件;10—高速摄影机室;11—靶板;12—挡飞行体和碎片设施。

双轨火箭橇上可以安装 40 只火箭发动机,马赫数可达 0.2~2.5,单轨火箭橇上可以安装 6 只火箭发动机,速度可达 $Ma0.7 \sim 2.2$。

目前,火箭橇试验场的占地,长度为 3000~16000m,宽度约为 20~50m。火箭橇终端距前方村庄的安全距离应大于 4000m,距后方村庄的安全距离应大于 700m,火箭橇轨道距两侧村庄安全距离应大于 800m,火箭橇轨道终端距两侧村庄安全距离,视试验产品的危险程度应为 800~6000m。

8.1.6 火箭橇试验场历史发生的问题和防范

我国某火箭橇轨道建设在洪水淹没区。设计审查时,专家提到了应考虑其不被淹没的可能性或被淹没后不会影响试验的问题。担心的事果然应验了,建成后不久就发生了两次洪水,图 8-3 所示为火箭橇轨道被淹没的情况。图 8-4 所示为未被淹没的情况。因为设计时按专家的意见考虑到了这一后果的出现,并采取了相应的应急措施,所以未造成重大损失。

图 8-3　某火箭橇全部场地淹没景象

图 8-4　火箭橇轨道

在建设火箭橇的过程中,一般是按使用者的意愿提出论证,之后进行立项、规划、安评、设计和建设。上述环节中,有时就事论事,缺少发展眼光,特别是轨道长度普遍没有预留发展空间,之后不久便发现轨道长度满足不了需求,预想加长有时不是一件容易的事,因为它牵连到试验场的整体方案,如某火箭撬的轨道后方210m处有一条通往城市的输电高压线,它是保护对象是否安全,需要专题研究。

8.2 平衡炮试验

8.2.1 概述

平衡炮是利用动量守恒原理,用火药能量将抛射体与平衡体同时抛出,出口动量相等,使发射时所受合力为0而不动的试验装置,用于设计研制的装置火炮。

平衡炮主要由主炮身、副炮身、架体、方向机、高低机、分离机构、对接机构、辅助机构等组成。平衡炮的口径有203mm、300mm、320mm、420mm等。某320mm平衡炮如图8-5所示,其平衡体如图8-6所示。

图8-5 平衡炮

图8-6 平衡体

某平衡炮身管长度为22m,全炮重约50t,最大膛压小于或等于360MPa,发射时膛内最大过载小于6000g,炮弹质量大于或等于500kg,初速大于或等于900m/s,平衡体质量2500kg,平衡体速度180m/s,高低射界0°～3°,方向射界±1°,半导体桥多点电点火形式,点火电源30A/30V和60A/30V,使用环境-20～50℃。装药双芳3-40/1,装药质量1000kg,火线高不大于1.5m。

在武器研制过程中,如子弹抛撒及飞行试验、侵彻性能试验、引信强度试验、引信发火性试验、引信爆点行程试验、子弹装药安定性试验等均可采用平衡炮进行。

8.2.2 平衡炮试验工艺及设施

平衡炮试验可分为六个阶段进行,即试验场地准备、平衡炮准备、平衡炮装药装填、平衡炮发射、数据采集处理和射后清理结束工作。

1. 试验场地准备

(1)安装与试验内容和要求相一致的试验靶架及靶板。

248

（2）检查射击场地前方落弹区、后方平衡体飞散区有无需要清理的设施和人员。

（3）检查射击场地的两侧设置警戒区的范围内有无需要清理的设施和人员。

（4）检查射击场地的后端阻挡和收集平衡体飞散的设施是否安全可靠及不造成平衡体损坏。

2. 平衡炮准备

（1）对平衡炮进行检查、调试、安装、装定高低角和方位角、固定平衡炮。

（2）放置测速靶架及靶网,测量弹丸或平衡体的两靶间距。

（3）安装压力传感器和应变片并与相连仪器统调。

（4）安放视频设备及高速摄像仪器。

（5）从药室处分离平衡炮身管到位。

（6）用标准样柱"过膛",之后用模拟弹丸和去除闭气环的平衡体分别从前后身管"过膛"检验。

（7）"过膛"检验正常后,装填弹丸和有闭气环的平衡体。

3. 平衡炮装药装填

（1）将发射装药的点火线路进行短路连接,使点火线路处于短路状态。

（2）将弹丸和平衡体装填入炮膛。

（3）将前后端装药分别放在输送机上装入炮膛。

（4）依靠运动工具将前后身管对齐。

（5）检查人员进行最后安全检查,工作人员全部撤离现场并进入掩体。

（6）检验点火线路,正常后,接入点火电源。

4. 平衡炮发射

（1）所有工作人员就位后,发出警报。

（2）现场指挥员发出口令后,炮手按下点火按钮,进行射击。

（3）出现点火异常,可在仪器回复正常后,15min 之外进行再一次点火。如果两次点火均未发射,30min 之后人员才可以走出掩体。

5. 数据采集与处理

（1）射击后现场拍摄和记录人员进入现场收集并记录现场信息。现场记录包括:射击前现场仪器布置情况、平衡体回收装置状态、身管及炮架初始状态;射击后弹丸落点位置、平衡体侵彻深度、身管及炮架位置变化情况等。

（2）试验数据一般包括:

① 身管压力—时间曲线。可用压力传感器与记录器测量。

② 最大膛内压力。用铜柱测压器测量。

③ 弹丸速度。可用 640 型雷达测试。

④ 弹丸初速。网靶及电子测速仪。

⑤ 摄录弹丸、平衡体和身管在射击过程的高速动态视频。

⑥ 身管应变—时间曲线。可用应变片与记录器测量。

⑦ 试验现场视频及照片。

⑧ 弹丸的记录。弹丸内装填的试验部件，如果试验引信的过载部件等形状不同，安放要求也异，需要详细记录、测量、录像等。

⑨ 记录平衡体的重量，损伤情况等。

⑩ 记录装药模块的种类、装药牌号、分模块装药量及总模块装药量。

⑪ 记录点火具的参数，点火药牌号、重量，分点火具及总成的点火具的电阻值等。

6. 射后清理结束工作

（1）检查、擦拭和覆盖平衡炮。

（2）清理测试靶架靶网。

（3）拆出临时铺设的线路等。

8.2.3　平衡炮试验场组成

1. 弹丸准备工房

视试验的项目内容和要求的不同，弹丸准备工房的设计也不同。根据以往的经验来看，可分为两种情况：一种是具有爆炸危险性的弹丸准备工房，适用于弹丸内装有爆炸性物质的，设防危险等级为 1.2 或 B 级，考虑其药量一般不超过 50kg 炸药，也可以按"小药量安全规范"危险等级为 Bx 进行设计；另一种是非危险性弹丸准备工房，适用于弹丸内没有装爆炸性物质的，具体可参见本书弹药准备工房的设计。

2. 装药准备工房

可以设计一座 2000kg（可燃装药模块 36 个，可消失模块 24 个，按打一备一）的发射装药及电点火具危险等级为 C_2 级的装药准备工房。工房内设有发射药准备间、称量间、保温间及其相应辅助间等。工房长度可为 36m，宽度可为 9m。如果平衡炮试验不单独设置靶场，可附建在现有的试验场内，利用现有弹药准备工房。

3. 平衡体准备工房

平衡体准备工房有效尺寸可以设计为长度 12m，宽度 9m。在房间的中间设计一个检验平台，供检验测量不同平衡体的尺寸、重量和外形等，该工房需设计吊装设施。

4. 测试仪器室

测试仪器室用于安放测压、测速、测温、测振及视频等仪器，并按其测试项目要求建设。如果平衡炮试验不单独设置靶场，附建在现有的试验场内，其测试仪器室可不单独建设，可利用现有的靶场仪器或增加相应的仪器进行测试。

8.2.4　平衡炮试验场设计方案

按上述测试要求布置如图8-7所示平衡炮试验方案。

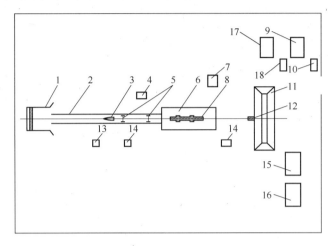

图8-7　平衡炮试验场设计方案

1—挡弹堡;2—长度150~400m试验靶道;3—飞行弹丸;4—雷达测速仪;5—测速靶;

6—发射平台;7—发射人员掩体;8—平衡炮;9—测试仪器室;10—值班室;11—防护挡土墙;

12—平衡体;13—高速摄影机室(1);14—高速摄影机室(2);15—弹药准备间;16—存放间;17—动力间;18—工作间。

平衡炮试验靶场的长度约为900m,宽度约为500m。平衡炮位距前方村庄距离应大于3000m,距后方村庄距离应大于800m,距两侧村庄距离应大于600m。

例如,某平衡炮位设置在中国历史文化名城和重点风景名胜区城市的郊区,射向从东向西,靶道长度370m。炮位后端距景点大门3100m,右后方距二级公路703m,左后方距某村650m,右前方距某村2500m,符合规范要求。

8.2.5　历史发生的问题和受到的启发

平衡炮试验射角都很小,如果前方未设挡弹措施,炮弹落地后几乎都跳飞,所以有些试验场产生跳弹的问题没有归零。因此,试验存在的最大问题是跳弹问题,有的试验场跳弹飞出场外2km、3km甚至跳飞6km之远,造成危害。从建设的角度考虑,应按试验条件要求,结合试验场的实际条件专题讨论跳弹的防护措施。

8.3　高速炮试验

8.3.1　概述

高速炮按大类划分包括很多种,如火药高速炮、电磁轨道炮、电热化学炮、复合增速炮等,本节主要介绍火药高速炮。

以火药为能源,以火炮系统各部件或分系统综合优化设计获得的高初速的火炮,称为高速炮,它也可作为试验装置用。

高速炮可用于不同弹径、弹速、弹重的弹丸及其破片,进行飞行试验及对各种防护材质的防护和野战工事的防护能力侵彻破坏效应试验与研究。

高速炮的口径,根据试验弹丸口径的需要和我国的火炮实际情况选择,一般有30mm、85mm、100mm、120mm、130mm、152mm和155mm等多种。

目前,高速炮的炮架有固定式和牵引式两种。有的适用于室外,有的可安置在室内射击。

高速炮主要由炮管(炮管有的用三段连接)、炮尾、防危板、驻退机、复进机、摇架、托架和固定架等组成。下面举三个高速炮的例子。

1. 120mm 高速炮

120mm 高速炮的弹丸行程6m,身管长度6.75m,最大装药量12kg。发射弹丸质量为7.08kg时,弹丸初速大于或等于1800m/s;发射弹丸质量为15kg时,弹丸初速大于或等于950m/s。最大平均膛压530MPa。其外貌如图8-8所示。

图 8-8　120mm 高速炮外貌

2. 某大口径滑膛高速炮

某大口径滑膛高速炮身管长度为23m,弹丸在炮膛内行程为21m,药室容积52dm^2,战斗状态全炮重约23t,火炮的最大后坐长不大于1.44m,最大膛压小于或等于350MPa,发射时膛内最大过载系数8000g,炮弹质量最大65kg,初速大于或等于(1200±30)m/s,高低射界0°,方向射界0°,火炮采用远控电击发射击,半导体桥多点电点火形式,点火电源30A/30V和60A/30V,发射装药为双芳-3-44/1,装药质量38kg,火线高1280mm,采用固定式炮架时,其火线高为800m,极限后坐长1350mm,最大抗力小于或等于60t,三气室冲击反冲式炮口制退器。适应环境温度-30~50℃、湿度5%~85%RH,外形尺寸23400mm×2440mm×1850mm。

采用手动式横楔式炮闩,操作方便。

3. 30mm 三药室高速炮

三药室高速炮主要由炮管、炮尾、驻退机、复进机、炮架等组成。三药室由 1 个 35mm 主药室和 2 个 25mm 辅助药室构成,弹丸行程 6m。30mm 高速炮的外貌如图 8-9 所示。

单药室工作时,发射弹丸的质量为 0.354kg,弹丸初速大于或等于 1100m/s;三药室工作时,发射弹丸的质量为 0.354kg,弹丸初速大于或等于 1600m/s。最大平均膛压 350MPa。

图 8-9　30mm 三药室高速炮

8.3.2　高速炮试验工艺及设施

高速炮试验可分为六个阶段进行,即试验场地准备、高速炮准备、高速炮装药装填、高速炮发射、数据采集处理和射后结束工作。

1. 试验场地(露天)准备

(1)安装与试验内容和要求相一致的试验靶架及靶板。

(2)检查射击场地前方落弹区、后方飞散区有无需要清理的设施和人员。

(3)检查射击场地的两侧设置警戒区的范围内有无需要清理的设施和人员。

2. 高速炮准备

(1)对高速炮进行检查、调试、安装、装定高低角和方位角、固定高速炮。

(2)放置测速靶架及靶网,测量弹丸速度的两靶间距。

(3)安装压力传感器和应变片并与相连仪器统调。

(4)安放视频设备及高速摄像仪器。

(5)用标准样柱"过膛",进行身管检验。

(6)"过膛"检验正常后,装填弹丸。

3. 高速炮装药装填

(1)将发射装药的点火线路进行短路连接,使点火线路处于短路状态。

（2）将弹丸装填入弹膛。

（3）将装药装入炮膛。

（4）检查人员进行最后安全检查，工作人员全部撤离现场并进入掩体。

（5）检验点火线路，正常后，接入点火电源。

4. 高速炮发射

（1）所有工作人员就位后，发出警报。

（2）现场指挥员发出口令后，炮手按下点火按钮，进行射击。

（3）出现点火异常，可在仪器回复正常后，15min 之外进行再一次点火。如两次点火均未发射，30min 之后人员才可以走近火炮。

5. 数据采集处理

（1）射击后现场拍摄和记录人员进入现场收集并记录现场信息。现场记录包括：射击前现场仪器布置情况、身管及炮架初始状态；射击后弹丸落点位置及侵彻深度、身管及炮架位置变化情况等。

（2）测试数据一般包括：

① 身管压力—时间曲线。可用压力传感器与记录仪器测量。

② 最大膛内压力。用铜柱测压器测量。

③ 弹丸速度。可用 640 型雷达测试。

④ 弹丸初速。网靶及电子测速仪。

⑤ 摄录弹丸和身管在射击过程的高速动态视频。

⑥ 身管应变—时间曲线。可用应变片与记录仪器测量。

⑦ 试验现场视频及照片。

⑧ 弹丸的记录。弹丸内装填的试验部件，如果试验引信的过载部件等形状不同，安放要求也异，需要详细记录、测量、录像等。

⑨ 记录装药模块的种类，装药牌号、分模块装药量及总模块装药量。

⑩ 记录点火具的参数，点火药牌号、重量，分点火具及总成的点火具的电阻值等。

6. 射后结束工作

（1）检查、擦拭和覆盖高速炮。

（2）清理测试靶架靶网。

（3）拆出临时铺设的线路等。

（4）填写资料。

8.3.3 高速炮试验场组成及要求

高速炮试验场一般由以下建筑物和构筑物组成，并给出部分参考数据。

（1）高速炮试验靶道。长度视试验项目而定，一般为 200~1000m。

（2）试验平台。一般长度30m，宽度5m。

（3）挡弹堡。深度15m，宽度6m，高度8m。试验得知，发射装药为38kg，弹丸重为64.7kg时，对中等硬度土侵彻深度为4559mm。挡弹堡的设计深度可取为试验深度的3~5倍。

（4）装药准备工房。该工房包括：①发射装药及电点火具的准备。设计计算药量为1000kg（按打一备一）的发射装药及相应数量的电点火具的准备间，即发射药准备间、称量间、保温间及其相应辅助间等。

②弹丸的准备。视试验的项目内容和要求的不同，弹丸准备也不同，根据以往的经验可分为两种情况：一种是危险性弹丸准备，适用于弹丸内装有爆炸性物质的，考虑其药量一般一次使用不超过50kgTNT当量炸药；另一种是非危险性弹丸准备。

弹丸和发射装药的工房准备间可以合并设计，危险等级可以按B级设计。工房长度可为36m，宽度可为9m。

如果高速炮试验不单独设置靶场，可附建在现有的试验场内，并利用现有弹药准备工房。

（5）测试实验室。测试实验室用于安放测压、测速、测温、测振及视频等仪器，并按其设计要求建设。如果高速炮试验不单独设置靶场，附建在现有的试验场内，其测试实验室可不单独建设，可利用现有的靶场仪器或增加相应的仪器进行测试。

（6）高速摄影室。

（7）炮手（发射人员）掩体。

（8）弹药保温间。

（9）靶具库。

（10）办公室、值班室。

8.3.4　高速炮试验场设计方案

按上述测试要求，布置如图8-10所示的地面高速炮试验方案。某些高速炮试验也可以在地下试验场或室内式试验场进行。

高速炮试验靶场的长度约为700m，宽度约为300m。

高速炮位距前方村庄距离宜大于5000m，距后方村庄距离应大于700m，距两侧村庄距离应大于800m。

8.3.5　事故案例和防范措施

事故案例：某低过载高初速模拟发射装置试验时发生燃爆

发生事故的时间　　2007年9月25日

发生事故的地点　　某靶场炮位

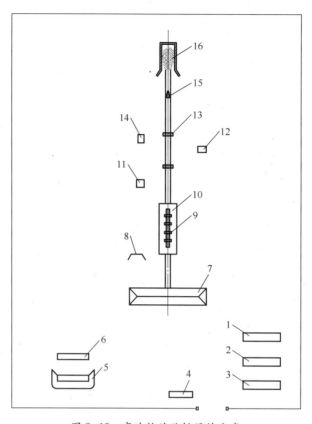

图 8-10　高速炮试验场设计方案

1—靶具库房；2—供水、供电、供暖等设施；3—办公室；4—值班室；5—弹药保温间；
6—装药准备工房；7—防护挡土墙；8—发射人员掩体；9—高速炮；10—发射平台；
11,14—高速摄影机室；12—雷达测速仪；13—测速靶；15—飞行弹丸；16—挡弹堡。

事故性质　　　　　　责任事故

事故主要原因分析　　装药留膛时间长、温度高

危险程度　　　　　　4 人死亡,3 人受伤

1）事故概况和经过

2007 年 9 月 25 日,某靶场某低过载高初速模拟发射装置试验时发生燃爆事故,低过载高初速模拟发射装置示意如图 8-11 所示,事故后现场示意如图 8-12 所示。当天计划试验 4 发,9 时试验了第一发,10 时试验了第二发,10 时 50 分正在进行第四发试验,在第四个药包装入药室内尚未关栓时,装药发生燃爆,高温高压火药气体从炮尾喷出,导致当场 3 人死亡,1 人重伤(2007 年 10 月 4 日死亡),3 人轻伤。

2）分析

专家组分析结论:经过认真分析,专家组一致认为,本次事故的主要原因很可

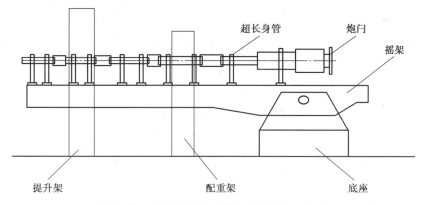

图 8-11　低过载高初速模拟发射装置示意图

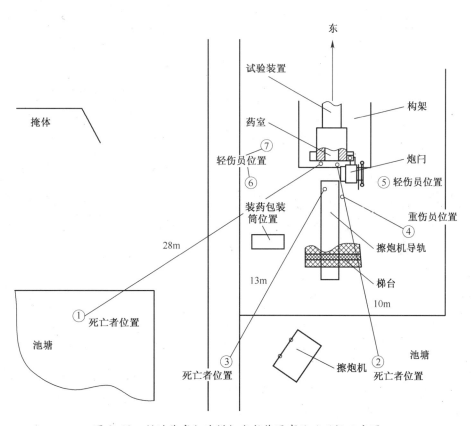

图 8-12　低过载高初速模拟发射装置事故后现场示意图

能是在连续试验条件下,高温高压火药气体造成试验装置药室热量积累,温度达到了发射装药(含点火药头、点火药、发射药及包装物等)的发火点温度引起药室内发射装药燃爆。专家组的意见无疑是客观的。可以用10个字来概括其事故原因:"装药留膛时间长温度高"。要想再进一步分析:前三发装药燃烧后转变成什么形式的热源;什么形式热源点燃了装药;是先点燃了点火药,还是先点燃了发射药或点火药头甚至包装物。这些问题分析起来可能主观成分多,很难说服人。最好的办法就是通过同样的条件进行验证试验,得到数据(证据)。

3)防范措施

(1)加强科研试验的管理,规定试验时炮弹装药留膛时间和允许温度,并认真执行。

(2)进一步提高试验人员的安全防范意识,试验时炮尾后不应或尽量少站人。

8.4 弹道炮试验

8.4.1 概述

弹道炮是以满足生产、安全、测试和经济为目的,在型号研制、新装药和新火药的研制以及火炮系统在试验与装备使用过程中事故的诊断等方面,与原装火炮设计要求和制式火炮结构上不完全相同。

用于进行内弹道试验的移装炮,如果把坦克炮的炮身、自行火炮的炮身或迫击炮的炮身、舰炮的炮身、航空机关炮的炮身移装到专用的固定的炮架上或地炮的炮架上,代替原装火炮进行射击试验;用于验收原装火炮配用的各种形式的炮弹、发射装药、药筒、发射药、底火和引信等,其特点是与原装火炮的内弹道性能一致,弹道炮的高低机和方向机应具有能改变需要的俯仰角度射击及方向角度射击的功能,便于装填炮弹。

在火炮的生产过程中,如交验坦克炮、舰炮、航空机关炮等均可采用弹道炮进行。在弹药的生产过程中,如交验榴弹、破甲弹、穿甲弹及其配用的引信、底火、发射装药等均可采用弹道炮进行。

目前,弹道炮结构有三种形式:第一种是把试验的火炮炮身,移装在专用的固定式炮架上,如坦克炮的炮身或自行火炮的炮身移装在专用的固定式的炮架上,如图8-13所示。

第二是将炮身移装到地面炮的炮架上,图8-14所示为105mm坦克炮移装在122mm榴弹炮的炮架上的实例。

如图8-15所示为82mm迫击炮的炮身移装在105mm榴弹炮的炮架上例子。

82mm迫击炮是撞击发火机构,需要改装为拉发机构。改用在什么形式的地面炮炮架上,需要进行论证和力学计算。选用的炮架应能满足三个条件:一是炮架能承受移装炮的最大后坐力(如105mm坦克炮的后坐力为36t);二是操作简单运输方便;三是价格可以接受。

第三形式的弹道炮可以直接用同口径的火炮进行弹药试验,如122mm自行榴

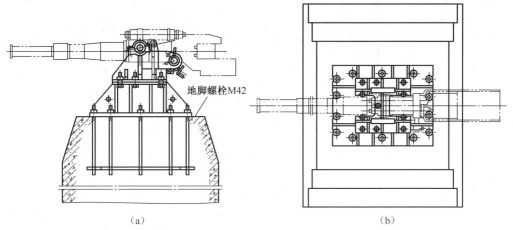

图 8-13　125mm 坦克弹道炮试验炮架

（a）立面图；（b）平面图。

图 8-14　105mm 坦克炮身的弹道炮

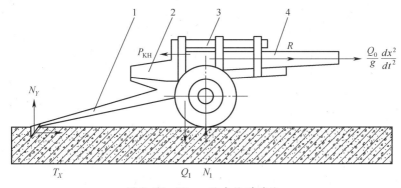

图 8-15　82mm 迫击炮弹道炮

1—原炮炮架；2—新增拉发机构；3—原炮驻退复进机；4—更换后的 82mm 迫击炮炮身。

道炮配用炮弹可用同口径的 Д-30 型地炮进行弹药试验,试验和使用方便。

弹道炮不是制式火炮,也没有现成的商品弹道炮可以选用。用户需要提出要求,请设计单位设计制造。图 8-16 所示为一门坦克炮身移装到 122mm 榴弹炮炮架上的弹道炮。图 8-17 所示为一门 105mm 坦克炮身移装到 122mm 加农炮炮架上的弹道炮。

图 8-16　某坦克炮身移装到 122mm 榴弹炮炮架上的弹道炮

图 8-17　105mm 坦克炮身移装到 122mm 加农炮炮架上的弹道炮

用弹道炮代替坦克炮、自行火炮、迫击炮、舰炮、航空机关炮等原装火炮的炮架进行试验的意义和条件:

(1) 验收标准一致。验收炮弹的部分项目,验收发射药、发射装药、药筒、底火和引信项目,诸如炮口保险、发火性、弹道安全性和强度等,因为它们只与内弹道(初速和膛压)有关,与使用什么炮架无关,因而可以用弹道炮进行验收试验,不存在影响验收的问题;验收舰炮、航炮的试验项目如膛压、自动机构的灵活性可靠性等,验收使用的炮架与舰上、机上实际使用的炮架基本一致,不影响检验效果。

(2) 使用方便。使用坦克、自行火炮试验炮弹,受空间限制,需要从炮塔顶部的窗口往坦克内运送炮弹,自行火炮要从后门往车内运送炮弹,不但不方便而且装填有时是实弹(即弹丸上装的是真引信和装填的炸药弹丸)有一定危险性;舰炮、航炮的弹药试验不可能把军舰、飞机开进陆地的试验场进行试验;迫击炮的弹道炮可以改为水平进行射击,上述试验均可以采用弹道炮进行射击试验,装填、射击空间不受限制,操作方便。

(3) 炮架应具备的条件,如拟将 105mm 坦克炮移装到 130mm 加农炮的炮架上改造成为 105mm 坦克炮弹道炮,是否可行? 从受力的角度来看,分析如下:

据了解 105mm 坦克炮的后坐力约为 360kN,130mm 加农炮的炮架可以承受 357200N 的后坐力,大架屈服点安全系数为 2.43 倍以上,所以利用 130mm 加农炮的炮架其强度估算是可行的;如果设计专用炮架技术上也不成问题,但需要单独计算、设计、制造和验证工作等。

(4) 需具备场地条件。在试验场使用坦克、自行火炮需建设专用的炮位、道路和油料库房等,此外,坦克、自行火炮开往试验场的地方道路路面、桥梁吨位都应适应。

（5）需具备管理条件。对工厂的试验场来说，驾驶、维修、保养坦克、自行火炮都需设置专用场地和专门人员。

（6）经济意义。坦克一辆价值近百万元，而弹道炮或专用固定式弹道炮仅需几万元到几十万元，并且维修、保养方便。

弹道炮与弹道枪的含义不同，每种枪弹均配有弹道枪，它是弹道试验的工具，分为测速枪和测压枪等。

8.4.2 弹道炮试验靶道的组成

研制过程的弹道炮，需要进行靶场试验，这样的靶场需要具备以下的条件，通常由以下建筑物和构筑物组成，视试验火炮品种的不同，其差别也较大，以迫击炮弹道炮试验为例，其组成为：

（1）迫击炮弹道炮试验的靶道一条，长度 150~200m，宽度 30m；

（2）迫击炮弹道炮试验炮位一座，射角±5°，方位角±3°；

（3）炮位炮手掩体 1~3 个；

（4）炮位弹药掩体 1 个；

（5）挡弹堡一座；

（6）火炮准备工房 1 栋；

（7）弹药准备工房 1 栋；

（8）测试仪器室 1 栋；

（9）公用性建筑有办公室、供电、供水、供汽等。

8.4.3 迫击炮弹道炮的选型和强度计算

某制式迫击炮最小射角为 45°，最大射角为 85°，按这一要求，无论是试验迫击炮还是其弹药，都需要具有一个几千米长和几百米宽的试验靶场，需要解决占用大面积场地的问题。在这方面中国的靶场设计者进行过专题研究，有自己的经验，如在靶场检验迫击炮弹装药试验时，我国不使用大角度射击，而改为水平角度射击，即通常不使用制式迫击炮，而是采用弹道炮。

作者给一个单位利用美国 105mm 榴弹炮的炮架改装成迫击炮弹道炮的实际计算的例子，介绍如下：

火炮后坐阻力 R 值是计算火炮零部件强度的依据，也是计算发射炮位强度和稳定性的主要依据。R 值的大小在火炮计算书中可以查到，然而对非国产的火炮就困难了，需要单独进行 R 值的计算。如果按火炮理论计算 R 值，需要知道驻退机和复进机的结构诸元，而且计算相当繁琐，一时难得出结果。鉴于炮位设计属于工程设计，可以概略地计算得到 R 值。

在我国尚有美国 M2A1 式 105mm 榴弹炮和 M102 式 105mm 榴弹炮可供选择，后者较前者在结构上有较大的变化，可以利用旧有的 M2A1 式 105mm 榴弹炮炮架改装成迫击炮弹道炮。

105mm 榴弹炮炮架是一种弹性炮架，即后坐力 P_{KN} 不直接作用于炮架上，而是通过中间的驻退机和复进机再传到炮架上。P_{KN} 的最大值常达到数百千牛到数千千牛，而最后传到炮架上的力则只有几十千牛到几百千牛，可见，绝大部分的 P_{KN} 被驻退机和复进机吸收了。

火炮发射时，炮身后坐而炮架基本保持不动（在极限稳定角范围内），即发射时炮架处于平衡状态，此时的火炮及炮位作用力如图 8-15 所示。

取火炮为自由体时，按力学平衡关系得

$$\sum X = \left(P_{KN} - \frac{Q_0}{g} \frac{dx^2}{dt^2} \right) \cos\varphi - T_x = 0 \tag{8-1}$$

$$\sum Y = N_1 - N_y - \left(P_{KN} - \frac{Q_0}{g} \frac{dx^2}{dt^2} \right) \sin\varphi - Q_1 = 0 \tag{8-2}$$

$$\sum M_c = P_{KN}(e + h) - \frac{Q_0}{g} \frac{dx^2}{dt^2} h - Q_1 D + N_1 L = 0 \tag{8-3}$$

式中：P_{KN} 为火炮后坐力（10N）；e 为炮膛轴线与后坐部分重心间距（m）；$\frac{Q_0}{g} \frac{dx^2}{dt^2}$ 为后坐部分惯性力；Q_0 为后坐部分质量（kg）；Q_1 为火炮战斗部分质量（kg），105mm 榴弹炮为 1930kg；h 为火线高（mm），105mm 榴弹炮为 1310mm；D 为火炮重心距驻锄支点的距离（mm），105mm 榴弹炮为 3200mm；L 为车轮轴线距驻锄支点的距离（mm）；N_1 为炮位地面对车轮的垂直反作用力（10N）；N_y 为炮位地面对驻锄支点的垂直反作用力（10N）；T_x 为炮位地面对驻锄支点的水平反作用力（10N）。

取后坐部分为自由体时，则得

$$\frac{Q_0}{g} \frac{dx^2}{dt^2} = P_{KN} - R \tag{8-4}$$

将式（8-1）~式（8-3）分别代入式（8-4）时则得

$$R\cos\varphi - T_x = 0 \tag{8-5}$$

$$N_1 - N_y - R\sin\varphi - Q_1 = 0 \tag{8-6}$$

$$P_{KN}e + Rh - Q_1 D + N_1 L = 0 \tag{8-7}$$

检验装药内弹道性能时，一般均赋予火炮射角 $\varphi = 0$，则式（8-5）、式（8-6）可变成

$$R = T_x \tag{8-8}$$

$$N_1 - N_y = Q_1 \tag{8-9}$$

又车轮不离开地面的极限条件为 $N_1 = 0$,则式(8-7)可写成

$$R = \frac{Q_1D - P_{KN}e}{h}$$

e 值很小,可以忽略不计,则

$$R = \frac{Q_1D}{h} \tag{8-10}$$

将已知数据代入式(8-10),则得

$$R = \frac{1930 \times 3200}{1310} = 47150(\text{N})$$

取为 50000N。

前已述及,上述计算方法是概略的,为保险起见还可以进行验算。验算公式为

$$T_x = 35 \sim 45S(\text{N}) \tag{8-11}$$

式中:S 为夏用驻锄的面积(cm^2)。

夏用驻锄受力的面积如图 8-18 所示。

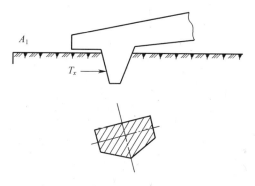

图 8-18　夏用驻锄受力面积示意图

验算方法是先测量 105mm 榴弹炮夏用驻锄受力面积,量得其宽度和高度,宽度为 48cm,高度为 26cm,面积为 1248cm²。把计算的面积代入式(8-11)后,得 T_x = 43680~56160N,验证数值基本上与计算数值一致,认为计算数据可靠。计算炮位受力时应只考虑一支驻锄的受力面积,因为野战情况下有可能只是一支驻锄承受 R 值,即应采用最大的计算值。如果设计选用 76.2mm 野炮、85mm 野炮或 122mm 榴弹炮的炮架,就不必计算 R 值,其 R 值可以从火炮的计算书中查得,但作者不推荐采用上述炮架,因为使用不方便。

8.4.4　弹道炮试验靶道的设计方案

经过选型、设计和制造的迫击炮弹道炮,试验后,就可以在对迫击炮装药鉴定中使用了,其试验方案见 3.2.2 节方案。

弹道炮试验靶道的位置和外部距离在现行的"安全规范"中没有规定,按没有规定即"自由"的原则,作者建议将这类靶道建设在企业之内的角落处或地下。但还应考虑环境噪声的危害、射击产生的烟尘排除和运输方便等。

8.4.5　事故案例及防范措施

事故案例1:37mm 航空机关炮弹道炮试验膛炸

发生事故的时间　　1961 年

发生事故地点　　　靶场炮位

事故性质　　　　　责任事故

事故类别　　　　　火药爆炸(按我国有关管理部门规定划分,下同)

主要原因分析　　　设备、工具、附件有缺陷

伤亡人数　　　　　轻伤 1 人

1）事故概况和经过

37mm 航空机关炮弹道炮在运往试验场进行弹道试验中,由于长途运输,弹道炮上遍布尘土,到场后进行了拆卸、清洗和重装配。射击时,膛内发生爆燃,将航炮炸坏,1 名射手受轻伤。

2）原因分析

重装配炮尾时,错转了角度,未使炮管与炮尾处于完全齿合(断口螺)状态。射击时,炮管与炮尾在发射装药的高压气体作用下分离。

3）经验教训和防范措施

（1）重装配火炮后,应按操作规程进行检验,符合规定方可进行射击试验。

（2）射击时,应做到人炮防护隔离。

（3）炮管与炮尾的连接结构宜标示到位。

事故案例2:30mm 航空机关炮弹道炮试验膛炸

发生事故的时间　　1972 年

发生事故地点　　　某靶场长廊炮位

事故性质　　　　　责任事故

事故类别　　　　　火药爆炸

主要原因分析　　　违反操作规程

伤亡人数　　　　　有引起伤亡的可能

1）事故概况和经过

用 30mm 航空机关炮弹道炮在进行标准弹的弹道试验时,射手用校靶镜瞄准测速的线圈靶后,忘记取下校靶镜,射击后发生膛炸。

炮管的口部处被炸裂 150~200mm;弹丸被卡在膛内;校靶镜被抛出 18m 远。因为使用的是弹道炮,其管壁较厚,尾部未被炸裂,幸未伤到炮手。

264

2）原因分析

装填前未检查炮膛,瞄准后未取下校靶镜,致使射击后,由于校靶镜受阻,膛压陡升,弹丸受阻处炮管被炸裂。

3）经验教训和防范措施

（1）通过校靶镜校靶的试验,应规定射前取下校靶镜的具体岗位人员,并应有人员复查。

（2）射击装填前,应检查炮膛,无异物时方可装填弹药。

8.5　飞行体弹射试验

8.5.1　概述

飞行体弹射试验场是用燃气发生器产生的压力将飞行体弹射出发射筒的试验,模拟弹射和易碎盖破碎试验。被弹射的类似飞行体外貌如图8-19所示。

8.5.2　弹射试验场组成

在弹射试验场上,举例设有下述建筑:

（1）总装配工房。一般设计两个以上的产品操作位置及多品种存放位置,长度宜为120m,宽度宜为16m,依据吊装的产品重量选择吊车,最大药量可按复合推进剂5t设计,工房危险等级为B级。

（2）装药准备工房。最大药量可按复合推进剂5t设计,工房危险等级为C_2级。

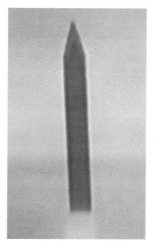

图8-19　被弹射的类似飞行体的外貌

（3）药库供存放双基推进剂、复合推进剂、点火具、黑火药等危险品。这些危险品宜按不同品种分间存放,成品单独存放,危险等级划分前者可按C_2级,后者可按B_X级。

（4）测试仪器室。用于数据采集和处理。

（5）常温弹射试验位。进行飞行体常温弹射试验。

（6）高低温弹射试验位。进行飞行体高低温弹射试验。

（7）推力试验台。进行燃气发生器及发动机推力试验,可按200kN推力进行推力台设计。

（8）飞行体准备工房;

（9）飞行体弹射落区;

（10）办公室；

（11）值班室或岗哨；

（12）供电、供气、供水、供暖等设施。

8.5.3 弹射试验工艺

弹射试验可分为六个阶段进行，即试验场地准备、发射筒和弹射体的准备、弹射装药装填、弹射、数据采集处理和弹射后清理结束工作。

1. 试验场地准备

（1）安装与试验内容和要求相一致的弹射设施。

（2）检查射击场地前方落弹区有无需要清理的弹射体和人员。

（3）检查射击场地的两侧和后方设置警戒区的范围内有无需要清理的设施及人员。

2. 发射筒和弹射体准备

（1）对发射装置进行检查、调试、安装、装定高低角和方位角、固定发射装置和装填弹射体。

（2）安装传感器等测试设备并与相连仪器统调。

（3）安放视频设备及高速摄像仪器。

3. 发射筒装药装填

（1）将发射装药的点火线路进行短路连接，使点火线路处于短路状态。

（2）将气体发生器和飞行体装填入发射器。

（3）检查人员进行最后安全检查，工作人员全部撤离现场并进入掩体。

（4）检验点火线路，正常后，接入点火电源。

4. 数据采集处理

现场记录包括：发射前现场仪器布置情况、弹射体回收场地状态、发射管及发射架初始状态；弹射后弹射体落点位置、侵彻情况、发射管及发射架位置变化情况等。

5. 射后清理结束工作

（1）吊出发射装置需要时并进行检查和擦拭。

（2）清理落弹区，移除飞行体。

（3）撤出临时设置的测试仪器。

（4）填写资料。

8.5.4 弹射试验场设计方案

按上述测试要求，飞行体弹射试验场方案布置如图 8-20 所示。

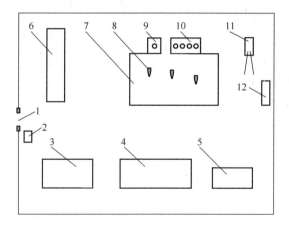

图 8-20　飞行体弹射试验场方案

1—大门;2—值班室;3—测试及办公楼;4—总装配工房;5—后勤保障工房;
6—装药装配工房及库房;7—飞行体软着陆场地;8—弹出的飞行体;9—高温弹射试验位;
10—常温弹射试验位;11—推力试验台;12—飞行体准备工房。

8.6　电磁轨道炮试验

8.6.1　概述

电磁轨道炮是利用强大电流产生的磁场加速两条导轨之间的滑动金属导体或电枢来推动发射体产生超高速运动的装置。它是用电能代替化学能(如火药药包装药)来发射弹丸。20世纪70年代初,试验已经可使10g的弹丸获得5.9km/s的速度。80年代研究出多种发射方式,其中导轨加速器的工作原理如图8-21所示。两条导轨和弹丸构成电流回路。导轨间因电流产生的磁场对通电流的弹丸施以推力,使弹丸向前运动。电磁轨道炮的优点:①初速大,利于提高穿甲威力和命中率,适于高速拦截射击。②不用发射药,费效比小,发射时声音小,无光,无烟尘,无冲击波,发射阵地不易暴露。③发射中加速均匀,过载峰值低,因此弹丸各部的惯性应力较小。

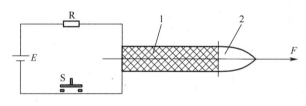

图 8-21　电磁轨道炮工作原理

RES—储能器;1—导轨;2—弹丸。

研究中的技术关键是储能器庞大,机动性差,电流大,导轨电火花烧蚀严重。

据报道,美国海军最初研制电磁轨道炮的目的是作为海上火力的支援武器,但随后又提出用于防御反舰巡航导弹和反舰弹道导弹。

美国海军早期建造的两门演示样炮分别由 BAE 系统公司和通用原子能公司研制,如图 8-22 和图 8-23 所示。

图 8-22　BAE 系统公司研制的
电磁轨道炮样炮

图 8-23　通用原子能公司研制的
电磁轨道炮样炮

2014 年 4 月,美国海军宣布 2016 年暂时将电磁轨道炮样炮安装在海军联合高速舰上进行海上试验。图 8-24 所示为安装在海军联合高速舰上的演示样炮。

图 8-24　安装在海军联合高速舰上的演示样炮

图 8-25 所示为 127mm 舰炮、155mm 舰炮和电磁导轨炮配用的超高速弹丸发射组件。

据报道,2015 年美国通用原子能公司(General Atomics)为美国海军 3 艘 DDG1000 型隐身驱逐舰研制的电磁轨道炮,已完成原型炮。一座动力为 32MW 的电磁轨道炮正在转运室外试验场进行试验。1 月 31 日试验,将 10kg 的弹丸加速到声速的 7 倍(相当于 2500m/s),炮弹主要在大气层内(200km)飞行,飞行 6min 后,成功击中 200n mile(360km)外的金属目标,击中目标速度可达声速的 5 倍,炮弹发射能量为 1068 万 J。弹药从 0 加速到 2.1 万 km/h,只需 0.5s,配备卫星定位系统,

127mm兼容使用超高速弹丸

155mm兼容使用超高速弹丸

电磁导轨炮兼容使用超高速弹丸

图8-25　超高速弹丸发射组件

可最大限度地准确锁定目标,误差不超过5m。该炮是一款远距离攻击武器,它使用电力来推进炮弹飞行,而不是传统的火药动能。已完成炮口动能达到10MJ(1W电能的能量被定义为1J),进行了33MJ电炮的发射测试,最终要达到64MJ、射程350km的结果。2015年8月12日,据美国海军新闻局引用的材料称,上述2门样炮设计炮口动能达20～32MJ,发射弹丸的射程达92.6～185.2km。

8.6.2　电磁轨道炮的研制和试验

从国内外研制电磁轨道炮的经验来看,研制电磁轨道炮的工程建设试验可分为三个阶段:①前期实验室工作;②室内靶道试验;③室外靶场试验。

前期实验室实验阶段,可以建设一条室内式实验靶道,主要解决一些理论和方案性问题,示意如图8-26所示。

室内靶道实验主要解决在一定的弹重和初速情况下发射能源、发射装置和轨道问题,室内回收弹丸我国有比较成熟的经验,技术上没有太大的问题。

按上述的想法,可设想设计一条长度为40～80m,截面积为(2.5～4.0m)×(2.5～4.0m)的室内式实验靶道,截面积可以是方矩形的也可以是圆形的,视测试和工作方便而定。按功能靶道可分为三段:前段(与炮身连接段)、中段(试验段)和终段(阻尼吸收段)。从工程设计的角度考虑,前段设计主要是解决炮口动能问题,中段主要是配合测试要求合理布置安装测试仪器及如何解决测试方法问题,终段设计主要是选好阻尼材质,解决有效吸收弹丸能量和便于收集弹丸的问题。

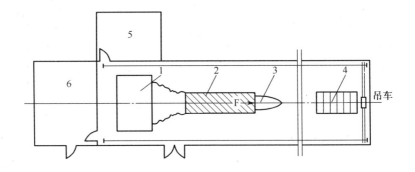

图 8-26　室内式电磁轨道炮实验靶道示意图

1—发射能源装置;2—电磁轨道炮发射装置;3—弹丸;4—弹丸回收装置;

5—电源动力间;6—控制及数据处理室。

在完成室内的靶道实验后,将进行室外的靶场试验,选择新的发射场。

8.7　轻气炮试验

8.7.1　概述

轻气炮(light gas gun)是以火药、压缩气体或电为能源,以轻质气体为工质进行发射,以获得高初速的装置。某些国家把它称为气体炮(gas gun)并定义是以气体为能源的高速冲击加载装置。可用它来加速试样或模型,使其加速度达到重过载(g)的 2400 倍。闭式气体炮试样安装在一个活塞上,气体压力使该活塞沿炮管加速。开式气体炮试样可以安装在弹丸(发射载体)上,轻气炮具有发射高速弹丸的能力,可以在弹丸与靶碰撞时产生兆帕级至吉帕级的压力,发射时可以使冲击加速度达 200000g,有关冲击试验器的特性见表 8-2,轻气炮是研究飞行体在高压动态下可靠性的一种试验装置。图 8-27 所示为某研究所的一门 130mm 轻气炮外貌。图 8-28 所示为某大学的一门 120mm 轻气炮外貌。

图 8-27　130mm 轻气炮外貌

图 8-28　120mm 轻气炮

表 8-2 冲击试验器的特性

冲击试验器	冲击类型	标称加速度(g)	标称速度改变量/(m/s)	标称冲击持续时间/ms	最大负载/kg	备注
短持续时间跌落试验器	复杂加速度脉冲	17000	2.45	0.05	0.908	
巴里跌落试验器	半正弦波、锯齿波	100	3.01~6.1	1~20	181.6	可调整冲击球形状材料改变振幅和波形
NOL 轻气炮	加速度脉冲	1000~200000	228.6	100~2	90.8~0.227	炮口径在533.4~50.9mm
轻重量器件的海军高碰撞冲击试验器	复杂加速度波形	2000	3.05	—	2542.4	用船形结构模拟桁架的冲击
电子设备冲击试验器	复杂加速度	1100	3.05	—	31.78	模拟安装管道高强度冲击
空投用跌落试验器	速度冲击	—	30.5~45.7	—	—	
电指示仪器冲击试验机	半正弦波加速度脉冲	120	82.44	2	0.908	可以改变弹簧来改变加速度和持续时间
NOL 10 英尺（3m）跌落试验器	加速度脉冲	50~600 等	1.53~7.62	2.5~5	68.1	
NOL 40 英尺（12.2m）自由跌落试验器	加速度脉冲	80000	15.2	0.1~0.2	0.908	
NOL 100 英尺（30.5m）跌落试验器	加速度脉冲	500	24.4	10~25	11.35	相当 30.5m 加速跌落的可移动试验器
NOL 1200 英尺（365.8m）跌落试验器	复式加速度脉冲	10000	85.4	2	0.908	空气炮
摆动、冲击和振动试验器	复杂加速度波形	700	92.7	—	1589	模拟船上冲击、振动和倾斜，最大位移3英寸
英国颠簸试验器和 IEC 颠簸试验机	多次,通常规定约10000次	50	0.61~30.91	—	22.7~113.5	耐受运输中事故及粗暴处理带来危害
旋转式加速度试验器	恒定加速度	40~50	—	—	45.4~3.63	几毫秒时间内给出加速度

注:NOL 是海军军械实验室的缩写

271

按回收段的不同,轻气炮可分为闭式轻气炮和开式轻气炮。闭式轻气炮可以考核在大过载冲击环境条件下弹道飞行体零部件的工作可靠性和结构强度;开式轻气炮可以用靶板验证弹丸的穿甲破甲侵彻效果和发火部件的工作效果等。

8.7.2　某研究所轻气炮的试验项目及试验条件

1. 闭式轻气炮

弹丸条件举例:弹丸质量 $\leqslant$ 15kg,弹径 122mm,初速 $\leqslant$ 850m/s,装药量 $\leqslant$ 25gTNT 当量,弹丸形状平头。

2. 开式轻气炮

弹丸条件举例:弹丸质量 $\leqslant$ 15kg,弹径 122mm,初速 $\leqslant$ 850m/s,装药量 $\leqslant$ 25gTNT 当量,弹丸形状,蛋形、锥形、平头。

靶板条件举例:直径 2.5~3m,法线角 90°、68°、60°、45°,材质钢板、铝板、钢筋混凝土构件、木板、硬质土地、沙挡墙等。

3. 测试项目

炮弹在膛内运动的过载曲线、膛压、炮口速度、着靶姿态及速度等。

射击的弹丸和被射击后的钢筋混凝土靶如图 8-29 和图 8-30 所示。

图 8-29　射击的弹丸　　　　图 8-30　被射击后的钢筋混凝土靶

8.7.3　轻气炮实验室(靶道)的组成

轻气炮实验室(靶道)由气体炮、气压系统、油压系统、测试系统和控制系统组成。

因为闭式气体炮与开式气体炮主要的不同段是回收段,所以可以将这两种气体炮设计成开闭式"姐妹轻气炮",即在闭式气体炮上拆除其回收段后,进行开式气体炮的射击试验。按某开闭式"姐妹轻气炮"的结构和相关试验要求,其组成如下:

(1)按上述举例的条件,开闭式"姐妹轻气炮"的炮长约为 25m,闭式回收段长约为 15m,开式试验段长约为 30m。

（2）活塞、弹丸准备间进行活塞、弹丸装配、测量等。

（3）测试仪器室进行测压、测速、弹丸运动加速度（过载）测试、弹丸命中靶板时的过载、姿态等测试。

（4）空气压缩机间,供安放 2V-1/350 机组。

（5）配气间。

（6）控制间。

（7）液压油泵间。

（8）维修间。

（9）配电间等。

8.7.4 闭式轻气炮实验室系统和建设方案

按上述轻气炮实验室(靶道)的组成及图 8-31 闭式轻气炮系统图,可以布置如图 8-32 所示闭式轻气炮实验室建设方案。图 8-32 上布置两门轻气炮,即一级轻气炮一门和二级轻气炮一门。也可以采用组合式轻气炮,其由一级轻气炮和二级轻气炮组成,共用基座、发射控制系统、自动控制系统、抽真空系统、充氦气系统、监控和测试系统。

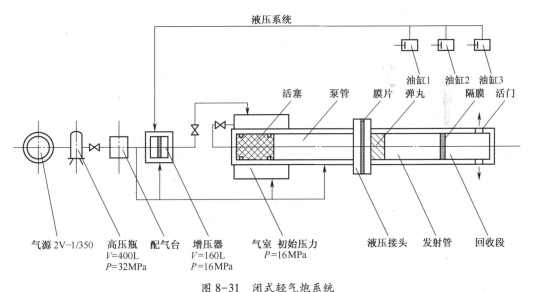

图 8-31　闭式轻气炮系统

8.7.5 开式轻气炮实验室系统和建设方案

按上述轻气炮试验靶道的组成及图 8-33 开式轻气炮系统图,可以布置如图 8-34 所示的弹药安定性试验开式轻气炮靶道方案。

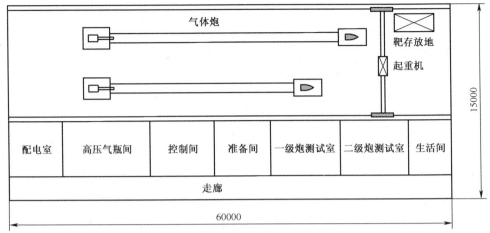

图 8-32 闭式轻气炮实验室方案平面图

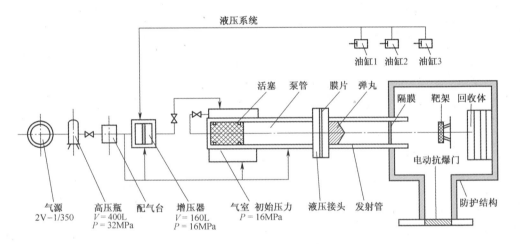

图 8-33 开式轻气炮系统

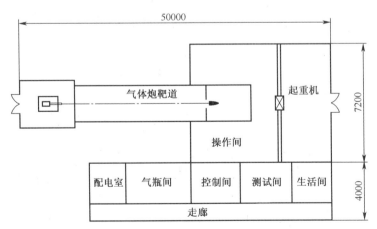

图 8-34 开式轻气炮靶道建设方案平面图

274

8.7.6 弹药安定性试验轻气炮

弹丸装药及其传爆系统在火炮射击时将承受很大的压力、加速度等参数的作用。设计时需对其进行安全评估。手段之一是用轻气炮进行检验试验。

某研究所采用口径为 57mm 的轻气炮,弹重为 2kg,装药为 1kg,战斗部装药为 300g,破片质量为 2~20g,速度为 2~4km/s,气体压力为 30MPa。

类似的轻气炮发射室内径 160mm、长度 1.3m;支架座长 14m、宽度 600mm、厚度 30mm;全长 14m,发射管长 12m;总质量 5.8t。

轻气炮布置在发射间的发射台上,测试靶布置在回收间内,中间用 30~50m 长度的靶道连接起来。回收间内设有梁式起重机一台,以便吊装试验的靶板。弹载式过载测试记录系统、激光测速仪等仪器布置在测试间内,用其测试和记录弹丸发射及侵彻目标全过程中的加速度和激光测试弹丸飞行的速度等参数。

8.7.7 地下式轻气炮靶道

西北某单位的轻气炮试验受环境条件的限制,建设在地下,如图 8-35 所示,实践效果证明,地下式轻气炮靶道对减小振动、噪声和控制碎片飞出效果明显,虽然使用不很方便,但能满足使用要求。

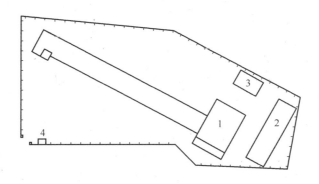

图 8-35　地下式轻气炮靶道
1—轻气炮试验靶道;2—通风间;3—超高压气源间;4—变电所。

8.7.8 气体压力容器爆炸能量的估算

某些轻气炮所用的能源是高压气体,经压缩的气体储存于高压容器内,在使用过程中,它一旦发生爆炸事故就会对附近人员和建筑造成危害。应重视日常安全管理和定期进行安全检查。但目前,国家尚未对其制定相关的安全规范,通常作者都把潜在的能量换算成 TNT 当量,并进一步确定其防护设施。

压力容器发生物理爆炸时,释放的爆破能量为

$$E_g = \frac{PV}{k-1}\left[1 - \left(\frac{0.1013}{P}\right)^{\frac{k-1}{k}}\right] \times 10^3$$

式中: E_g 为气体的爆破能量(kJ); P 为容器内气体的绝对压力(MPa); V 为容器的容积(m^3); k 为气体的绝热指数,即气体的定压比热与定容比热之比。

对空气取 $k=1.4$,得

$$E_g = 2.5PV\left[1 - \left(\frac{0.1013}{P}\right)^{0.2857}\right] \times 10^3$$

对于压力为32MPa、容积为0.4m^3的气瓶,将其 $P=32$、$V=0.4$ 代入上式,得

$$E_g = 20.155 \times 10^3 kJ$$

折合TNT炸药当量约为4.55kg。

压力容器爆炸时,爆破能量在向外释放时以冲击波能量、碎片能量和容器残余变形能量三种形式表现出来,根据相关资料,爆破能量的85%~97%以冲击波形式能量释放,该气瓶爆炸冲击波能量折合TNT炸药当量约4.55kg,取5.0kg。

5kg和40kgTNT炸药当量爆炸冲击波超压对周围建筑物破坏区域预测分别如表8-3和表8-4所列。

表8-3 冲击波超压对周围建筑物破坏区域预测

破坏等级	破坏等级名称	建筑物破坏程度	超压/10^5Pa	区域/m
一级	基本无破坏	玻璃偶然破坏,砖外墙无损坏	<0.02	>100
二级	次轻度破坏	玻璃呈块状破坏,砖外墙无损坏	0.02~0.09	27~100
三级	轻度破坏	大部玻璃呈小块状到粉碎破坏,砖外墙裂缝5mm,稍有倾斜	0.09~0.25	13~27
四级	中度破坏	玻璃粉碎,砖外墙裂缝5~50mm,明显倾斜	0.25~0.40	10~13
五级	次严重破坏	砖外墙裂缝大于50mm,严重倾斜	0.40~0.55	8~10
六级	严重破坏	砖外墙部分倒塌	0.55~0.76	7~8
七级	完全破坏	砖外墙部分倒塌到大部分倒塌	>0.76	0~7

表8-4 40kgTNT炸药当量爆炸冲击波超压对周围建筑物(砖墙)破坏区域预测

破坏等级名称	超压/10^5Pa	区域/m
完全破坏	≥0.76	0~14
严重破坏	$0.55 \leq \Delta P \leq 0.76$	14~16
次严重破坏	$0.40 \leq \Delta P \leq 0.55$	16~20
中度破坏	$0.25 \leq \Delta P \leq 0.40$	20~26
轻度破坏	$0.09 \leq \Delta P \leq 0.25$	26~53

18m 处超压为 $0.45kg/cm^2$；24m 处超压为 $0.28kg/cm^2$。

从表 8-3 可以看出，压力为 32MPa、容积为 $0.4m^3$ 的气瓶，一旦发生事故，其冲击波能量相当 5kgTNT 当量的炸药爆炸，在破坏等级范围内的建筑物或其本身应采取相应的防范措施。

气瓶压力容器爆炸的概率尚未见到有资料统计，但我们从国家质监局全国备案登记的 2006—2009 年发生的压力容器和管道事故见表 8-5。

表 8-5　压力容器和管道事故统计

指标	2006 年	2007 年	2008 年	2009 年
压力容器数量/万台	161.24	172.29	195.60	214.32
发生事故/起	26	29	22	21
万台设备事故数/起	0.161	0.168	0.11	0.098
压力管道量/$\times 10^4$ km	30.31	62.17	63.3	66.02
发生事故数/起	9	9	5	9
事故主要发生行业	未统计	造纸、食品、建材、服装、饲料等小型轻化工企业	造纸、小型轻化工、食品、建材、服装、饲料等行业	燃气、化工、轻工业、压力管道事故发生在化工和食品加工业

压力容器设施发生事故概率约为 10^{-5}，并且多发生在化工、燃气、建材、食品等行业，但气瓶压力容器的设计、设置和管理也应从中得到启发与重视，取人之长，补己之短（该数据取自某项目安评材料）。

8.8　抛 射 试 验

抛射试验可以模拟炮弹、导弹、火箭弹和航空炸弹或其装载的子弹对地面目标进行动态攻击的试验。

8.8.1　抛射试验靶道的试验内容及方法

1. 试验内容

抛射试验的地面目标有坦克及步兵战车的顶甲板、军舰的甲板、飞机场的跑道、工事的顶部等。这些目标都具有一定的防护能力。兵器的侵彻效果应适应攻击的需求，并应在试验场上对上述目标进行动态抛射模拟试验。

2. 试验方法

目前,对上述目标的毁伤试验多数采用水平射击靶道和实弹或其载体对其进行动态侵彻试验,而某部三所开创了抛射模拟试验方法。其试验方法是将火炮架设在高塔上,垂直或赋予一定的角度,用炮弹对上述目标进行动态射击模拟试验。

8.8.2 抛射试验靶道设计方案

本书上述章节介绍的大都是地面的水平试验靶道,下面介绍的是向地面进行垂直射击的试验靶道。这种试验靶道是把武器架设在高塔之上,向地面垂直或赋予一定的角度进行射击,如图 8-36 所示。射击状态如图 8-37 所示。射后的毁伤效果如图 8-38 所示。

图 8-36　在高塔上向地面射击或抛撒

垂直射击的试验靶道的长度宜为 20m 以上,视试验的武器不同,宽度可取值 2~8m。

此外,在高塔上也可以进行弹药的抛撒试验。

图 8-37　火炮在高塔上向地面垂直射击

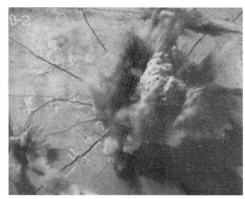

图 8-38　地面混凝土目标毁伤效果

8.9　弹 道 靶 道

在英国大百科全书、苏联大百科全书和美国科技百科全书上,查得弹道靶道定义为:在较长的长度上,装有测试仪器的封闭靶道。

弹道靶道随着科学技术、兵器的发展,在不断改进和提高。目前弹道靶道有两类:①常规靶道或高速靶道。它是利用火药为能源发射弹丸,利用闪光摄影、测时、测坐标装置。测量弹丸飞行时间、坐标、飞行姿态与弹丸周围的流场。主要是研究弹道性能参数,试验弹丸的速度相当于 $Ma = 3 \sim 5$。②高速弹道靶道。发射装置为多级轻气炮。发射体为模型,发射体的速度接近 $20Ma$。主要是研究超高速飞行体,如宇宙飞船、航天器和远程导弹等。研究内容有高超速时的气动力,空气热源(气动加热)和超高速碰撞等。本节主要介绍常规靶道或高速靶道。

上述的章节中,多处提到飞行体的飞行速度,如高速度、超速度及高超速度等,依据有关材料报道其飞行速度的划分如下:

按空气动力学划分:亚声速　　　$Ma \leqslant 0.8$;

跨声速　　　$Ma = 0.8 \sim 1.2$;

超声速　　　$Ma = 1.2 \sim 5$;

高超声速　　$Ma > 5$。

按风洞划分:低速风洞　　　$Ma < 0.4$(有的著作 $v = 60\mathrm{m/s}$);

亚声速风洞　　$Ma = 0.4 \sim 0.85$(有的著作 $v > 100\mathrm{m/s}$);

跨声速风洞　　$Ma = 0.8 \sim 1.4$;

超声速风洞　　$Ma = 1.4 \sim 5$(有的著作 $Ma = 1.5 \sim 4.5$)

高超声速风洞　$Ma > 5$(有的著作 $Ma = 4.5 \sim 12$)。

8.9.1　概述

20 世纪四五十年代以前,各国研究和制造兵器的主要检验手段是在试验场上进行试验。气象、场地等条件的限制,以及研制周期长和消耗大等问题,严重影响了兵器的射程、精度和性能的发展。

第二次世界大战以后,为加快兵器的研制,英、美、法、加、苏等国,除了在风洞研究飞行体的气动力手段以外,还先后建立了室内式弹道靶道。风洞是用静止不动的飞行体或其模型,让气流运动,由测气动力求飞行体的运动规律,而弹道靶道是发射飞行体或其模型,飞行体或其模型和气流的相对速度不断变化着,从测运动求气动力,因此,弹道靶道能更接近、更直观地反映兵器的真实运动。

美国的阿伯丁弹道靶道的截面积为 $7.3\mathrm{m} \times 7.3\mathrm{m}$,设有 10 组闪光装置;加拿大有三条高速靶道;法国有两条超高速靶道;瑞典有一条长度为 $250\mathrm{m}$ 的高速靶道;德国有一条特大型(可供真实坦克试验)靶道和两条超高速靶道,还准备建一条截面积为 $20\mathrm{m} \times 20\mathrm{m}$,长度为 $1000\mathrm{m}$ 的弹道靶道;苏联(俄罗斯)有六条靶道,其中四条超高速靶道;中国台湾有一条截面积为 $6\mathrm{m} \times 6\mathrm{m}$、长度为 $250\mathrm{mm}$ 的超高速靶道等。据不完全统计,世界各国已有 60 多条弹道靶道,表 8-6 所列为国内外主要弹道靶道情况,其中 1/2 用于常规武器的研究。过去流行的测试方法是采用闪光源,即靶道配置正交成对的瞬时闪光源、照相底版或反射屏幕及相机等设备。每对反射屏幕上记录两个正交影像,因此可以测出弹丸的空间位置,进而,就形成了时间、位置和飞行姿态的完整记录,从中可以确定有关的弹道参数。

表 8-6　国内外主要弹道靶道

国家	所属机构	设备名称	靶道长 /m	靶道直径 /m	炮口径 /mm	压力范围 /MPa	注
中国	中国空气动力发展与研究中心	气动靶	200	1.5	37	$0.1 \sim 10^{-5}$	
		气动物理靶			14.7	$0.1 \sim 10^{-5}$	
	中国科学院力学研究所	No.1	14	0.4	$14.7 \sim 25$	$0.1 \sim 10^{-5}$	气动物理碰撞试验
		No.2		1.5	37		
美国	NOL	1000英尺超级靶	305	3	$50 \sim 100$	$0.1 \sim 4 \times 10^{-5}$	270m靶道长用于稳定性研究
		加压靶	87	1	$13 \sim 400$	$0.6 \sim 2 \times 10^{-5}$	有可控温度段7m用于尾迹研究
		气动物理靶	100	12	9	$0.1 \sim 1 \times 10^{-5}$	有干涉仪,4台转镜相机
		激波相互作用靶	26	1	40	$0.1 \sim 4 \times 10^{-4}$	用激波管产生平面波
	航空航天局艾姆斯研究中心	气动设备	25	1	$7 \sim 38$	$0.1 \sim 10^{-4}$	用于气动稳定性研究
		辐射设备	8	1	$7 \sim 38$		用于气动物理研究
	AEDC	VKF1000英尺超高速靶	305	3	63	$0.1 \sim 10^{-5}$	270m靶道长用于稳定性研究
		VKF逆流靶	2	0.5	13		气动物理研究
	麻省理工学院	A靶	30	$0.3 \sim 1.5$	20		不锈钢筒体
	GM-AC-DRL	气动物理靶B	55	$0.6 \sim 2.5$	20		气动物理研究
	波音公司	气动靶	10	0.75	13		
法国	LRBA	超级弹道风洞	75	1.2		$0.7 \sim 4 \times 10^{-6}$	
	ISL	气动弹道靶	8.5	2	20		气动物理研究
英国	RARDE	加压靶	22	0.6	6	$1 \sim 1 \times 10^{-4}$	气动稳定性研究
加拿大	CARDE	No.5靶	120	3			

我国开始建设弹道靶道时,就建设地点有两种意见:①建在大学内;②建在研

280

究所内。认为学校宜侧重基础理论研究,研究所宜侧重应用理论研究。

除了表 8-6 中所列靶道以外,我国还建了多条弹道靶道,有的具备标准气象条件试验,有的是全天候的,其中一条长度为 240m,试验段长度为 38m,靶道的截面积为 4.5m×4m,属于中小型截面积弹道靶道,适用于小口径飞行体或其模型的试验,其终段兼做静止爆炸试验,最大使用药量为 650gTNT 当量。最长的一条为 1000m,从 0 位线起有效截面尺寸为 6m×6m;200~600m 有效截面尺寸为 6m×6m ~ 10m×10m 线性渐变;600m ~ 1000m 有效截面尺寸为 10m×10m,除了具备温度、湿度、气压控制以外,还具有横风的功能。

8.9.2 弹道靶道的用途

弹道靶道还可以利用人工制造控制类似要求的自然气温、湿度、气压、风速等条件,并在此条件下进行射击试验。试验的火炮可用制式的、弹道炮或气体炮,飞行体可用 1:1 的外形尺寸。测试仪器参见表 8-8 并依据需要选择部分或全部设置。外弹道研究主要作用有以下三项:

(1) 在靶道内可用闪光摄影站(比较的陈旧方法)拍摄飞行体的姿态、坐标、时间、距离等,按上述数据推算出动力系数和力矩系数,通过分析获得常系数和变系数情况下的助力系数与非线性的升力系数及飞行体的静态稳定性、动态稳定性,为气动力和外弹道理论研究提供依据。

(2) 在靶道内可以控制其他试验条件而单独进行单项试验,查出飞行体的散布因素及由此引起的散布量级大小,如导弹无控段的散布大小、火炮后效气体对弹丸的作用、尾翼弹弹尾的张开过程,飞行体的质量偏心和动不平衡等,为弹丸散布理论和外弹道参数提供依据。

(3) 利用弹道靶道内不同距离设置的闪光摄影站,对飞行体飞行时的边界层转变、对流层和紊流边界层分离、激波形状和激波离体、弹体尾流特性等进行广泛的研究,提供不同速度范围的气动力特性数据。

8.9.3 弹道靶道测试项目

在弹道靶道内测量的有飞行体的内弹道、中间弹道、外弹道和终点弹道技术参数。

1. 内弹道测量参数

(1) 火炮发射时,其身管上某一点或多点的压力随时间变化的曲线,即 P-t 曲线。

(2) 火炮发射时,弹丸在膛内运动的速度随时间变化的曲线,即 v-t 曲线;由此,可以计算出加速度与时间关系,即 a-t 曲线。

(3) 弹丸在膛内的运动姿态。

（4）火炮发射时,炮身振动的振幅、速度、加速度。

（5）火炮发射时,炮身的前冲和后坐量及状态等。

（6）炮管内弹丸的运动,可用微波干涉仪测量反射波的长度来测定弹丸的运动。为确保微波在炮管里传播,各种口径的武器需具备表8-7的频带和波长带。

表8-7　各种口径弹丸的频带和波长带

弹丸口径/mm	频带/GHz	波长带/cm	弹丸口径/mm	频带/GHz	波长带/cm
4.5	39~51	0.6~0.8	40	4.5~5.5	5.5~6.7
5.56	31.5~41	0.75~0.95	76	2.3~3	10~13
7.62	23~30	1~1.3	90	2~2.5	12~15
9	19.5~25	1.2~1.6	105	1.7~2.2	14~17
12.5	14~18	1.7~2.1	155	1.1~1.4	22~27
20	9~11.5	2.6~3.3	175	1~1.3	23~30
30	6~8	3.80~5	203	0.9~1.1	27~33
35	5~6.5	4.7~6			

2. 中间弹道测量参数

（1）炮口冲击波的流场及压力分布区;

（2）炮口火焰区的大小及其温度分布区;

（3）后效期炮口气体对各种弹尾及底排装置的作用;

（4）弹丸在半约束期的飞行姿态;

（5）脱壳穿甲弹弹托的分离过程和尾翼弹的尾翼张开过程情况等。

3. 外弹道测量参数

（1）弹丸在不同时间的位置坐标,即 X、Y、Z 值;

（2）弹丸在不同时间的姿态角,即 δ-t、ϕ-t、ψ-t 曲线;

（3）弹丸的飞行距离与时间的关系,即 x-t 曲线;

（4）弹丸的飞行速度与时间的关系,即 v-t 曲线;

（5）弹丸的散布规律;

（6）不同马赫数对应的气动力系数和力矩系数;

（7）不同马赫数对应的气流特征参数等。

4. 终点弹道测量参数

有的弹道靶道还设有终点弹道的测试段,其测试项目有:

（1）高速、超高速的冲击作用理论及现象;

（2）成型装药改进的设计理论及完善其性能;

（3）继续研究地面冲击波现象,改良模拟方法和测试技术,确定不同介质中的动态应力应变关系等;

（4）研究空中爆炸波对建筑物的破坏作用，如采用火箭橇设施可以模拟爆炸波的互相作用和跨声速、超声速的翼面流场等；

（5）提供破片、子弹和其他杀伤手段对有生目标所致创伤的知识，为反人员武器的设计和分析其致伤能力提供必要的定量基础知识等。

8.9.4 弹道靶道的主要参数

1. 弹道靶道的截面及形状

横截面积及形状是弹道靶道的主要参数之一。从使用的角度考虑，其试验段的横截面积主要应满足如下要求：①气流边界条件 S 靶/S 弹大于或等于 10000；②气流的不干扰；③适应测试仪器的安放及测试；④操作人员工作方便。横截面积的形状一般为正方形。

可分为大、中、小三种靶道横截面。现在世界上最大的横截面尺寸为 20m×20m，最小的横截面直径尺寸为 0.3m²，中横截面的尺寸 5m×5m 居多。

大的横截面尺寸的弹道靶道如图 8-39 所示，可以发射弹径 200mm 和弹长较大的弹箭，并相应可以得到亚声速、跨声速和超声速的试验条件。

小横截面尺寸的弹道靶道如图 8-40 所示，可以试验的弹径、弹长和马赫数较窄，只适用于枪械和小口径火炮的弹箭。

图 8-39　美国陆军弹道研究所大断面弹道靶道　图 8-40　美国陆军弹道研究所小断面弹道靶道

一般来说，大横截面的靶道可以代替小横截面的靶道，而小横截面的靶道却不能代替大横截面的靶道。其原因是，靶道截面的中间有效部分约占横截面的 14%，其余部分则测不到有效的数据。

2. 弹道靶道的长度

从工程设计的角度考虑，弹道靶道的长度应包括发射段（武器及其发射位置和消声设施）长度、工作（测试）段长度和终段（收集）长度。

使用者最关心的是弹道靶道测试段的长度，该段主要应满足如下要求：①最终参数的测试精度;②要求一次性处理数据的数量;③信噪比大小;④飞行体摆动的波长。飞行体摆动的波长与其赤道阻尼力矩、翻转(或稳定)力矩系数等有关,具体大小应按试验任务与试验对象确定。

弹道靶道的长度为

$$L = L_1 + L_2 + L_3 + L_4$$

式中:L 为弹道靶道的总长度(m);L_1 为炮位的长度(m);L_2 为消声段的长度(m);L_3 为测试工作段长度(m);L_4 为收集段的长度(m)。

测试工作段的长度与飞行体的摆动波长有关。对于高速旋转的中大口径弹丸,其摆动波长一般为弹径的 400~700 倍,例如,试验飞行体的弹径为 155mm,可取其波长为 95m。按飞行 6 个章动周期计算,其弹道靶道的测试工作段长度为 95×6＝570m。此外,假设炮位的长度为 20m,消声段为 30m,终端飞行体收集段为 40m,则弹道靶道的总长度为

$$L = L_1 + L_2 + L_3 + L_4 + L_5 = 20 + 30 + 570 + 40 = 660(\text{m})$$

取值为 700m。

3. 弹道靶道的结构形式

弹道靶道一般由射击间、射击控制间、隔声消声间(膨胀段和扩散段)、工作段(测试段)、收集段、控制室以及动力间(通风、配电、供水)等组成。

射击间火炮的炮口应伸出射击间的窗口,位于隔声消声间之内,使得炮口的多余能量,尽量削减在该空间之内,不进入或少进入工作段。

射击间的炮位及其基础应设置独立式的,即其结构应与靶道断开,以避免射击震动产生的地震波传到工作段的测试仪器。

工作段是弹道靶道的核心段。在工作段安放的主要仪器是几十台闪光摄影站。它们布置在靶道地面上的两侧,光摄影站朝向射击的方向应设置防弹措施,在靶道的地面和两侧的墙上需要时可绘制坐标网,闪光摄影的光路图如图 8-41 所示。

弹道靶道的终段为飞行体的收集段。考虑到试验的次数比生产验收检验试验量少得多,因此,可采用软着陆的方法,不可采用易引起尘土飞扬的介质。

4. 弹道靶道测试的控制

火炮的发射及测试仪器的依次启动,需要编程,按要求能同时和延时进行动作及显示,并能对其监视。这些仪器动作程序均设置在控制室内,程序控制项目如下:

(1)炮位电发火控制。

(2)炮位的震动测试及显示。

(3)弹道测试仪器控制,即数码相机的快门关闭,存储器的调整设置,闪光光源的开启,计时器的开关。上述动作都应同步或延时并有显示。

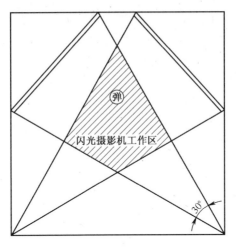

图 8-41　光摄影站布置及光路

（4）弹道靶道内温度、湿度、气压、横风的控制及显示。

（5）弹道靶道内空气质量的采集,通风量及换气次数的控制及显示。

（6）靶道内所有的管道和线路均应隐蔽、接地、屏蔽、防潮,所有采集的数据均传输到测试室的计算机上,在显示屏上显示,需要的进行处理。

（7）在弹道靶道的起始段、工作段、终段、控制室(指挥部)、测试室之间,设置通话、监控电视等信息设施和安全设施。

8.9.5　弹道靶道的主要设备仪器

不同的弹道靶道选择的设备仪器品种和数量不同,某些弹道靶道的主要设备仪器,参见表 8-8。近年来,光电技术发展很快,光电精度靶、激光靶、声学靶已经在靶场上应用多年,类似技术正在酝酿于新的弹道靶道。

表 8-8　弹道靶道的综合测试设备仪器

仪器设备名称	规格型号	主要用途
闪光摄影站,包括:	60 套	测量飞行体的姿态、坐标、时间、距离等
（1）闪光光源	120 套,电压 100~600kV	
（2）数码航空相机	120 台	
（3）同步延时系统	60 台	
（4）定向屏幕	120 块	
弹丸位置指示器	550 型	飞行弹丸位置指示　英哈德兰公司
多普勒雷达	BS230 型	测飞行体速度　奥地利 AVLA 公司
15 通道计时仪		测飞行体时间
测速测压联合装置	DC-3	测火炮膛压及速度

仪器设备名称	规格型号	主要用途
测振动装置		测火炮振动　丹麦 BK 公司
微波仪	D4-C	
脉冲 X 光机	3MV	弹丸侵彻效应,创伤弹道机理研究
激光测距仪	JCY-6	
大靶面测速系统	多台	靶置与不同距离处,测不同速度
大靶面立靶坐标测试系统		在不同距离处,设置相互垂直的 CCD 相机测飞行体立靶坐标　西北工业大学
数字式正交激光高速摄影系统		膛口流场变化,中间弹道和终点弹道气动力参数,创伤弹道参数
无框架 CCD 精度靶测试系统		测弹丸坐标及散布规律　西北工业大学
狭缝摄影机	狭缝宽度 0.765mm	测弹丸速度、转数、姿态、着靶速度、射流速度、引信作用时间等
高强度氙灯	300 型	配合摄影机闪光　英哈德兰公司
炮口闪光仪		
炮口冲击波测试仪		记录炮口瞬时压力
压力传感器		测炮口瞬时压力
压力标定机		标定传感器压力
单梁桥式起重机		吊装发射装置　$Q=3t$
D/A、A/D 转换器及放映显示器		信息转换及显示
专用计算机		编程,专用接口
数据处理设备		试验数据处理、分析
标准频率发生器		提供间隔时间
时统系统		时间统一　浙江瑞安
网络系统	TCP/IP 标准网络	
门禁系统		靶道门开、关及其正确性信息反馈到控制终端
脸面识别系统		关键岗位脸面识别
主控制台及总控系统	大屏幕显示屏	控制发射、测试、显示及紧急停车报警等

8.10　火炮模拟弹试验

火炮模拟弹有弹道弹、惯性弹、摘火引信弹、钢质弹、半爆弹、水弹、易碎弹等。本节主要介绍适用于火炮、单兵火箭发射器试验的模拟弹及其装药试验的模拟弹。

8.10.1　概述

我国生产的火炮,每门都要进行小型射击试验,定期还要抽取一门进行大型射击试验。射击试验需要在试验场上进行。中大口径的火炮射击试验场占地面积目前一般需 $30 \sim 150 km^2$。如何解决诸大的占地或如何减少占地是摆在使用者面前的一个大问题。多年来一直人们在研究如何用模拟弹代替实弹的火炮验收试验方法。经过多年的努力,靶场工作者研究出填沙弹、水弹和易碎弹的试验方法,并取得卓有成效地成果,其模拟弹试验方法、适用范围等综合比较见表8-9。

表8-9　模拟弹试验方法综合表

模拟弹弹种	弹丸特征	适用试验项目
填沙弹丸	真实弹体,其内装填沥青、河沙等非爆炸物	火炮高角度、水平角度射击及其装药内弹道验收
钢质弹丸	实心钢质弹丸,无装填物,滑膛或线膛	单兵火箭发射器验收,火炮高角度、水平角度射击验收
水弹丸	用等量水代替弹丸	火炮高角度射击验收
易碎弹丸	特制弹丸外壳,其内装填金属配重	火炮高角度射击验收及其装药内弹道验收

8.10.2　火炮填沙弹试验

填沙弹试验,是用沙和沥青代替炸药装填的弹丸进行射击。用制式装药进行发射,取得与制式弹药相同的内弹道诸元的参数,并且在发射和弹着时也不可能发生爆炸性的危险。实践证明,我国在使用填沙弹进行验收火炮试验中已取得长足的进步并得到广泛的应用。此法减少了占地面积和试验弹丸爆炸的危险性,但未根本解决占地面积大的问题。

8.10.3　火炮钢质实心弹丸试验

钢质弹丸试验,是使用实心的特制钢质弹丸来代替炸药装填的弹丸。弹丸是滑膛或是线膛的,用制式装药进行发射,取得与制式弹药相同的内弹道诸元的参数,如单兵火箭发射器的强度试验、火炮的强度试验等。例如,155mm 加农榴弹炮的部分验收试验。该种试验方法特点是发射的弹丸内不装填爆炸物,危险性小,便于弹丸收集,试验场地可控。

8.10.4　火炮水弹试验

水弹试验,是用水代替弹丸进行射击。射击时将火炮仰起一定的角度,封闭炮腔，从炮口注入一定量的水，代替弹丸。装填发射装药进行射击。从表 8-10 ～表 8-12实际测试的数据可以看出，某些火炮水弹试验取得的数据与制式弹丸射击的有关数据大致相同，证明该方法可以代替火炮的某些试验。此方法的特点是没有弹丸射出，不必建设靶道，因而可节省大量土地。

表 8-10　某 130mm 火炮水弹试验测试数据

序号	弹种	φ/ (°)	λ/ mm	P_{no}/ MPa	R_o/ kg	P_{0m}/ MPa	P_{0m}^*/ MPa	V_m/ (m/s)	R_m/kg	t/s	λ/mm	P_λ/ MPa	R_λ/ kg	P_m/MPa
				起始值		最大值				终了值				
1	水弹	45	762	5.75	29.7	20.7	16.7	9.47	35475	0.195	766	10.75	6844	296.8
2		45	763	5.75	29.7	21.9	16.3	10.10	37590	0.192	761	10.5	6620	311.2
3		45	765	5.75	29.7	21.0	14.7	9.46	35944	0.188	761	10.75	6844	303.2
4	填沙弹	0	1160	5.75	5217	13.9	1.0	11.64	27395	0.227	1140	12.76	10724	313.5
5		0	0093	575	5217	12.4	1.1	11.59	25121	0.240		13.2	11029	311.8
6		0	1208	5.75	5217	12.1	1.3	12.14	24347	0.239		12.7	10659	310.0
7	水弹	5	1221	5.75	5166	13.0	1.0	10.24	2596.0	0.242	1193	13.1	10932	320.0
8		5	1195	5.75	5166	12.7	1.1	11.28	25287	0.243	1195	13.1	10932	312.8
9		5	1190	5.75	5166	12.7	1.0	11.44	25225	0.242	1184	13.1	10934	313.9
1	填沙弹	45	765	5.8	2956	22.0	22.0	10.44	37819	0.175	768	10.83	6904	307.1
2		45	765	5.8	2956	20.8	20.8	10.09	35714	0.168	767	11.0	7032	288.4
3		45	760	5.8	2956	21.4	21.4	11.18	36670	0.171	762	10.8	690.4	300.2

注：P_{no}—复进机压力，P_{0m}—驻退机外膛压力，P_{0m}^*—驻退机内膛压力，V_m—后坐速度，R_m—后坐阻力，λ—后坐长度，P_m—最大膛压，P_λ—后坐膛压，R_λ—行至 λ 时的后坐阻力

某 130mm 火炮有关诸元：弹丸质量 33.4kg，炮管长度 5952mm，最大膛压 315MPa，截面积 1.394dm²，炮口压力 102MPa，发射药量 12.9kg，火炮战斗质量 7700kg，驻退机外腔活塞面积 151.55cm²，驻退机内腔活塞面积 32.17cm²，复进机活塞面积 72.1cm²

表 8-11　某 122mm 火炮水弹试验测试数据

序号	弹种	φ/ (°)	P_{no}/ MPa	R_o/ kg_a	V_m/ (m/s)	R_m/kg	t/s	λ/mm	P_λ/ MPa	R_λ/ kg	P_m/MPa
			起始值		最大值			终了值			
1	水弹	25			9.84	17172	0.219	850			298.6
2		25			9.51	18206	0.204	850			305.2
3		25			9.91	17749	0.214	850			308.4
4	填沙弹	25			9.78	18727	0.202	850			306.8
5		25			9.46	17721	0.207	850			299.5
6		25			9.41	17958	0.205	850			302.6

序号	弹种	φ/(°)	P_{no}/MPa	R_o/kg$_a$	V_m/(m/s)	R_m/kg	t/s	λ/mm	$P_λ$/MPa	$R_λ$/kg	P_m/MPa
			起始值		最大值			终了值			
7	水弹	0	6.1	203		20175	0.207	865	16.2	8179	
8											
9											
1	填沙弹	0			11.48	24095	0.185	812			
2		0	6.4	236	11.19	23141	0.191	810	11.8	7079	
3		0	6.1	179		18925	0.201	850	16.2	8586	

注：P_{no}—复进机压力，P_{0m}—最大驻退机外腔压力，P_{0m}—最大驻退机内腔压力，V_m—最大后坐速度，R_m—最大后坐阻力，λ—后坐长度，P_m—最大炮膛压力

某122mm火炮有关诸元：弹丸质量27.3kg，炮管长度5690mm，最大膛压315MPa，炮口压力106.5MPa，发射药量9.8kg，火炮战斗质量5554kg，驻退机外腔压力21.9MPa，驻退机内腔腔压力20.2MPa，最大后坐阻力（φ=0°）2147.0MPa，最大后坐阻力（φ=24.5°）2052.0MPa，P_{no}=6.2MP，$P_λ$=17.4MPa，λ=950mm，V_m=10.97m/s。

表8-12　某152mm火炮水弹试验测试数据

序号	弹种	φ/(°)	P_{no}/MPa	R_o/kg$_a$	P_{0m}/MPa	P_{0m}^*/MPa	R_m/kg	t/s	$P_λ$/MPa	$R_λ$/kg
			起始值		最大值			终了值		
1	水弹	45	6.3	408	23.9	21.7	24488	0.207	16.2	9500
2	填沙弹	45	6.3	408	23.4	21.1	23252	0.207	16.2	9488
3	计算	45	6.3		25.7	24.8	22900	0.208	15.0	

注：P_{no}—复进机压力，P_{0m}—最大驻退机外膛压力，P_{0m}^*—最大驻退机内膛压力，V_m—最大后坐速度，R_m—最大后坐阻力，λ—后坐长度，P_m—最大膛压力

某152mm火炮有关诸元：弹丸质量43.56kg，初速655m/s，最大膛压250MPa，驻退机外腔压力21.9MPa，驻退机内腔压力20.2MPa，最大后坐阻力2290.0MPa，P_{no}=6.3MPa，P_{0m}=25.7MPa，P_{0m}^*=24.8MPa，$P_λ$=15.0MPa，λ=910mm，V_m=10.87m/s，q（水重）=50kg

8.10.5　火炮易碎弹试验

易碎弹是非制式用弹，是我国在火炮检验试验中研制的一种试验用弹，在弹药的字典中也查不到它的定义。作者给它的定义是在火炮进行射击试验时，射出的弹丸在出炮口几十米后，即破碎不形成有效射弹和杀伤效果的炮弹。

易碎弹可用于火炮高射角、火炮随动系统以及超出靶场安全射界的射击试验项目。该弹的尺寸、外形、重量、重心、膛压等与制式弹基本一致，其外形如图8-42所示。

我国研究成功的易碎弹有:塑料弹丸,即弹体由塑料代替内装填非爆炸物质,并在某100mm高射炮上验收试验使用;铅弹弹丸,即弹丸内装填的不是炸药而是铅片,弹丸在出口后一定距离解体形成许多铅片落地,不会形成射弹和杀伤的危险,并在37mm高射炮上验收试验使用。近几年,我国江西某厂又研究成功金属开合易碎弹,其主要构造有头部(蛋形部)、螺栓、开壳机构、弹体、弹带、弹尾和装填物等。

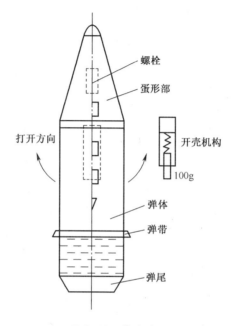

图 8-42　易碎弹丸

弹体为非整体铝合金薄壁壳体,内装填铁片,射出的弹丸出炮口 20~30m 后靠离心力解体,即壳体开裂,填充的 2mm 厚的铁片散落在 100~200m 范围内场地上,破碎的壳体及装填物不会对远距离的建筑物、人员形成破坏和杀伤的效果,在一个数千平方米的场地上即可以完成射击试验,较好地解决了试验场地问题。

8.11　气候环境模拟试验

8.11.1　军用设备气候环境模拟试验内容

军用设备气候环境模拟试验的内容包括低气压(高度)试验、高温试验、低温试验、温度冲击试验、温度—高度试验、太阳辐试验、淋雨试验、湿热试验、霉菌试验、盐雾试验、沙尘试验、爆炸性大气试验、浸渍试验、加速度试验、振动试验、噪声试验、冲击试验、温度—湿度—高度试验、飞机炮振试验等。上述是军用设备的试验内容,与整体兵器气候环境模拟射击试验的内容还不完全相同。

8.11.2 军用设备气候环境模拟试验的目的及条件

确定军用设备在不同气候环境,如高温、低温、湿度、淋雨、盐雾、飞散沙尘、大气温度急剧变化、高温低温和低气压综合作用时等条件下储存及勤务时的适应性。下面给出部分试验条件。

1. 高温试验条件

试验温度为70℃,相对湿度不大于15%,试验时间为48h。

对实验室(箱)的要求:温度变化速率不应超过10℃/min。

2. 低温试验条件

低温储存试验,试验温度为-55℃,达到试品的温度稳定后,再保持24h。

低温工作试验,按试品技术文件规定的温度和时间。

对实验室(箱)的要求:试品周围的空气速度不应超过1.7m/s,温度变化数率不应超过10℃/min。

3. 淋雨试验条件

有风源的淋雨试验:降雨强度采用10~15cm/h;雨滴直径为0.5~4.5mm;

对滴雨实验室(箱)的要求:雨滴由喷头产生,风源可由水平向45°角改变,水箱容积应能提供280L/(m^2·h)的滴水量,淋雨试验设备分配器的滴水孔径为0.33mm,孔间距为25.4mm。

4. 盐雾试验条件

用电阻率不低于50000Ω·cm的蒸馏水或去离子水制成氯化钠含量为5±1%的盐溶液,pH值为6.5~7.2,盐雾沉降率为1~2mL,试验温度为35℃,试验时间为48h。

对实验室(箱)的要求:室(箱)的材料应抗盐雾腐蚀和不影响试验结果,有足够大的容积。

5. 沙尘试验条件

吹尘,尘粒为有棱角的硅石粉,二氧化硅含量为97%~99%,尺寸由通过150μm、106μm、75μm、45μm筛网的不同比例的粉尘构成。温度为23℃和60℃,相对湿度小于30%,风速为(8.9±1.2)m/s和(1.5±1)m/s,浓度为(10.6±7)g/m^3,持续时间为6~16h。

吹砂,沙粒为石英砂,二氧化硅含量为95%以上,尺寸由通过850μm、600μm、425μm、300μm、212μm、150μm筛网的不同比例沙粒构成。温度为60℃,相对湿度小于30%,风速为18~29m/s,浓度为(2.2±0.5)g/m^3,持续时间为1.5h。

对实验室(箱)的要求:密封性应良好;应有能监测、控制沙尘浓度、风速、温度和相对湿度的仪器;充满尘埃的空气在作用到样品之前允许是近似的层流流动;应有砂分离器,其风扇能在无条件下使空气反复循环。

8.11.3　大型气候环境模拟实验室方案

能进行火炮、坦克、火箭炮、导弹、雷达等整体兵器及其系统装备气候环境模拟试验的实验室称为大型气候环境模拟实验室。

20世纪80年代,在我国某兵器试验中心建设有国内最大、质量一流的气候环境模拟实验室,能满足GJB-150、MIL-STD-810D标准及其他有关环境试验标准的要求。

正在进行多管火箭炮试验的大型大气环境模拟实验室如图8-43所示,它主要承担火炮、坦克、火箭炮、导弹、雷达、光学仪器、电子设备等军用武器整体装备的气候环境模拟试验,也能对民用车辆、矿山机械、航空、航海设备进行各种气候条件下的环境模拟试验。其实验室如下。

图8-43　大型大气环境模拟实验室

1. 低温环境模拟实验室

低温环境实验室主体为弧形结构,半球形顶盖,直径为12m,高度为8m。大门尺寸:宽度为4m,高度为4.25m。温度为-100~50℃,升(降)温速率为0.3℃/min,温度控制精度为±2℃。

2. 高温湿热环境模拟实验室

高温湿热环境模拟实验室主体为弧形结构,半球形顶盖,直径为12m,高度为8m。大门尺寸:宽度为4m,高度为4.25m。温度为20~70℃,湿热温度为20℃~65℃,湿度为45%~95%,升(降)温速率为0.6℃/min,湿热温度控制精度为±2℃,RH控制精度为±3%。

经过低温、高温湿热环境试验的火炮、火箭炮、坦克、导弹等兵器,按计划还可以移出实验室到需要的炮位进行后续的靶场射击试验。

3. 低温环境模拟射击实验室

低温环境模拟射击实验室为矩形钢砼结构,长度为8.5m,宽度为4.4m,高度为3.6m。大门尺寸:宽度为2.2m,高度为1.85m。温度为-100~20℃,升(降)温速率为0.4℃/min,温度控制精度为±2℃。

4. 高温环境模拟射击实验室

高温环境模拟射击实验室为矩形钢砼结构,长度为8.5m,宽度为4.4m,高度为4m。大门尺寸:宽度为2.2m,高度为1.85m。温度为20~70℃,升(降)温速率为0.7℃/min,温度控制精度为±2℃。

5. 常温环境模拟射击实验室

常温环境模拟射击实验室为矩形钢砼结构,长度为 8.5m,宽度为 4.4m,高度为 3.6m。大门尺寸:宽度为 2.2m,高度为 1.85m。温度为 20~30℃,温度控制精度为±2℃。

6. 光电环境模拟实验室

光电环境模拟实验室为矩形钢砼结构,长度为 6m,宽度为 2.5m,高度为 2.5m。大门尺寸:宽度为 1m,高度为 1.8m。升(降)温速率为 0.5℃/min,温度控制精度为±2℃。

7. 淋雨环境模拟实验室

淋雨环境模拟实验室为矩形钢砼结构,长度为 8.5m,宽度为 5.7m,高度为 5.2m。大门尺寸:宽度为 4m,高度为 4.4m。常温试验,温度为 15℃,淋雨量为 280L/(m² · h),雨滴直径为 0.5~4.5mm。

第9章 爆炸试验塔(井)和销毁塔(井)

9.1 爆炸试验塔和销毁塔

爆炸试验塔是用于进行炸药性能、弹药威力等试验和研究的抗爆构筑物或钢结构试验装置,简称爆炸塔。销毁塔是用于销毁起爆药、炸药及其制品的废品的抗爆构筑物。

9.1.1 概述

炸药爆炸是一个高压、高速、高温的变化过程。炸药爆炸产生的高压破坏性很强,释放的空间也很大,而且,炸药爆炸还产生有害气体和噪声,试验时必须有足够大的场地和可靠的防护与监控。目前,国内外已把爆炸试验塔和销毁塔作为一个卓有成效地用于研究炸药、弹药爆炸机理、规律的和销毁危险物品的特种密闭设施,我国江西某厂、山西某试验场还把爆炸塔用于爆炸金属加工作业。国内外在爆炸塔内使用的一次爆炸炸药量已达 50kgTNT 当量之多。

我国自行设计建造最早的爆炸塔是在 1965 年,为某基地设计建设一座试验炸药量为 0.5kg 的爆炸试验塔和一座试验炸药量为 7kg 的弹药性能爆炸试验塔。前一个塔的任务为试验和销毁传爆系列的爆炸物,后一个塔的任务是进行杀伤榴弹爆炸试验,收集杀伤破片,分析和评价杀伤榴弹的爆炸性能,并设有辅助的自动筛沙、河沙干燥、破片分选间等。两个塔均能顺利地承担设计的任务。之后,中国科学院力学研究所、北京理工大学、南京理工大学、中北大学、北京矿业大学、襄阳市和新余县等 14 个市县的许多研究所及使用单位相续建设试验药量为 0.1kg、0.5kg、1kg、2kg、3kg、5kg、8kg、10kg、20kg 和 50kg 的爆炸试验塔及销毁塔,目前 50kg 是制高点。有的单位还购买了瑞典博福斯公司制造的试验炸药量为 3kg 的钢质爆炸试验装置。爆炸试验塔的设计建设成功,为上述单位能在城市内进行爆炸试验和销毁提供了有利的条件。20 世纪七八十年代,雷管生产厂的废品销毁,按当时"安全规范"要求,应在厂外销毁场进行销毁,销毁场与雷管生产厂之间都有一段距离,有的往往还要通过城镇,运输废雷管不允许使用交通工具,只可人提肩挑,这无疑对内对外都存在很大风险。20 世纪 90 年代开始,民爆炸药生产规定定期或定量地抽取样品进行药卷的殉爆检测试验、铅墙检测试验,上述的检测试验以往往均在野外试验场地上进行,曾出现许多安全问题,突出的问题有:①破片飞散远,占地面积较大,申请场地困难;②噪声扰民,爆炸试验时附近几百米至千米内的村镇都受到影响。于是作者提出在密闭的爆炸试验塔进行上述试验和销毁的方法,当时有人担心在塔内试验反射冲击波压力会形成叠加,而增大被发装药的入射冲击波压力的起爆能量,激发提前起爆,可能会形成检测错误结论的问题。在浙江长兴煤山某爆炸试验塔内经多次试验,试验结果证实:在相同主发装药、相同被发装药、相同工艺试验条件和不相同爆炸试验塔的限定容积内试验,与在无限空间试验是基本相同的,不会形成反射超压叠加,这是因为多次反射后的压力—时间曲线中有一段时间差。也说明当选择合适容积的圆形爆炸塔时,内部冲击波压力变化基本符合炸药在自由空间爆炸的规律。因此,采用爆炸塔内进行炸药殉爆,是能满足试验要求的,方法是可行的。之后,雷管爆炸塔销毁方法、炸药爆炸塔殉爆试验方法、铅墙爆炸塔试验方法(场所)均纳入了"小药量安全规范"和"安全规范"、"民爆安全规范",作为法定的爆炸塔销毁的方法。建设在厂内的爆炸试验(销毁)塔,既方便了管理、运输和安全,又节省了土地。建设在厂内的一座爆炸试验(销毁)塔占地面积约为 23 亩(1 亩 = 666.67m²),而场外试验场的占地面积则约为 343 亩。一座塔就可以节省 320 亩土地,意义很大。

某厂使用爆炸销毁废火工品及药剂的品种和数量见表 9-1。

表 9-1　爆炸销毁塔销毁火工品及药剂的品种和数量

品种数量及年度	85 号火雷管/万发	85 号电雷管/万发	军用雷管/万发	斯蒂酚酸铅/kg	针刺药/kg
1994 年下半年	712	—	142.5	18.9	—
1995	527.1	—	35.3	—	12
1996	439	105.7	51	16	
1997	359	145	22	169.5	5.5
合计	2037.1	250.7	301.3	204.4	17.5

爆炸试验塔外貌如图 9-1 所示,销毁试验塔的外貌如图 9-2 所示。

图 9-1　爆炸试验塔外貌

图 9-2　销毁试验塔外貌

9.1.2 爆炸塔试验任务、试验项目、测试设备和仪器

1. 试验任务

在密闭性爆炸试验塔内可以进行炸药性能、弹药性能、火工品性能试验和研究以及爆炸加工等生产研究。

2. 主要试验研究项目

（1）炸药起爆、传爆、爆轰形成过程试验和理论验证试验；

（2）炸药装药爆轰的成长及传播参数的测定；

（3）射流形成过程参量的试验研究测定；

（4）破甲过程试验参数的测定；

（5）破甲深度和时间的关系的测定；

（6）殉爆试验；

（7）铅墙爆能试验；

（8）在高速（1~4km/s）状态下对目标毁伤作用的试验研究；

（9）在超高速（4~6km/s）、小粒子（0.1~1g），对各种不同材料的毁伤效应试验；

（10）多点起爆爆轰波叠加传播的规律研究；

（11）爆炸成形加工试验等。

3. 主要测试设备和仪器

目前我国爆炸试验塔主要测试设备和仪器见表9-2，但有些相机还是胶片记录式，尚未完全过渡到数码相机。

表 9-2　爆炸试验塔主要测试设备和仪器

序号	名称	型号及规格	用途
1	高速摄影机	SP-2000，频率 $10^7 s^{-1}$，扫描速度 7000m/s	拍摄爆轰过程
2	狭缝摄影机	如 5XTS-79	测速度、姿态等
3	快速示波器	如 Tectronix 公司生产的示波器记录 $10^{-6} \sim 10^{-8}$ 脉冲信号	直接输出数字化波形
4	序列脉冲激光仪	如 DXMJ-1，MG	
5	脉冲 X 光机系统	双通道 450 型。输出电压：150~450kV；脉冲宽度：20ns；每个脉冲的 X 射线剂量（1m 处）：20mR；穿透钢的深度（2.5m 处）：30mm；X 射线源焦点：1mm	瑞典 SKD 公司，拍摄爆炸驱动金属过程的瞬态图形
6	VISAR 激光干涉仪		测飞行物的速度

序号	名称	型号及规格	用途
7	CCDX 射线照相机		对超高速运动下的运动速度、位移、加速度、应力和应变参数测试
8	高速扫描系统		
9	图像处理系统	带有 16 位以上的微处理机	对曲线进行经验公式处理
10	摄像机	如英国 IMAKON-790	拍摄爆轰过程
11	等待式转镜高速摄影机	如 DSJ-20	
12	CCD 摄相机	50~100 万幅/s	
13	高速动态分析仪	转镜速度 $3\times10^2 \sim 3\times10^5$ r/min	
14	高精度照相机	最快曝光时间 20ns,最大曝光次数 16,2048×2048 像素	
15	多通道频率计		
16	蝙蝠相机		拍摄连续坐标
17	高速分幅相机 FJZ-250	1000 万幅/秒,画幅 7 × 905mm	267 厂生产
18	高速相机	250mm 镜头,15 万转/min,7.5mm/μs	267 厂生产
19	判读仪	DDR ZEISS	
20	测时仪	精度 0.1%	
21	直线加速器	焦点:2.0mm;计量率:200rad/min;最大穿透能力:410mm 铝（2.7g/cm³）;130mm 钢（7.8g/cm³）;线性阵列探测器:密度分辨率 0.3%~0.5%;扫描时间:0.5~3min;尺寸测量精度:≤±125μm	新洋（国际）科技有限公司

9.1.3 爆炸试验塔和销毁塔几何形式的确定

1. 塔的平面形式的设计

根据试验的项目和测试仪器的布置,爆炸试验可以在矩形或圆形的塔内进行,通过对比,从结构的受力角度看,见表 9-3 爆炸塔选型比较,圆形塔比矩形塔显著优越。因此,国内的爆炸（销毁）塔大部为圆形塔。

但目前,多采用圆形与矩形结合的结构,即主体塔为圆形的而引出通道至抗爆门之间的为矩形的。

从试验使用矩形更适合,但圆形也能满足;塔壁超压矩形长边超压增大,圆形受力均匀;矩形反射超压易形成压力重叠,圆形可以避免压力重叠;矩形受拉力与弯矩而圆形只受拉力。

表 9-3　矩形与圆形爆炸塔超压比较

塔型	距爆中心/m	$r/W^{1/3}/(\text{m/kg}^{1/3})$	反射超压/10^5Pa	平均值/10^5Pa
圆形	6.1	2.12	5.25	5.25
矩形	4	1.42	23.00	10.68
	7.2	2.54	3.8	
	6	2.12	5.25	

2. 塔的平面的确定

(1) 从使用角度考虑,塔的平面尺寸应满足:

① 试验炸药的爆炸药量,一般中心爆炸一次试验药量为 0.5~2kg,有的为 3kg、5kg、8kg、10kg,目前最大为 50kg;偏炸爆炸一次试验药量一般为 0.5~2.0kg;销毁爆炸一次药量一般为 0.5~1kg。

② 试验测试要求的距离,主要是光测成像位置的距离,一般为 2~5m,销毁一般不设置仪器。

③ 偏炸的距离,主要考虑 X 射线底版成像位置的距离要求,一般小于 2m。

④ 电测点的位置和数量,依据试验任务确定,一般设计测试几个点到几十个点,即接线板宜设计几对线到几十对线的接线柱。

⑤ 测试件的大小和使用的吊具,有时还要考虑局部防护的设施及其摆放位置。

(2) 从塔壁受力比较合理的超压角度考虑,塔的平面尺寸应满足

$$r = 0.88 \times (2.73 \sim 2.00)W_T^{1/3}$$

式中:r 为爆心至塔壁的距离(m);W_T 为中心爆炸时的炸药量(kg,以 TNT 当量计);0.88 为考虑超压均匀分布的折减系数;2.73~2.00 为壁上超压为 $(3\sim6)\times10^5$Pa 时的相对距离($\text{m/kg}^{1/3}$)。

(3) 偏炸点的位置核算。根据工艺试验确定的药量 W_T 和偏炸点至壁面距离 r_1 可按下式核算满足防止脱痂要求:

$$r_2 \leqslant 0.234 r_m W_T^{1/3} \leqslant r_1$$

式中:r_2 为防止脱痂的距离(m);r_m 为已知壁厚时,防止脱痂所需的相对距离($\text{m/kg}^{1/3}$),查图表可得;W_T 为试验炸药量(kg,以 TNT 当量计);r_1 为试验要求的距离(m)。

(4) 从塔壁受力比较合理的超压角度考虑,塔的平面尺寸宜按下式确定:

中心爆炸时为

$$r \geqslant 2.4W_T^{1/3}$$

式中:r 为爆炸塔的半径(m);W_T 为中心爆炸时的炸药折 TNT 药量(kg)。

偏心爆炸时为

$$r \geqslant 1.1W_T^{1/3}$$

式中:r 为偏炸点至塔壁的距离(m);W_T 为偏心爆炸时的炸药折 TNT 药量(kg)。

3. 塔的高度的确定

爆炸塔通常由圆柱和半球部分组成,如图 9-3 所示。塔的高度与爆炸点的标高有直接的关系。

(1)从使用角度考虑,塔的高度应满足以下条件:

① 同 9.1.3 条的 1 款;

② 爆炸试验点的高度、光测成像位置的高度、摄像孔的中心标高与摄像机的摄像镜头中心的标高,宜一致且为 1.5m,销毁点的标高一般为 0.8~1.0m;

③ 偏炸的标高,主要考虑 X 射线底版成像位置标高,一般为 1.5m;

图 9-3　试验塔的半球和圆柱体
的内衬钢板结构

④ 测试件的大小和其所使用的吊具与塔的高度有关。

(2)从塔底板超压比较合理的角度考虑,且又能满足试验要求的前提下,塔试验台面的高度宜为 1~1.5m,销毁台面的标高综合考虑一般为 0.8~1.0m。

4. 试验塔的光测窗口的设计

光测孔窗口整体设计图和预埋件设计图如图 9-4 和图 9-5 所示。

(1)预埋件在建设爆炸试验塔时预埋,平透镜外壳在塔建设完成后安装。

(2)X 光机光窗口与摄影机光窗口的设计图基本一致,只是孔内径缩小到 200mm。安装位置以 X 光机室内爆炸塔外墙部分的中心位置为基础,向左右各 15°。成像位置为爆炸塔中心,先预埋窗口。

5. 试验塔的通风窗口的设计

爆炸塔内的送风和排风窗口如图 9-6 所示,窗口的尺寸依据风量确定。

9.1.4　爆炸冲击波超压及其作用时间的测试

1. 冲击波超压及其作用时间的测试

为了验证现有爆炸试验塔和销毁试验塔的计算方法,某院与有关单位共同在现有的爆炸试验塔内,以中心位置为爆点、塔壁的不同位置为测点,分别使用 50g、

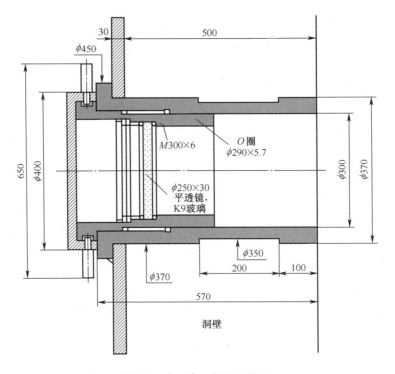

图 9-4 光测窗口整体设计图

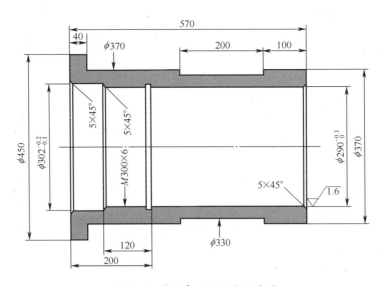

图 9-5 光测窗口预埋件设计图

100g、200g、400g、600g 的 TNT 炸药进行爆炸试验,对爆炸规律和反射波的分布情况进行了测试,实测数据见表 9-4。

图 9-6　爆炸塔内的送风和排风窗口外貌

表 9-4　爆炸最大反射冲击波超压及作用时间实测值

序号	炸药量/g	测点与爆心距离/m	作用时间/ms	最大反射压力/10^5Pa
1			1.1	0.46
2			1.1	0.53
3	100	2.7	1.1	0.48
4			1.0	0.53
5			10.0	0.47
6			1.0	0.70
7			1.2	0.71
8	200	2.7	1.3	0.75
9			1.1	0.82
10			1.0	0.35
11			1.4	1.02
12			1.2	1.34
13	400	2.7	—	1.21
14			1.1	0.73
15			1.1	1.13
16			1.1	1.36
17	600	2.7	1.2	1.36
18			1.2	1.17
19			1.0	2.00
20			1.0	1.85
21	50	1.0	1.1	1.67
22			0.9	1.67
23			0.7	1.76

序号	炸药量/g	测点与爆心距离/m	作用时间/ms	最大反射压力/10⁵Pa
24			0.7	2.77
25			0.7	2.86
26	100	1.0	0.8	2.98
27			0.8	1.33
28			0.8	1.15
29			1.2	1.07
30			1.2	0.96
31	100	2.0	1.2	0.99
32			1.2	0.84
33			0.9	0.75

2. 炸药爆炸试验空气冲击波超压的计算方法

目前,国外爆炸试验有关点爆炸源的空气冲击波入射波超压和反射波超压计算公式较多,一般有六种计算方法,其公式如下:

（1）人民防空工程设计规范计算公式。TNT 球形装药在均匀大气的空中爆炸时的冲击波峰值超压计算公式为

$$\Delta P_{空} = \frac{0.84}{R} + \frac{2.7}{R^2} + \frac{7.0}{R^3} \quad (1 \leq R \leq (10\sim15))$$

当炸药在地面上爆炸时,其空气冲击波超压按地面材料不同而有所不同,如果地面是混凝土、岩石、钢板等硬材料构成,则可认为爆炸冲击波基本上被全反射,这时爆炸作用场某处的空气冲击波峰值超压,可近似地看作 2 倍药量在均匀无限空中爆炸所造成的超压,与萨道夫斯基公式雷同,其计算公式为

$$\Delta P_{硬地} = \frac{1.06}{R} + \frac{4.3}{R^2} + \frac{14.0}{R^3} \quad (1 \leq R \leq (10\sim15))$$

若炸药是在黏土、沙土等一般软土地面上爆炸,则地面不会对冲击波形成全反射,而是部分反射、部分吸收。吸收的部分能量会使地面产生破坏变形,甚至可将土壤抛到空中而在地面形成漏斗形弹坑。此时的冲击波超压可用下式进行计算:

$$\Delta P_{土壤} = \frac{1.02}{R} + \frac{3.99}{R^2} + \frac{12.6}{R^3} \quad (1 \leq R \leq (10\sim15))$$

（2）爆炸物理学的计算公式。炸药在地面上爆炸时,入射波的压力计算公式为

$$\Delta P_{硬地} = \frac{0.96}{R} + \frac{3.9}{R^2} + \frac{14.0}{R^3}$$

该书提示,地面上的爆炸压力相当 2 倍质量的装药在距离地面上如此大的距

离上的爆炸,所以空中爆炸的入射波的压力公式为

$$\Delta P_{空} = \frac{0.755}{R} + \frac{2.45}{R^2} + \frac{6.5}{R^3}$$

（3）勃路德经验公式。空中爆炸入射波的超压计算公式为

$$\Delta P_{空} = \frac{0.975}{R} + \frac{1.454}{R^2} + \frac{5.85}{R^3} - 0.019$$

（4）В. А. олисов 在《筑城结构学》著作中提出的计算方法。炸药在地面上爆炸时,入射波的超压计算公式为

$$\Delta P_{硬地} = \frac{1}{R} + \frac{2}{R^2} + \frac{13}{R^3}$$

空中爆炸的入射波的超压计算公式为

$$\Delta P_{空} = \frac{0.79}{R} + \frac{1.58}{R^2} + \frac{6.5}{R^3}$$

其反射冲击波超压计算公式为

$$\Delta P_{反} = 2\Delta P_{空} + \frac{6\Delta P_{空}^2}{7 + \Delta P_{空}}$$

其反射斜冲击波超压计算公式为

$$\Delta P_{反} = \Delta P_{空}(1 + \cos\alpha) + \frac{6\Delta P_{空}^2}{7 + \Delta P_{空}}\cos^2\alpha$$

（5）W. E. Baker 在 *Explosions in Air*, 1973 著作中提出炸药空中爆炸的入射波的压力计算公式为

$$\Delta P_{空} = \frac{20.6}{R} + \frac{1.94}{R^2} - \frac{0.04}{R^3} \quad (0.05 \leqslant R \leqslant 0.5)$$

$$\Delta P_{空} = \frac{0.67}{R} + \frac{3.01}{R^2} + \frac{4.31}{R^3} \quad (0.5 \leqslant R \leqslant 70.6)$$

（6）萨道夫斯基(М. А. Садовский) 依据球状 TNT 装药在无限空气介质中爆炸的试验结果得到的冲击波峰值超压计算公式:

$$\Delta P_{空} = \frac{0.76}{R} + \frac{2.55}{R^2} + \frac{6.5}{R^3} \quad (1 \leqslant R < (10 \sim 15))$$

装药在地面上爆炸时,由于地面的阻挡,空气冲击波不是向整个空间传播,而是向半无限空间传播,因而被冲击波卷入运动的空气量减少 1/2。当装药在混凝土或岩石一类的刚性地面上爆炸时,可看作 2 倍的装药在无限空间中爆炸,即计算药量可取为 $2W_T$。其计算公式为

$$\Delta P_{硬地} = \frac{0.96}{R} + \frac{4.05}{R^2} + \frac{13}{R^3} \quad (1 \leqslant R \leqslant (10 \sim 15))$$

装药在普通土壤地面上爆炸时,土壤在高温高压的爆炸产物作用下发生变形、破坏和部分被抛掷到空中形成一个弹坑。例如,1000kgTNT 炸药爆炸后形成的弹坑为 38m³。依据试验,此时的计算药量可取为 $(1.7\sim1.8)W_\mathrm{T}$。其计算公式为

$$\Delta P_{土壤} = \frac{0.92}{R} + \frac{3.77}{R^2} + \frac{11.7}{R^3} \quad (1 \leqslant R \leqslant (10\sim15))$$

式中:ΔP 为冲击波峰值超压,它是峰值压力 P_S 与环境大气压力 P_0 之差,即 $\Delta P = P_\mathrm{S} - P_0$,$(10^5\,\mathrm{Pa})$;$R$ 为比例距离或叫对比距离,它是距爆炸中心的距离 r 与爆炸药量 W_T 的立方根之比,即 $R = r/W_\mathrm{T}^{1/3}$($\mathrm{m/kg^{1/3}}$);W_T 为炸药量(kg,以 TNT 当量计);r 为爆炸中心至作用点的距离(m)。

按上述六种方法中的四种爆炸冲击波峰值超压的计算方法,及其反射爆炸冲击波压力公式进行计算结果,与某院实测的有效平均最大反射压力值,进行比较如表 9-5 所列。

表 9-5 实测的与计算的反射压值比较

序号	药量 /kg	爆心距测点距离/m	实测反射压力(平均值)/$10^5\mathrm{Pa}$	1)计算方法计算结果 /$10^5\mathrm{Pa}$	2)计算方法计算结果 /$10^5\mathrm{Pa}$	3)计算方法计算结果 /$10^5\mathrm{Pa}$	4)计算方法计算结果 /$10^5\mathrm{Pa}$
1	0.1	2.7	0.50	0.58	0.52	0.46	0.54
2	0.2	2.7	0.72	0.88	0.79	0.72	0.82
3	0.4	2.7	1.17	1.41	1.26	1.13	1.30
4	0.6	2.7	1.27	1.90	1.70	1.49	1.76
5	0.05	1.0	1.79	2.83	2.53	2.19	2.61
6	0.1	1.0	2.87	5.27	4.70	3.93	4.83
7	0.1	2.0	0.93	1.00	0.90	0.82	0.93

3. 冲击波峰值超压分析比较

从表 9-5 中的实测数据与上述引用计算公式的计算数据比较与分析中,可看出在药量较小的情况下,利用上述提及的爆炸物理学的计算公式、贝克(W. E. Baker)计算公式和萨道夫斯基(M. A. Садовский)计算公式,计算爆炸塔内的冲击波超压都是比较安全的,例如:

$$\Delta P_{硬地} = \frac{0.96}{R} + \frac{3.9}{R^2} + \frac{14.0}{R^3}$$

$$\Delta P_{空} = \frac{0.755}{R} + \frac{2.45}{R^2} + \frac{6.5}{R^3}$$

$$\Delta P_{反} = \Delta P_{空}(1 + \cos\alpha) + \frac{6\Delta P_{空}^2}{7 + \Delta P_{空}}\cos^2\alpha$$

4. 等效荷载与动力系数的计算

爆炸荷载是个动态荷载,瞬时超压很大,但作用时间很短。它的超压随时间以指数规律衰减。爆炸超压作用于塔壁上的正压作用时间与炸药量及爆源距离有关,计算公式为

$$t_+ = 1 \times 10^3 W_T^{1/6} r^{1/2}$$

式中:t_+ 为正压作用时间(s);r 为爆心与塔壁的距离(m);W_T 为炸药量(kg,以 TNT 当量计)。

如果超压的作用时间较短,爆炸塔的结构尚未到达极限变形,载荷显著地减少,这样的爆炸塔就能承受住几倍屈服载荷的峰值载荷。当超压的作用时间较长时,结构的承载能力要超过屈服载荷是不可能的。因此,不同作用时间的载荷的等静效载荷的计算方法也不同,作用时间长短,是相对于爆炸塔的自振周期而言的。

等效静载公式为

$$q = k\Delta P_{反}$$

式中:q 为等效静载荷(10^5Pa);k 为动力系数;$\Delta P_{反}$ 为反射超压(10^5Pa)。

当 $t_+ > 3T/8$ 时,有

$$k = 2\left(1 - \frac{1}{\phi t_+}\arctan^{-1}\phi t_+\right)$$

当 $t_+ < 3T/8$ 时,有

$$k = \frac{\phi t_+}{2}\left[\left(\frac{\sin\left(\frac{\phi t_+}{2}\right)}{\frac{\phi t_+}{2}}\right)^2 + \frac{4}{(\phi t_+)^2}\left(1 - \frac{\sin\phi t_+}{\phi t_+}\right)^2\right]^{\frac{1}{2}}$$

式中:t_+ 为冲击波作用时间(ms);T 为结构物的自振周期(s);ϕ 为结构物的自振频率(s^{-1})。

等效静载荷等确定后,还需对试验塔和销毁试验塔壳体及柱体进行内力等计算,内容很多,相关单位已编制爆炸塔结构计算程序,这里就不累述了。

9.1.5 静超压的计算

静超压是密闭爆炸塔内由于爆炸气体积累产生的附加压力,其值与爆炸药量和塔的体积有关,作用时间较长,其压力可按下式计算:

$$P_s = 23\left(\frac{W}{V}\right)^{0.72}$$

式中:P_s 为静超压值(10^5Pa);W 为炸药质量(kg);V 为塔的体积(m^3)。

经计算,在爆炸塔内爆炸 1kg 的炸药,其不同体积的塔内形成的静超压见表 9-6。这个压力值比塔壁设计超压小,但还是比较大的,说明爆炸塔内试验之

后,不先排风泄压就开启抗爆门是比较困难的。

表9-6　固定药量的不同体积与静超压值关系

$W/V/(\text{kg}/\text{m}^3)$	1/50	1/80	1/100	1/150	1/200	1/250
$P_\text{s}/10^5\text{Pa}$	1.38	1.0	0.83	0.62	0.51	0.43

9.1.6　爆炸试验塔和销毁试验塔的抗爆金属门及通风口挡板的强度计算举例

1. 原始数据

（1）炸药质量 $W = 0.2\text{kg}$，炸药密度 $\rho = 1.6\text{g}/\text{cm}^3$，球形装药的半径 $r_\text{e} = 0.031\text{m}$，$r/r_\text{e} = 2.1/0.031 = 67.74$。

（2）爆炸点距门扇中心水平距离 $r = 2.1\text{m}$，爆炸点距门扇中心的法线角为 $\tan\alpha = (1.2 - 0.85)/2.1 = 0.1667$，$\alpha = 9°28'$。

（3）钢板门厚度假设为 $b = 1.2\text{cm}$。示意如图9-7所示。

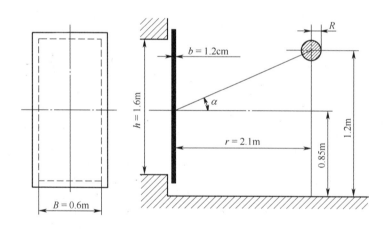

图9-7　抗爆金属门与爆点的示意图

（4）确定门扇的自振频率，按 B. A. ОЛИСОВ《筑城结构学》计算：

$$\phi = \frac{\alpha}{h^2}\left(\frac{D}{m}\right)^{\frac{1}{2}}$$

$$\alpha = 9.87 \times \left(1 + \frac{h^2}{B^2}\right) = 9.87 \times \left(1 + \frac{1.6^2}{0.6^2}\right) = 80$$

$$D = \frac{Eb^3}{12(1 - \mu^2)} = \frac{2.1 \times 10^{11} \times 0.012^3}{12 \times (1 - 0.3^2)} = 3.32 \times 10^3(\text{kg} \cdot \text{m})$$

$$m = \frac{Qb}{g} = \frac{7800 \times 1.0 \times 1.0 \times 0.012}{9.81} = 9.55(\text{kg} \cdot \text{s}^2 \cdot \text{m}^{-3})$$

306

式中:ϕ 为频率;E 为弹性模量;μ 为钢的泊桑系数;α 为系数;D 为刚度;h 为门高;m 为门板的单位面积质量。

频率为

$$\phi = \frac{80}{1.6^2} \times \left(\frac{3.32 \times 10^3}{9.55} \right)^{\frac{1}{2}} = 583(\text{s}^{-1})$$

振动周期为

$$T_0 = \frac{2\pi}{\phi} = \frac{2 \times 3.14}{583} = 0.0108(\text{s})$$

$$\frac{3}{8}T_0 = \frac{3}{8} \times 0.0108 = 0.004(\text{s})$$

2. 确定门扇的爆炸作用时间

门扇的爆炸作用时间为

$$t = 1 \times 10^{-3} W^{\frac{1}{6}} r^{\frac{1}{2}} = 1 \times 10^{-3} \times 0.2^{\frac{1}{6}} \times 2.1^{\frac{1}{2}} = 1 \times 10^{-3} \times 0.765 \times 1.45 = 0.0011(\text{s})$$

因此,$3T_0/8 > t$。

3. 弯曲力矩的计算

弯曲力矩为

$$M_{动力} = M_{\text{CTi}} \phi$$

确定 M_{CTi} 时,需按下式求出作用门上的比冲:

$$i = 25 \frac{W^{\frac{2}{3}}}{r}(1 + \cos\alpha) = 25 \times \frac{0.2^{\frac{2}{3}}}{2.1} \times (1 + \cos 9°28') = 25 \times 0.163 \times 1.986 = 8.09(\text{kg} \cdot \text{s/m}^2)$$

当 $h/B = 1.6/0.6 = 2.67$ 时,有

$$M_{\text{CTi}}^{\max} = \beta i B^2 = 0.1132 \times 8.09 \div 10000 \times 60^2 = 0.3297(\text{kg} \cdot \text{cm} \cdot \text{s})$$

由此

$$M_{动力} = M_{\text{CTi}} \phi = 0.3297 \times 583 = 192(\text{kg} \cdot \text{cm})$$

4. 金属门扇厚度及材质的计算和选定

门扇材料的最大应力为

$$\sigma = \frac{192 \times 6}{1 \times 1.2^2} = 800 \text{kg/cm}^2 < 1400 \sim 2850 \text{kg/cm}^2 (\text{A0} - \text{A3 钢板})$$

选用 A_0 钢板,$(192 \times 6)/b^2 = 1400$,$b = 0.83 \text{cm}$,取厚度为 2cm。上述为手算方式,兵器某院已编程,可按 KBSJ 抗爆程序进行计算。

5. 金属门扇的结构

抗爆门由金属门扇、上铰链、下铰链、门闩、手把及联锁装置构成。

门扇的外形尺寸:高度为 1910mm(用于爆炸塔宜为 1610mm),宽度为 980mm(用于爆炸塔宜为 610mm),厚度为 16+48+6=70mm,即内钢板厚度为 16mm,外钢

板厚度为6mm,支撑为槽钢100×48×5.8,间隔240mm,钢板间内填防震吸声材料,本计算的装甲门受力较小,属于KBM-100型、KBM-500型和KBM-1000型,受力较大的KBM-1500型、KBM-2000型、KBM-3000型、KBM-4000型和KBMT-1500型时,应按原始数据重新计算,还可以将槽钢改号或改为工字钢等。

在门扇与门框之间,可用铜条平头螺钉将橡胶密封圈密封。抗爆间室的地面标高可为-0.06mm,室外地面标高为±0.00mm。抗爆门主要数据见表9-7。

表9-7　抗爆门的主要数据

门型号	允许承受等效荷载/kPa	总重/kg	自振圆频率 /s^{-1}	自振周期 /ms	备　注
KBM-100	100	440	1330	4.7242	门洞尺寸 900×2100(h),门类型为手动平开抗爆门;爆炸塔的门洞可为 600×1600(h)
KBM-500	500	600	1612	3.8977	
KBM-1000	1000	700	1833	3.4278	
KBM-1500	1500	740	2273	2.7643	
KBM-2000	2000	820	2279	2.2609	
KBM-3000	3000	980	2868	2.1908	
KBM-4000	4000	1055	3529	1.7804	
KBMT1-500	500	2390	818.2	7.6972	门洞尺寸 1500×2400(h),门类型为推拉式抗爆门
KBMT1-1000	1000	3330	1238	5.0749	
KBMT1-1500	1500	3470	1270	4.9462	
KBMT2-500	500	2430	841.7	7.4649	门洞尺寸 1200×2100(h),门类型为手动平开抗爆门
KBMT2-1000	1000	2740	1321	4.7553	

注:本表取自抗爆门通用图选用表说明书

6. 通风口挡板的厚度及材质的选定

经计算通风口挡板的厚度为1.58cm,取厚度为3cm,材质选为A₃钢板。

9.1.7　爆炸试验塔超压计算举例

1. 0.1kg 炸药爆炸密闭型爆炸试验塔举例

冲击波超压的计算,假设:TNT 炸药质量 $W=100g$,爆心距地面1.2m,爆心距受力点1距离 $r=0.85m$(偏炸),法线角为 $\cos\alpha=1$,受力点的冲击波超压值为

$$\Delta P_{空} = 1 \times 10^5 \times (0.755/R + 2.45/R^2 + 6.5/R^3)$$

308

$$= 1 \times 10^5 \times (0.755/1.83 + 2.45/1.83^2 + 6.5/1.83^3)$$
$$= 1 \times 10^5 \times (0.413 + 0.731 + 1.06)$$
$$= 2.21 \times 10^5 (\text{Pa})$$
$$R = r/w^{1/3} = 0.85/0.1^{1/3} = 1.83$$
$$\Delta P_{\text{反}} = 1 \times 10^5 \times \{2\Delta P_{\text{空}} + 6\Delta P_{\text{空}}^2/(7 + \Delta P_{\text{空}})\}$$
$$= 1 \times 10^5 \times \{2 \times 2.21 + 6 \times 2.21^2/(7 + 2.21)\}$$
$$= 1 \times 10^5 \times (4.42 + 29.31/9.21) = 10^5 \times (4.42 + 3.182)$$
$$= 7.60 \times 10^5 (\text{Pa})$$

2. 0.2kg 和 0.3kg 炸药爆炸密闭型爆炸试验塔举例

0.2kg 和 0.3kg 炸药爆炸密闭型爆炸试验塔内的超压如图 9-8 所示,计算过程不再赘述。

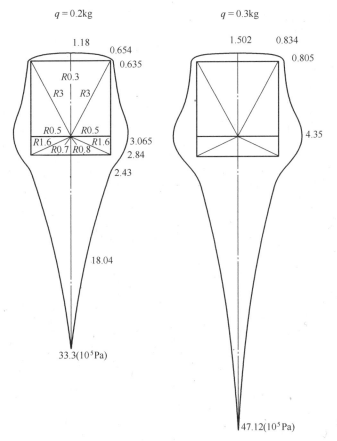

图 9-8　0.2kg 和 0.3kg 炸药爆炸密闭型爆炸试验塔内的超压

3. 0.5kg 炸药爆炸密闭型爆炸试验塔举例

经计算 0.5kg 炸药爆炸密闭型爆炸试验塔内的超压如图 9-9 所示,其设计结构如图9-12所示,但尺寸均比其小。

4. 3kg 装药爆炸密闭型爆炸试验塔举例

3kg 装药爆炸密闭型爆炸试验塔的外貌如图9-10(a)所示,结构如图9-10(b)所示。

1) 主要数据

塔体:圆柱形,直径6.4m,高度2m;

顶部:半球形,半径3.2m;塔高度5.2m,壁厚0.8m;

基础:钢筋混凝土,直径8m,厚度2m;

地基:素砼,直径10m,厚度2m。

2) 主要材料估算

钢板21t;工字钢5t;钢筋10.5t;无缝钢管1t;砼212t;水泥50t;砂石162t。

3) 噪声测试

0.1~1kg炸药爆炸试验塔外噪声测试见表9-8。

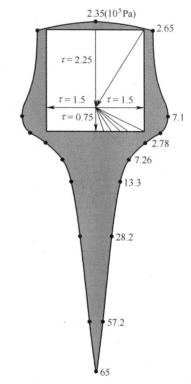

图9-9　0.5kg炸药爆炸密闭型爆炸试验塔内的超压

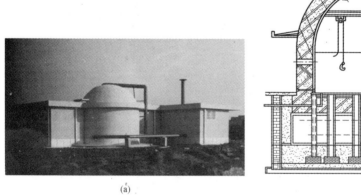

(a)　　　　　　　　　(b)

图9-10　3kg 装药爆炸密闭型爆炸试验塔

(a)外貌;(b)结构。

4) 振动测试

试验炸药量为 0.1 ~ 1kg,爆心距工作室地面 6.5m,现场测试振动数据见表9-9。

310

表 9-8 0.1~1kg 炸药爆炸噪声测试值

序号	药量(TNT)/g	塔上方距爆心 16.5m 处/dB	塔上方距爆心 16.5m 处/dB	实验室门外距爆心 28.0m 处/dB	塔院内距爆心 14.0m 处/dB
1	100	116.0		91.0	
2	200	121.0			
3	300	118.0 120.5			
4	400	121.5			
5	500	123.5	105.0	95.5	
6	700	123.7	108.0		
7	900	124.0	108.0		
8	1000	124.0 122.0	110.0	99.5	<110

表 9-9 0.1~1kg 炸药爆炸爆心距工作室地面 6.5m 处振动数据

	序号	1	2	3	4	5	6	7	8	9
	药量/g	100	100	400	500	700	900	1000	1000	1000
垂直向	$V_标$/(cm/s)	0.040	0.052	0.141	0.112	0.224	0.150	0.261	0.363	0.317
	$V_计$/(cm/s)	0.057	0.073	0.199	0.168	0.316	0.210	0.369	0.505	0.448
	f/Hz	35.7	37.0	38.5	35.7	37.0	38.5	38.5	38.5	38.5
	t_T/s					0.6	0.92	0.67	0.45	0.3
水平径向	$V_标$/(cm/s)								0.363	0.230
	$V_计$/(cm/s)								0.513	0.326
	f/Hz								38.6	38.5
	t_T/s									0.3
水平切向	$V_标$/(cm/s)				0.105	0.105	0.210	0.105	0.184	0.262
	$V_计$/(cm/s)				0.148	0.148	0.297	0.148	0.262	0.371
	f/Hz						38.5		38.5	35.7
	t_T/s								0.77	0.3

注:$V_标 = K_A \cdot A/K_{A标}$;$V_计 = K_A \cdot A/K_{V计}$;

$V_标$——标准振速(cm/s);

$V_计$——计算振速(cm/s);

K_A——系统标定电压灵敏度(V/mm);

A——实测波形幅值(mm);

$K_{V标} = 604mV/(cm/s)$(CD-1 标准灵敏度);

$K_{V计} = K_V/1.414 = 427mV/(cm/s)$;

f——振动频率,$f = 1/T$(Hz);

t_T——振动持续时间(s)

从表中可以看出,在塔内进行 0.1～1kg 的炸药爆炸时,其最大振速与 GB 6722—2003《爆破安全规程》即表 9-10 中规定的安全允许的振动速度相比,均小于规定的安全允许的振速。

表 9-10　振动安全允许标准(摘录)

序号	保护对象类别	安全允许的振动速度/(cm/s)		
		10Hz	10～50Hz	50～100Hz
1	土坯房、毛石房	0.5～1.0	0.7～1.2	1.1～1.5
2	一般砖房、非抗震的大型砌块建筑物	2.0～2.5	2.3～2.8	2.7～3.0
3	钢筋混凝土结构房屋	3.0～4.0	3.5～4.5	4.2～5.0
4	一般古建筑及古迹	0.1～0.3	0.2～0.4	0.3～0.5
5	交通隧道	10～20		

注:表列频率为主频率,系指最大振幅所对应波的频率

5) 对精密仪器的影响

试验炸药量为 0.5～1kg,爆心距电镜实验室地面 45m 处,现场测试振动数据见表 9-11。

表 9-11　0.5～1kg 炸药爆炸爆心距电镜实验室地面 45m 处振动数据

序号			1	2	3	4
药量/g			500	500	1000	1000
电子显微镜基座	垂直	振速/(cm/s)	0.0168	0.0136 0.0148	0.0168	0.018
		频率/Hz	35.7	35.7 35.9	37.0	33.3
		位移/μm	0.75	0.61 0.66		0.86
	水平(径向)	振速/(cm/s)	0.0106	0.0096	0.0098	
		频率/Hz	35.7	40.0	37.0	
		位移/μm	0.47	0.38	0.42	
电镜室地面	垂直	振速/(cm/s)	0.0013	0.0068		
		频率/Hz	35.7	35.7		
		位移/μm	0.06	0.30		

注:测试振动数据摘自中国矿业学院鉴定材料

从表中可以看出,在塔内进行 1kg 的炸药爆炸时,其最大位移小于电子显微镜说明书中提示要求的振动位移不大于 5μm(5Hz)的要求。

5. 7kg 炸药装药爆炸密闭型爆炸试验塔举例

将装药(7kg 炸药装药)放置在爆炸塔的地面中心高度为 0.6m 的木桩上,爆炸时在密闭型爆炸试验塔内的超压值及设计计算超压值如图 9-11 所示,设计等强度线如图 9-12 所示。

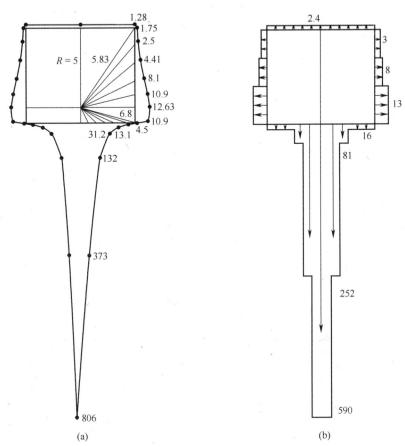

图 9-11　7kg 炸药装药在密闭型爆炸试验塔内的爆炸超压(图中单位 10^5Pa)

(a)超压计算;(b)工程计算。

此试验塔是作者参加设计的第一座大药量爆炸密闭型爆炸试验塔见图 9-12,1959 年 9 月 23 日设计,并当年施工。该塔与当前同类型爆炸试验塔比较,尚存在许多不足之处。

6. 8kg 炸药爆炸密闭型爆炸试验塔举例

1)超压冲击波的计算

冲击波超压的计算,假设:炸药质量为 $W_T = 8$kg(TNT 当量),爆心距地面 1.0m 及爆心距塔壁受力点距离为 $r = 1$m、1.5m、3m、5m、6.5m、6.8m、7m,求各受力点的冲击波超压力值。

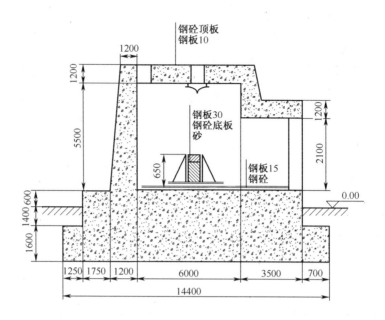

钢砼顶板
钢板10

钢板30
钢砼底板
砂

钢板15
钢砼

图 9-12　7kg 炸药爆炸密闭型爆炸试验塔的结构

$$\Delta P_{空} = 1 \times 10^5 \times (0.755/R + 2.45/R^2 + 6.5/R^3)$$

点 1：$r = 1\text{m}$，$R = r/W^{1/3} = 1/8^{1/3} = 0.5$

$$\Delta P_{空} = 1 \times 10^5 \times (0.755/0.5 + 2.45/0.5^2 + 6.5/0.5^3) = 6.37 \times 10^6 (\text{Pa})$$

$$\Delta P_{反} = 1 \times 10^5 \times \{2\Delta P_{空} + 6\Delta P_{空}^2/(7 + \Delta P_{空})\}$$

$$= 1 \times 10^5 \times \{2 \times 63.7 + 6 \times 63.7^2/(7 + 63.7)\} = 10^5(471.8) = 4.718 \times 10^7 (\text{Pa})$$

点 2：$r = 1.5\text{m}$，$R = r/W^{1/3} = 1/8^{1/3} = 0.75$

$$\Delta P_{空} = 1 \times 10^5 \times (0.755/0.75 + 2.45/0.75^2 + 6.5/0.75^3) = 2.39 \times 10^6 (\text{Pa})$$

$$\Delta P_{反} = 1 \times 10^5 \times \{2\Delta P_{空} + 6\Delta P_{空}^2/(7 + \Delta P_{空})\}$$

$$= 1 \times 10^5 \times \{(2 \times 23.9 + 6 \times 23.9^2/(7 + 23.9)\} = 1.587 \times 10^7 (\text{Pa})$$

点 3：$r = 3\text{m}$，$R = r/W^{1/3} = 3/8^{1/3} = 1.5$

$$\Delta P_{空} = 1 \times 10^5 \times (0.755/1.5 + 2.45/1.5^2 + 6.5/1.5^3) = 3.58 \times 10^5 (\text{Pa})$$

$$\Delta P_{反} = 1 \times 10^5 \times \{2\Delta P_{空} + 6\Delta P_{空}^2/(7 + \Delta P_{空})\}$$

$$= 1 \times 10^5 \times \{2 \times 3.58 + 6 \times 3.58^2/(7 + 3.58)\} = 14.43 \times 10^5 (\text{Pa})$$

点 4：$r = 5\text{m}$，$R = r/W^{1/3} = 5/8^{1/3} = 2.5$

$$\Delta P_{空} = 1 \times 10^5 \times (0.755/2.5 + 2.45/2.5^2 + 6.5/3.5^3) = 1.143 \times 10^5 (\text{Pa})$$

$$\Delta P_{反} = 1 \times 10^5 \times \{2\Delta P_{空} + 6\Delta P_{空}^2/(7 + \Delta P_{空})\}$$

$$= 1 \times 10^5 \times \{2 \times 1.143 + 6 \times 1.43^2/(7 + 1.143)\} = 3.25 \times 10^5 (\text{Pa})$$

点 5：$r = 6.5\text{m}, R = r/W^{1/3} = 5/8^{1/3} = 3.25$

$\Delta P_空 = 1 \times 10^5 \times (0.755/3.25 + 2.45/3.25^2 + 6.5/3.25^3) = 6.64 \times 10^4(\text{Pa})$

$\Delta P_反 = 1 \times 10^5 \times \{2\Delta P_空 + 6\Delta P_空^2/(7 + \Delta P_空)\}$

$= 1 \times 10^5 \times \{2 \times 0.664 + 6 \times 0.664^2/(7 + 0.664)\} = 1.67 \times 10^5(\text{Pa})$

点 6：$r = 6.8\text{m}, R = r/W^{1/3} = 6.8/8^{1/3} = 3.4$

$\Delta P_空 = 1 \times 10^5 \times (0.755/3.25 + 2.45/3.25^2 + 6.5/3.25^3) = 6.16 \times 10^4(\text{Pa})$

$\Delta P_反 = 1 \times 10^5 \times \{2\Delta P_空 + 6\Delta P_空^2/(7 + \Delta P_空)\}$

$= 1 \times 10^5 \times \{2 \times 0.616 + 6 \times 0.616^2/(7 + 0.616)\} = 1.53 \times 10^5(\text{Pa})$

2）爆炸塔壁的受力图

按上述的计算，炸药质量为 8kgTNT 当量，爆心距地面 1.0m，距塔壁最近 5m，距球顶 7m 等处，爆炸塔壁的受力如图 9-13 所示。

3）平面布置图

在爆炸试验塔内可进行炸药和弹药的爆炸试验，最大药量不大于 8kg，偏炸药量不大于 2kg。平面布置图内显示的有主体——爆炸试验塔和其周围布置的实验室，用于起爆、光测、电测、控制、数据处理和试验弹药准备及存放间等，详见图 9-14。

7. 半敞开式爆炸试验塔方案

半敞开式爆炸试验塔如图 9-15 所示，塔的直径为 8~10m，高度为 6~8m，圆柱形钢筋混凝土结构，在四周开四个门洞，洞口外设有防冲击波和破片的屏障。

屋顶为钢结构，与墙体采用弹性连接。屋顶高度为 7~10m，具体高度视试验的产品和药量确定，墙体内壁铺设钢板。

半敞开式爆炸试验塔适用于周围无居民点的环境。

在塔内可进行战斗部的杀伤性能试验，

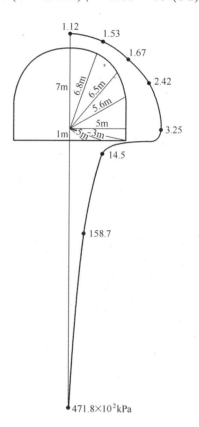

图 9-13　8kg 炸药爆炸塔塔壁及地面超压

适用于质量为 1.1~1.5kg，装药为 0.6~1.0kg，破片初速为 2200m/s，破片的飞散角为 16°，破片的方向飞散角为 3°的战斗部爆炸试验。

被杀伤的目标（人头靶、正面或侧面全身靶）可单独放置在有防护的小间内。

315

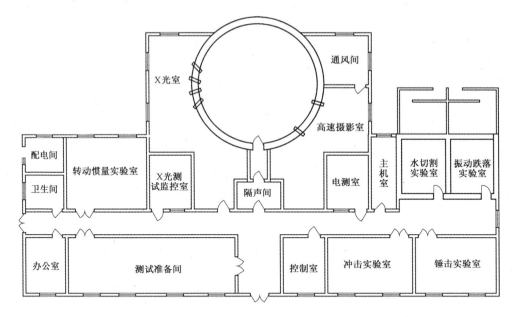

图 9-14 8kg 炸药爆炸塔及相关试验项目平面布置

8. 钢结构爆炸试验容器举例

1) 用途

爆炸试验容器用途很广泛,可用于爆炸试验研究、爆炸加工、剧毒物品和放射性物品运输等。军工部门主要用于炸药装药爆炸试验,如球形装药外表面多点起爆和爆轰波形成过程的测试等,其外貌如图 9-16 所示。

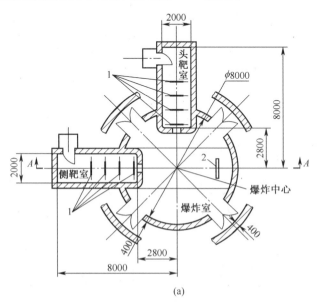

(a)

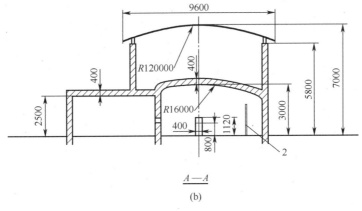

$A-A$

(b)

图 9-15 半敞开式爆炸试验塔

(a)平面图;(b)剖面图。

图 9-16 钢结构爆炸试验容器外貌

从试验场合选择的角度来说,目前爆炸试验有三种场合供选择:一是露天试验场地;二是钢筋混凝土爆炸试验塔(洞);三是钢结构爆炸试验容器。钢结构爆炸试验容器机动性较好,便于变更位置。

2)爆炸试验容器的结构

5BR-1 钢结构爆炸试验容器有立式球体卧式长筒两种结构方案,分别如图 9-17 和图 9-18 所示。

美国、俄罗斯和瑞典等国家在 20 世纪五六十年代就开始研究钢结构爆炸试验容器。但公开发表的不多,表 9-12 为爆炸试验容器与国内外同类设施对比。

3)5BR-1 爆炸试验容器和主要试验数据

(1)容器主体材料,采用 16MnR;

(2)内直径为 2400mm;

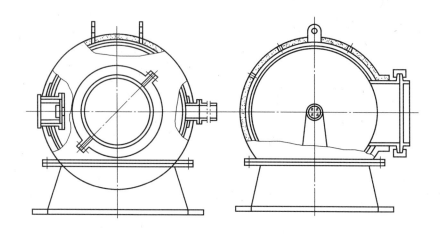

图 9-17 立式球体方案

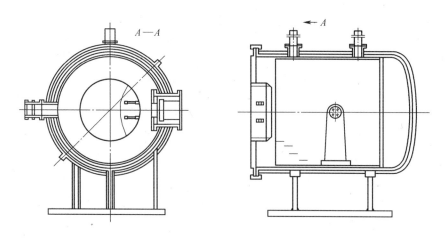

图 9-18 卧式长筒方案

表 9-12 爆炸试验容器与国内外同类设施对比

型号及厂家	药量 TNT/kg	直径/m	壁厚/mm	长度/m	容积/m³	主体质量/t
中国 5BR-1	5	2.4	40	3.6	13	约 15
瑞典 Bofors	5	3	40	5	30	约 30
中国洪都 BR1400-1	1	1.4	40	3	4.6	约 12

（3）洞门，球面密封门，球半径为 0.9m，球台直径为 1200mm，球冠高为 240mm，厚度为 40mm；

（4）在容器中部有 X 射线照相窗口，正对 X 光源一方为前窗口，安装暗盒，底片的一边为后窗口；

（5）容器能可靠地封住爆轰气体，并能在规定的时间内将其排放到大气之中；

318

（6）室外距爆炸中心 10m 处的噪声小于 140dB；

（7）门重 800kg，能轻松实现开关；

（8）按静压力 4MPa 进行结构和工艺设计，用 5MPa 水压进行检验试验。

4）测试炸药爆轰过程

实测距离 0.4m 处空气冲击波超压平均值为 61MPa（计算值 138.5MPa），距离 0.7m 处空气冲击波超压平均值为 18.9MPa（计算值 19.4MPa），距离 1.1m 处空气冲击波超压平均值为 4.2MPa（计算值 4.5MPa），距离 1.5m 处空气冲击波超压平均值为 3.4MPa（计算值 1.8MPa）。

9. 杀伤破片试验塔

我国某单位已研究用爆炸试验塔进行战斗部或弹丸的杀伤试验，从试验场走向爆炸试验塔，从野外走向室内，无控变为有控，是一个创新。爆炸试验步骤：将弹丸或战斗部安放在爆炸试验塔的中心起爆桩上，在 90°的两个靶间内安放木质靶板及测速靶架，在测试间内将测试仪器与起爆系统连成工作状态，关闭移动式钢板门（图 9-19），进行起爆，测量破片的飞散数据并进行判断结果。

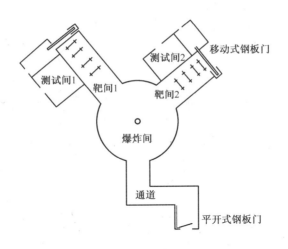

图 9-19　杀伤破片测试靶布置

10. 钢结构爆炸试验塔举例

钢结构爆炸试验塔如图 9-20 所示，它适用于有壳体破片飞散的炸药爆炸试验，如破甲弹、石油射孔弹等爆炸性能试验。一般药量控制为 100g 以下，装有射孔弹的射孔枪并用导爆索连接成起爆的状态，如图 9-21 所示。装在射孔枪内的射孔弹起爆后形成的射流示意如图 9-22 所示，几种型号的射孔弹外貌如图 9-23 所示。射孔枪、射孔弹及射孔效果如表 9-13 所列。

钢结构爆炸试验塔，用厚度为 40mm 的钢板焊接而成，其内部有效尺寸为 3m×3m。在四周的墙板上方开有通风口，通风口外侧设有防护钢板。

图 9-20　钢结构爆炸试验塔

图 9-21　装有射孔弹和导爆索的射孔枪

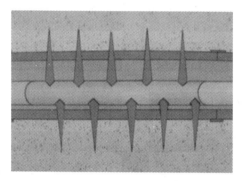

图 9-22　射孔弹的射流示意图

图 9-23　射孔弹外貌

表 9-13　射孔枪、射孔弹及射孔效果数据表

枪型	枪体外径 /mm	射孔弹型号	平均穿深（砼靶）/mm	平均孔径/mm	孔密度 孔/m	耐压 /MPa	耐温 /℃	通用套管尺寸/英寸
60	60	SJ-60	228.7	9	12	60	150	≥31/8
73	73	YD-73	320.0	10	16	60	150	≥4
89	89	YD-89	420.0	12	16	60	150	≥51/2
102	102	YD-102	600.0	20	16	100	180	≥51/2
102	102	DQ50YD-2S	620.0	12	16	100	180	≥51/2
102	102	SYZ-41YD	700.0	13	13	100	180	≥51/2
127	127	YD-89	420.0	12	36	100	180	≥7
127	127	SYZ-41YD	700.0	13	16	100	180	≥7
注：1 英寸=2.54cm								

　　其不足之处是爆炸时产生的振动噪声较大。如果在其四周设置隔声的防护结构及相应的排气装置可以补其不足。

11. 某装药起爆件爆炸试验塔

　　图 9-24 所示爆炸试验塔适用于小装药起爆件的试验或销毁，包括雷管、导火

索、导爆索、导爆管、切割器、爆炸螺栓等小装药量的起爆件的性能试验。起爆器准备及控制人员在单独房间内进行视频监控,摄像镜头可以多方位移动,遥控起爆。

图 9-24 起爆件爆炸试验塔外貌

9.1.8 湖北卫东双体爆炸试验塔举例

1. 湖北卫东双体爆炸试验塔

据统计,目前我国建设有几十座爆炸试验塔和销毁塔,但双体成对建设的只有湖北卫东控股集团(湖北卫东),他们开创了双体爆炸试验塔的先河。双体爆炸试验塔的示意如图9-25所示。

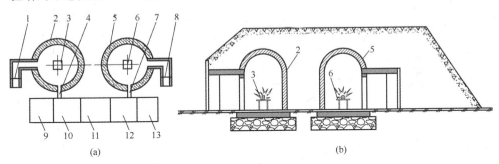

图 9-25 湖北卫东双体爆炸试验塔

1—抗爆装甲门A;2—爆炸塔A;3—爆炸试验台A;4—通风管道A;5—爆炸塔B;6—爆炸试验台B;
7—通风管道B;8—抗爆装甲门B;9—起爆间A;10—通风间A;11—测试间;12—通风间B;13—起爆间B。

2. 双体爆炸试验塔的看点

(1)具有国内先进水平,汲取了当前国内所有爆炸试验塔之长,排除了所有爆炸试验塔存在的不足。

(2)适用多产品多用途的爆炸试验塔,既可进行爆炸试验又可进行爆炸销毁。例如:在爆炸试验塔内可进行导爆索、导爆管的爆速测量,雷管的起爆性能试验,炸药的殉爆试验(常用炸药的殉爆距离值评定)和炸药的威力或爆炸力试验(常用炸药的铅墙扩张值评定）等;可进行火工品及其生产废药的爆炸销毁。

（3）工艺操作安全和使用方便。多数爆炸试验塔的试验是将爆炸品吊在空中起爆,或放在起爆木桩上起爆,上述起爆方法,在放置产品或连接起爆线路时,均有一定的风险。湖北卫东专门设计了爆炸试验平台,爆炸产品放置在钢质平台上进行起爆。

（4）爆炸试验塔结构新颖。目前几乎所有的爆炸试验塔,爆炸点都是正对着爆炸试验塔的门,因此,爆炸试验塔门的强度与塔壁强度相当,门的寿命较短,并经常损坏而漏烟。湖北卫东爆炸试验塔的门与爆炸点冲击波传播方向成 90°角,如图9-25 所示,不受直达冲击波的作用,冲量相对较小。

（5）控制噪声。湖北卫东爆炸试验的双塔外围和顶部覆土,衰减了传出的冲击波和噪声能量,周围的工房噪声值均低于工业噪声和环境噪声的规定。

（6）监控设施齐全,安全到位。设有人面识别系统,不识别的人员不能进入爆炸场地,并在爆炸试验塔的抗爆门处设有摄像取景器。

（7）湖北卫东与设计单位合作,提出了许多有切身体会有价值的意见,如企业过去一直在厂内的露天场地上进行爆炸试验,领导和职工最怕的是在生产时间听到突然的爆炸声音,因为他们一下分不清声音是来自爆炸试验场还是车间事故。为了尽可能提供最佳的设计,作者不遗余力地做出了隔声消声的尝试。

3. 双体爆炸试验塔的建设

双体爆炸试验塔的建设过程如图 9-26 和图 9-27 所示。现在看不到它们了,因为它们已被埋在混凝土和土之中。

图 9-26　双塔金属壳体

图 9-27　双体爆炸塔的圆柱部

9.1.9　事故案例及防范措施

事故案例 1:爆炸试验时隔声门被抛出塔外

1）事故概况

1989 年江西某爆炸试验塔,在 1kg 炸药爆炸试验时,冲击波将其隔声门抛出塔外约 3m 远,幸门外无人,未造成伤亡和大的财产损失。

2）分析原因

主要原因是片面执行"安全规范"的第 8.5.1 条"各级危险品生产厂房所有的门不应设置门槛。……其门的开启方向应与疏散门一致。"的条款。要知道,爆炸试验时,爆炸塔的抗爆门上将受到几兆帕至几十兆帕的压强,此门除了承受强大的压力以外,还应十分密闭。因此,要求四面交接。如果按上述规范要求,只三面交接,爆炸塔的地面与隔声间的地面同样的标高,在塔内爆炸时,产生的冲击波必然从未交接的地面与门之间的缝隙冲出,达到一定的压力后,将隔声门破坏并抛出塔外。

爆炸试验塔并非生产厂房,它是特殊的构筑物,并且在"安全规范"中并未给予危险等级,套用危险等级是没有依据的。

3）防范措施

可将爆炸塔的地面降低约 6cm,即相对于隔声间地面的标高低 6cm,使爆炸塔的抗爆门四面交接,并使门扇紧贴在门框上。

事故案例 2：爆炸试验时冲击波将其抗爆钢板门损坏

1）事故概况

于 2012 年山东某爆炸试验塔,在 8kg 炸药爆炸试验时,冲击波将其抗爆钢板门损坏不能继续使用。已造成财产损失和有伤亡的可能性。

2）分析原因

主要原因是门扇与门框之间的密封施工质量不到位,造成空隙太大,爆炸试验时,冲击波从其空隙泄出将其抗爆钢板门损坏(严重变形)。其次是在验收时,有关人员已发现其空隙问题,但未及时提出意见和采取措施,造成问题的出现。

3）处理办法

更换新的抗爆钢板门。爆炸塔抗爆门的密封问题一直未得到很好的解决。建议门与门框之间密封接触面的程度不应小于 85%,并在门与门框之间加设弹性密封垫圈,最后达到 100% 的密封。

事故案例 3：爆炸试验时通风管道振动及噪声

1）事故概况

2000 年,北京某爆炸试验塔,在炸药爆炸试验时,产生的噪声很大,在距爆炸试验塔外 15m 处估计其噪声值约为 100dBA,按国标《工业企业厂界噪声标准》的规定,其四类场所昼间标准值为 70dBA,夜间标准值为 55dBA。该试验塔明显不符合规定。

2）分析原因

经现场观察和分析,噪声源可以肯定来自爆炸试验塔内的爆炸能量。但不是爆炸产物产生的直接噪声,而是经室外通风薄壁管道(壁厚为 2mm),受振动产生的间接噪声。

3）处理办法

经查爆炸试验塔外的通风管道壁厚为 2mm,按其强度设计是合理的。但其受振动后,就像敲锣似的,噪声很响,让人难以接受。

现场商量,更换爆炸试验塔外的通风管道,采用等同于爆炸试验塔内的通风管道的同样壁厚。更改后,效果很好。

4）启示

从蓝图变成现实的过程,一个聪明的设计者,还应善于利用这一机会深入现场,从实践中汲取营养,修正不足,丰富自己。

事故案例 4:爆炸试验塔不能正常排除烟尘

1）事故概况

2000 年,湖北某爆炸试验塔,在炸药爆炸试验时,不能正常排除烟尘,即从排烟筒排除烟尘很少,而从抗爆的密封门却冲出很多。在现场还可以听到"噻噻"的声音。

2）分析原因

经现场检查,并拆开排风管道,发现其电动阀门处施工时积聚砂石等异物,使得电动阀门不能正常封闭。

3）处理办法

在爆炸试验前,应进行通风试验,发现问题及时清理管道,特别是建筑垃圾。施工时,应加强施工监督和管理。

事故案例 5:爆炸塔内炸药殉爆试验殉爆时间有误

因为室外炸药殉爆试验占用场地面积较大,很难解决。于是,从 1993 年起,室外殉爆试验开始由室外走向室内进行试验。选在长兴的某爆炸试验塔内进行试验。殉爆试验条件:主炸药 300g,被爆炸药 300g,平放在塔的地面上,头对头,相距 3.5cm,电雷管起爆。开始测试的殉爆时间比室外的时间短,认为室内殉爆试验受反射冲击波的叠加影响,而实际是测试仪器问题。这一试验方法以后纳入《小药量规范》。该规范已执行 10 余年,效果明显。

事故案例 6:爆炸试验后抗爆门不能开启

1）事故概况

20 世纪六七十年代,我国榴弹爆炸的破片收集试验多在爆炸试验塔内进行。这种试验方法是将弹丸放置在两层木板夹沙筒之间,夹沙筒放置在爆炸试验塔之中,用电雷管起爆。之后,用电动筛将破片与河沙分离。爆炸试验后,经常出现河沙等物将内开启的抗爆门阻挡而不能开启的问题。

2）处理办法

处理办法是在抗爆门上再开设一个小门,便于人员进入排除障碍。

事故案例7：爆炸洞试验事故鉴定

1）事故概况

某激光材料厂于1995年2月11日在本厂区爆炸洞内烧毁射孔弹时发生意外爆炸。某激光材料厂火工区位于某市郊区江南乡永庆村附近。爆炸试验洞布置在火工区北面砖墙外43.5m处的U形沟内，U形沟口部向东。

爆炸试验洞由方筒部和半球部组成，方筒部在下，半球部在上，通过钢筋焊接连接。实测内部尺寸长为2.2m，宽为2.2m，方筒部高度为2m。通道长为2.3m，宽为1.5m。。钢筋混泥土墙厚为0.2m，内衬钢板厚10mm。半球体由钢板制成，其厚度实测为12mm，其上覆盖有保温材料。

爆炸试验洞位于U形沟的底部，爆炸试验洞的出入口面向沟口。除口部外，其他三面较近处地形标高均高于爆炸试验洞地面相对标高5~6m。

爆炸后，爆炸试验洞内靠近走廊的钢砼隔墙倾倒，半球顶盖被向东抛出约8m处。

南郊砖厂的砖窑为30个窑门的轮窑，其长度为71m，宽度为12m，高度为2.8m。墙体内为砖砌，外为毛石砌块，窑门处的墙厚度为1.6m。

鉴定人员察看砖窑时只看到朝向爆点方向的墙体上，其中有两个窑门之间有一处裂缝，长约0.8m，缝宽1~3mm。窑上四个看火楼玻璃完好，看火楼上的烟筒、女儿墙等薄弱处未发现裂缝等损坏。据砖厂同志反映"窑内墙体裂缝很大，墙体外表面损坏已修复"，但由于窑门已全封闭我们无法进入里面察看裂缝情况，外表面修复后也难以辨别。

某激光材料厂火工区位于爆点和砖窑之间，爆炸试验洞距火工区的下述建筑物的距离为：至火工区北边砖围墙43.5m，至仓库约84m，至压药工房约157m，至门卫办公室约199m，至锅炉房约214m，至火工区南边砖围墙约189m。

经察看以上建筑物的外墙及火工区南、北边砖围墙均未发现有裂缝。

地区有关资料如下：地震烈度7°，最大冻结深度1.7m，雪荷载0.75kPa，风荷载0.4kPa，地基承载力0.13MPa。地层地质构造：0~4m为覆盖层，4~13m为卵石夹沙土，13~30m为花岗岩。

2）技术鉴定

（1）爆炸的总药量计算与确定。爆炸的弹种、发数和每发的装药量见表9-14。

销毁时，用于引燃射孔弹的废射孔弹装药约2kg。

参与爆炸的总药量约为3.244+2=5.244kg黑索今炸药。1kg黑索今炸药相当于1.29kgTNT当量，故5.244kg黑索今炸药相当于5.244×1.29=6.756≈6.8kgTNT当量的炸药。

爆炸时，射孔弹金属壳体的变形与破碎，爆炸洞的损坏均消耗一定的炸药能量,本鉴定从严掌握,忽略上述能量消耗,确定按 6.8kgTNT 当量的炸药进行鉴定计算。

表 9-14　爆炸的弹种及药量

弹种	数量/发	单发药量/g	总药量/g
73 型射孔弹	21	17	357
89 型射孔弹	70	25	1750
8 方位射孔弹	25	25	625
102 型射孔弹	16	32	512
合计	132		3244

（2）爆炸产生破坏效应的计算。射孔弹爆炸时产生的破坏效应有三个方面：一是空气冲击波；二是地震波；三是飞散物。由于射孔弹爆炸发生在爆炸试验洞内，因此，飞散物基本上飞不出洞内或飞出不会很远，不会对附近目标造成损坏，因而本鉴定不考虑飞散物的破坏作用，主要核定空气冲击波和地震波对南郊砖厂的破坏作用。

① 根据国务院办公厅文件的规定，危险品生产区建筑物内的炸药量小于等于 1tTNT 当量时，至下列目标的安全距离（r）如下：

　　a. 职工总数小于 50 人的工厂企业围墙 $r_1 = 200m$；

　　b. 职工总数 50~500 人的工厂企业围墙 $r_2 = 260m$；

　　c. 职工总数大于 500 人的工厂企业围墙 $r_3 = 300m$。

实际上爆炸试验洞内炸药爆炸的药量为 6.8kgTNT 当量，按此药量计算其爆点至上述目标的安全距离（R）更小了。

　　A. 职工总数小于 50 人的工厂企业围墙 $R_1 = 20 \times 6.8^{1/3} = 38m$；

　　B. 职工总数 50~500 人的工厂企业围墙 $R_2 = 26 \times 6.8^{1/3} = 49m$；

　　C. 职工总数大于 500 人的工厂企业围墙 $R_3 = 30 \times 6.8^{1/3} = 57m$。

② 根据国家标准《民用爆破器材工厂设计安全规范》的规定，危险品生产区 A 级建筑物内的炸药量小于等于 300kg 时，其对下列被保护目标的外部安全距离（r）如下：

　　a. 小型工厂企业的围墙 $r_1 = 200m$；

　　b. 零散住户边缘 $r_2 = 150m$；

　　c. 人口等于小于 10 万人的城镇规划边缘及大中型工厂企业的围墙 $r_3 = 300m$。

实际上，爆炸试验洞内炸药爆炸的药量为 6.8kgTNT 当量，按此药量计算其爆点至上述目标的安全距离（R）更小了。

　　A. 小型工厂企业围墙 $R_1 = 30 \times 6.8^{1/3} = 57m$；

　　B. 零散住户边缘 $R_2 = 23 \times 6.8^{1/3} = 44m$；

C. 人口等于小于 10 万人的城镇规划边缘及大中型工厂企业的围墙 $R_3 = 45 \times 6.8^{1/3} = 85m$。

③ 根据国标 GB 6722—1986《爆破器安全规程》(作者注:从 2004-05-01 实施的是 GB 6722—2003《爆破器安全规程》版本,计算公式没有原则的变化)计算 6.8kgTNT 当量炸药爆炸后的爆破地震安全距离为

$$R = (K/V)^{1/\alpha} Q^m$$

式中:R 为爆破地震安全距离(m);Q 为炸药量(kg);V 为地震安全速度(mm/s);m 为药量指数取 1/3;K、α 为与爆点地形、地质条件有关的系数和衰减系数,可取 $K = 350$,$\alpha = 2$。

《爆破器安全规程》规定对一般砖房、非抗震的大型砌块建筑物的地面质点的震动安全速度为 23mm/s,现采用 $V = 2mm/s$,则

$$R = (350/2)^{1/2} \times 6.8^{1/3} = 25(m)$$

另据砖窑主人介绍,由于烧砖的特点,砌砖窑时采用黄土砂浆,其抗震强度更差,现以《爆破器安全规程》中土窑洞土坯房的震动安全速度为 1cm/s 计算:

$$R = (350/1)^{1/2} \times 6.8^{1/3} = 35.444(m)$$

取为 36m。

3)鉴定结论

依据有关规定和计算结果,南郊砖厂砖窑距爆点的实际距离均大于规定值和计算值。因此,可以得出结论:在激光材料厂的爆炸试验洞内一次爆炸 6.8kgTNT 当量的炸药,产生的空气冲击波和地震波不足以引起距爆源 350m 处的南郊砖厂的砖窑产生裂缝损坏。

9.2 爆炸试验井和销毁井

9.2.1 概述

爆炸试验井是用于进行弹药威力试验并进行杀伤破片收集耐高脉冲压力的水容器地下构筑物,简称试验井。销毁井是对起爆药、炸药及其制品的废品进行销毁的耐高脉冲压力水容器地下构筑物。

战斗部或弹丸的杀伤破片试验及其研究试验可在爆炸试验井内进行爆炸试验,小型弹药及其火工品也可以在销毁井内进行爆炸销毁。我国开始自行设计建造爆炸销毁井是在 20 世纪 60 年代,重庆某厂为销毁小口径炮弹及其引信建设的条石砌筑的爆炸销毁井,经一段时间使用塌落,又重新建设一座井壁为钢筋混凝土的爆炸销毁井。70 年代,某基地设计建设一座试验药量为 3kg 的爆炸试验井,其任务是进行杀伤榴弹爆炸试验,收集杀伤破片,分析和评价杀伤榴弹爆炸性能。2010

年和 2012 年我国又在北京和西安相续建设爆炸试验井。

在 20 世纪五六十年代，弹丸破片总数和破片数量分布试验是在沙箱中进行，爆炸前的准备和爆炸后的筛选工作量很大。由于破片与沙摩擦，表面模糊不清还有灰尘，而且还存在最小破片难回收的问题。而最小破片的有关数据，无论是在理论处理方面还是在详细论述破片效果方面，都有重要的意义。

爆炸试验井的设计建设成功，弥补了沙箱中进行爆炸试验的缺点。破片表面没有灰尘，每次试验破片都可以完全回收起来。但水井试验也存在一些问题，主要是弹丸直接在水中爆炸，弹丸周围的水会产生"密闭效应"，使水中爆炸与空气中爆炸所产生的破片出现很大的差异。但此问题用改变空气室大小的办法已得到解决。特别提出的是要注意设置空气室，没有空气室时，大破片产生很多，如果逐渐扩大空气室，则细小的破片也随之逐渐增多。但是，当空气室的大小超过弹径的 5 倍时，破片的生成情况与空中爆炸完全相同。德国人的试验结果，也证实当空气室的大小超过弹径的 5 倍时，破片的数量分布大致稳定不变。

爆炸试验井主要由爆炸试验井、破片回收网、回收网吊架、空气室、空气压缩机、储气罐等组成。

以往在露天试验场上进行爆炸试验会出现许多安全问题，突出的问题：

（1）警戒距离大。按现行的"安全规范"在无防护的情况下，从爆炸点算起的警戒距离不宜小于表 9-15 的规定。

表 9-15　各种炮弹和战斗部的爆炸点算起的警戒距离

试验炮弹及战斗部的弹径/mm	从爆炸点算起的警戒距离不宜小于/m
57	500
85	700
85~130	700~1100
130 炮弹,122 战斗部	1100~1400

（2）占地面积较大。建设在厂内的一座爆炸试验（销毁）井占地面积仅为 23 市亩（$\pi r^2 = 3.14 \times 70^2 = 15386m^2 = 153.86$ 公亩 = 23.07 市亩），而 122~130mm 弹径的杀伤炮弹试验场的占地面积则为 5699 市亩（$\pi r^2 = 3.14 \times 1100^2 = 3799400m^2 = 37994$ 公亩 = 37994/6.667 = 5699 市亩）。比值为 25 倍，节省土地面积可观。

（3）噪声扰民。露天爆炸试验时附近几百米乃至千米内的乡镇都受到影响。

此外，爆炸试验井的问世，除了给研制单位能在城市内进行爆炸试验提供了有利的条件以外，还为我国弹药威力爆炸试验和危险品销毁开创了爆炸试验井试验及销毁方法。

实践证明，爆炸试验井的试验和销毁方法能满足弹药试验及销毁的要求，经多年实践证实方法是可行的。水中进行榴弹杀伤破片试验和弹药销毁、火工品销毁等方法可参照中国兵器工业总公司部标准、中华人民共和国国家军用标准和国家标准等相关标准。

建设在厂内的爆炸试验（销毁）井,既方便了管理、运输和安全,又节省了土地。某弹药爆炸试验井的外貌如图 9-28 所示。

图 9-28　爆炸试验井外貌

9.2.2　爆炸试验井和销毁井试验项目及几何形式

1. 试验任务及要求

对榴弹弹丸或战斗部进行爆炸试验,收集杀伤破片并要求达到95%的回收率。

2. 主要测试设备和仪器

主要测试设备和仪器有破片收集网、起爆装置、收网装置、破片放置场地、称量分类器、摄像照相机和计算机等。

3. 爆炸试验井设计计算

1）原始数据

爆炸试验井直径为 10m,深度为 8m,一次炸药爆炸量为 1kg TNT 当量。爆炸物位于爆炸试验井中心偏上。主体结构为钢筋混凝土,内衬钢板。

2）强度设计准则

爆炸试验井应具有足够的强度和安全性。爆炸试验井在爆炸脉冲压力作用下不应发生塑性变形,钢圆筒壁面上受到的脉冲压力值不大于钢圆筒材的屈服极限。变形限制在较小的弹性变形范围之内。设计强度准则为

$$\Delta P_{\mathrm{m}} \leqslant (1/4 \sim 1/6)\sigma_{\mathrm{S}}$$

3）爆炸冲击波对井壁的作用

水中爆炸冲击波对井壁的作用过程分为两个阶段,即冲击波作用阶段和气泡脉动压力作用阶段。冲击波作用阶段含入射冲击波、反射冲击波和波后水质点对井壁的动态作用。气泡脉动压力作用阶段同样具有上述的三个过程,但其强度大

大减弱。冲击波作用阶段仅占炸药总能量的 59% 左右;第一次气泡脉动占炸药总能量的 27%。由于气泡的脉动过程伴随着气泡的上升运动,则第二次气泡脉动能量小于炸药总能量的 6.5%,因此,设计可仅考虑第一次气泡脉动压力对井壁的作用。

4) 爆炸试验井所受的压力

爆炸试验井所受的压力,不同于普通压力容器所受的压力,前者是脉冲压力波的作用,后者是静压力的作用。对于前者无实用资料,仅有经北京理工大学工程学院复查核算的江西某厂爆炸加工水坑实例及数据,并按照《爆炸及作用》引用的水中冲击波峰值超压计算公式进行计算,在爆炸试验井内进行 1kg 炸药装药爆炸时,水中冲击波峰值超压及正反射压力和正压作用时间计算值见表 9-16。

表 9-16　1kg 炸药装药爆炸水中冲击波 ΔP_m、t_+ 和 ΔP_{mr} 值

R/m	$\Delta P_m/10^5 Pa$	$t_+/\mu s$	$\Delta P_{mr}/10^5 Pa$	R/m	$\Delta P_m/10^5 Pa$	$t_+/\mu s$	$\Delta P_{mr}/10^5 Pa$
0.2	4345	4.47	10712	2.2	185	14.8	374
0.4	1568	6.32	3435	2.5	160	15.8	324
0.6	900	7.75	1901	2.8	141	16.7	285
0.8	619	8.94	1286	3.0	131	17.3	264
1.0	468	10	963	3.2	122	17.9	246
1.2	374	11	767	3.5	111	18.7	223
1.4	311	11.8	635	4.0	96	20	193
1.6	266	12.6	542	4.2	91	20.5	183
1.8	232	13.4	472	4.5	85	21.2	170
2.0	206	14.1	417	5.0	76	22.4	152

4. 爆炸井的形式举例

某大型的爆炸试验井如图 9-29 所示。

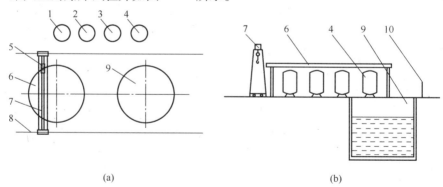

(a)　　　　　　　　　　　　(b)

图 9-29　爆炸试验井

(a)平面图;(b)剖面图。

1~4 空气罐;5—电动葫芦;6—检验场地;7—3t 起重机;8—轨道;9—爆炸试验井;10—保护栏杆。

9.2.3 江西某厂300g炸药爆炸试验井举例

1. 用途及主要数据

（1）用途：用于飞机部件金属成型爆炸加工；

（2）试验药量：300gTNT当量；

（3）井结构：分两层，内层为钢板井筒，直径5m，高度3～4m，壁厚10mm，材料A3；外层为钢筋混凝土井筒，夹层填沥青，井底垫枕木。详见图9-30。

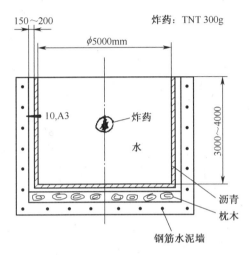

图9-30 江西南昌某厂300g炸药爆炸试验井示意图

2. 复核计算公式

（1）水中冲击波峰值超压计算公式为

$$\Delta P_{\mathrm{m}} = \frac{355}{R} + \frac{115}{R^2} - \frac{2.44}{R^3} \quad (0.05 \leqslant R \leqslant 10)$$

$$\Delta P_{\mathrm{m}} = \frac{294}{R} + \frac{1387}{R^2} - \frac{1783}{R^3} \quad (10 \leqslant R \leqslant 50)$$

（2）水中冲量计算公式为

$$i_+ = 0.0588 W_{\mathrm{T}}^{1/3} (W^{1/3}/r)$$

（3）水中冲击波正压作用时间计算公式为

$$t_+ = 10^{-5} W_{\mathrm{T}}^{1/6} r^{1/2}$$

（4）水中冲击波在绝对刚性筒壁上的正反射压力计算公式为

$$\Delta P_{\mathrm{mr}} = 2\Delta P_{\mathrm{m}} + \frac{2.5\Delta P_{\mathrm{m}}^2}{\Delta P_{\mathrm{m}} + 19000}$$

（5）二次压力波（第一次脉动压力波）峰值压力计算公式为

$$\Delta P_{\mathrm{m2}} = P_{\mathrm{m}} - P_0 = 72.4 W^{1/3}/r$$

（6）二次压力波冲量为

$$i_{+2} = 0.22W^{2/3}/r$$

式中：R 为对比距离，$R = r/W_T^{1/3}$（$m/kg^{1/3}$）；ΔP_{m2} 为第一次脉动波峰值超压（10^5 Pa）；i_{+2} 为第一次脉动波正压区比冲量（$(kg \cdot s)/cm^2$）；t_+ 为正压区作用时间（s）；ΔP_{mr} 为水中冲击波在绝对刚性筒壁上的正反射压力（10^5 Pa）；r 为爆炸中心至作用点的距离（m）；W_T 为炸药的 TNT 当量（kg），$W_T = Q_{Vi}/Q_{VTNT} \cdot W_i$；$Q_{V1}$ 为炸药的等容爆热（kJ/kg）；Q_{VTNT} 为 TNT 炸药的等容爆热（kJ/kg）；W 为炸药质量（kg）。

3. 复核计算数据

直径 5m 的爆炸水井，炸药量 300g，爆炸时不同距离处的 ΔP_m 值和 i_{+2} 值见表 9-17。

表 9-17　300g 药在直径 5m 的爆炸水井爆炸不同距离处 ΔP_m 值和 i_{+2} 值

R/m	$\Delta P_{m1}/10^5$ Pa	$i_+/((kg \cdot s)/cm^2)$	$\Delta P_{m2}/10^5$ Pa	$i_{+2}/((kg \cdot s)/cm^2)$
0.5	896	0.05	97	0.20
0.6	689	0.043	81	0.16
0.7	555	0.038	69	0.14
0.8	462	0.034	61	0.12
0.9	395	0.030	54	0.11
1.0	344	0.028	48	0.10
1.2	272	0.023	40	0.082
1.4	224	0.020	35	0.07
1.6	190	0.018	30	0.062
1.8	165	0.016	27	0.055
2.0	145	0.015	24	0.049
2.5	112	0.012	19	0.039

注：本节的炸药爆炸试验井举例数据部分取自 1988 年北京理工大学冯顺山、蒋建伟教授等著的《终点效应实验室使用要求设计说明书》

9.2.4　中原某部爆炸试验井举例

中原某部爆炸试验井（图 9-31 和图 9-32），用于 155mm 口径以下弹丸的水中爆炸效应试验、弹片回收以及喷水淋雨试验等。

组成及主要数据：爆炸试验井、储气加压装置、筛网、滑动提升装置及喷水设备；爆炸试验井内径为 10m。气体加压系统有 1.5m³ 高压储气罐 1 个、压力 1.3MPa 容积 3m³ 空压机 1 台、直径 9.5m 筛网架 1 个、高 2m 双跨滑动提升架 1 套、喷水设备 1 套，提升质量不小于 100kg。

图9-31 某部爆炸试验井全貌　　　　　图9-32 某部爆炸试验井体

9.2.5 西南某厂爆炸销毁井举例

1. 用途

西南某厂爆炸销毁井主要用于销毁炮弹底火、引信和发火件等有金属壳体的装药元件,后期建设的爆炸销毁井如图9-33所示。

图9-33 西南某厂爆炸销毁井全貌

2. 销毁方法及过程

在准备间内,进行销毁品的准备:按一次销毁的炮弹底火、引信和发火件等的数量,将其装入包装袋内,每个包装袋内最后均放有起爆器材,并完成一天的销毁量。

销毁过程:每次销毁一袋,在现场连接起爆导线,之后用吊具将其放入爆炸销毁井的水中,一般位于水面下1.5m深处。将起爆导线与起爆器连接,人员隐蔽后起爆。

下一次销毁,仍按上述的销毁程序进行。定期进行爆炸碎片的清理,并检查爆炸的完全性。

3. 销毁井结构

销毁井深度约为 6m,直径 5m。钢筋混凝土结构,内衬钢板。部分在地下,部分在地上。内部结构如图 9-34 所示。

图 9-34　中原某销毁井结构

9.2.6　烧毁炉

烧毁炉市场上没有现成的商品,我国有关单位经多年的研制,并经实际考核,建成图 9-35 及图 9-36 所示的烧毁炉,其适用于烧毁枪弹、引信、底火、火帽、雷管等火工品。销毁能力最大为 200g/次,2~4kg/h,2.8~4.8t/年。

图 9-35　烧毁炉全貌

图 9-36　烧毁炉炉体

销毁工艺过程:炉体升温—物料准备—加料—进料—燃爆—废渣处理—废气处理。

1. 烧毁炉构造

（1）送料机构,见图9-35烧毁炉全貌;

（2）烧毁炉炉体,见图9-36烧毁炉炉体;

（3）基座;

（4）排渣机构;

（5）排烟机构;

（6）燃烧系统;

（7）控制系统。

2. 烧毁炉主要数据

（1）炉体容积为0.6m³;

（2）炉体抗爆能力允许200gTNT当量炸药爆炸,但每次投入的火工品应小于50TNT当量的爆炸物;

（3）炉膛温度可调,为400~700℃;

（4）火工品到炉膛的输送距离大于10m;

（5）输送速度可调为0.067~0.1m/s;

（6）炉体长宽高外形尺寸为1500mm×1500mm×2300mm;

（7）炉体材料ZG35Mn,质量为4.3t;

（8）用电功率为10kW;

（9）图中烧毁炉的加热燃料为柴油、液化气或天然气等。

3. 平面布置

烧毁炉可以布置于室外,也可以布置于室内。我国还有移动式烧毁炉,可根据销毁的需要,临时将移动式烧毁炉装车后开到销毁的现场,进行销毁作业。

4. 环保排除烟尘技术

在烧毁枪弹、引信和底火、火帽、雷管及带药废纸、带药棉花、带汽油擦拭物等火工品销毁处理过程中,会产生NO_2、CO等废气和颗粒物,NO_2具有强烈的刺激性,毒性强,不仅污染环境,而且危害操作人员的身体健康。应经过处理达标后排出。目前处理的方法有两种:一是喷雾水的方法,如上述的卫东烧毁塔方案;二是如图9-37所示的水过滤方案。

排烟尘过程:烧毁炉内产生的火炸药气体、油漆类焚烧产生的气体等通过排烟尘管,喷到过滤水池,经过滤后,气体经排气管排到大气中,粉尘定期从排污口排除收集处理。

环保排除烟尘方法采用脱销工艺。

烟尘治理工艺流程:烟气—袋式除尘—烟气脱销—催化氧化—达标排除—大气。

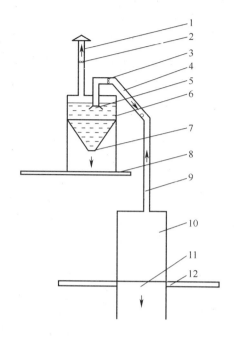

图 9-37 环保排除烟尘系统

1—排气管;2—排气风机;3—排烟尘风机;4—导气导渣管;5—喷口;6—过滤水池;
7—排污口;8—水池平台;9—排烟尘管;10—烧毁炉;11—烧毁炉出渣口;12—操作平台。

第 10 章 试验场设计技术

10.1 试验场地应具备的条件

在兵器试验和试验场（中心）建设的过程中，经常遇到一些试验场的设计专用技术问题，例如：场地的地理地形条件，即海拔高度、平原、山区、河流、湖海、高原、热带、寒带。地质条件，即地质结构、土质深度、水位高低、地下埋藏；气象条件，即日照天数、主导风向、气象的稳定性、天气变幻情况、地面和高空阵风；适应发射对地、对空、对海固定目标和活动目标的主用弹，即含杀伤弹、爆破弹、穿甲弹、破甲弹弹、碎甲弹、生物弹、化学弹等，常规特种弹：含纵火弹、烟幕弹、照明弹，新概念特种弹，即含干扰弹（红外、箔条、声音、强光、通信）、诱饵弹、云爆弹、超空泡（supercavitation）、碳纤维弹等，信息化弹，即含末制导炮弹、弹道修正弹（Course-Correeted Shell）、巡飞弹、侦查弹、计算机病毒弹等和宣传弹的场地条件，以及对地、对空、对海靶道的长度、高度、宽度及其将来的发展条件；适应静态爆炸试验场地的爆炸冲击波的毁伤范围、破片杀伤的半径、最大破片的飞散距离的场地条件；偶发射击弹着、爆炸破片的最大飞散危险范围的外部安全距离；试验场内危险性建筑物的危险等级划分；试验场内建（构）筑物的最小允许距离；兵器射击（发射）试验时产生的地振波、冲击波与脉冲噪声及燃烧爆炸危险范围；兵器爆炸试验时产生的振动、火球、冲击波和危险破片的杀伤范围；内弹道、中间弹道、外弹道及终点弹道有关测试技术试验场地等。下面针对上述提出的部分问题进行阐述。

试验场地应具备的基本条件：

（1）露天式火炮、火箭炮、导弹试验场、火箭发动机试验台的场址应选择远离大城镇的地区，露天式轻武器射击场或其半封闭的射击场可选择在城镇的郊区，但在其射击方向的前方和两侧的危险区内应避开重要设施、交通枢纽、交通干线沿线、居民聚居区、风景旅游区及名胜古迹等地。

（2）露天式试验场应根据产品试验要求，选择场地的地形、地质、地貌及地址。一般应选择地势平坦、视野开阔、能见度好、日照时间长、地下无开发意义的、无洪水淹没的场址，对于外弹道试验没有严格要求的试验场，可以选择山区或丘陵地区作为射击的天然屏障，屏障越高、坡度越陡越好。在山区建设试验场，如射击方向的一面或两面高山，进行外弹道试验的试验场，特别是远程和相应的弹道高度的试验场建设,应进行可行性的专题论证研究,此话并非无的放矢。

(3)《中华人民共和国飞行基本规则》(修订版)中与建设靶场有关的章条规定:

① 第二章第十五条规定:航路的宽度为 20km,其中心线两侧各 10km;航路的某一段受到条件限制的,可以减少宽度,但不得小于 8km。航路还应当确定上限和下限。

② 第二章第十八条规定:位于航路、航线附近的军事要地、兵器试验场上空和航空兵部队、飞行院校等航空单位的机场飞行空域,可以划设空中限制区。根据需要还可以在其他地区上空划设临时空中限制区。

在规定时间内,未经飞行管理部门许可的航空器,不得飞入空中管制区或者临时空中管制区。

③ 第二章第十九条规定:位于机场、航路、航线附近的对空射击或者发射场等,根据其射向、射高、范围,可以在上空划设空中危险区或者临时空中危险区。

在规定时限内,禁止无关航空器飞入空中危险区或者临时空中危险区。

④ 第二章第二十四条规定:在机场区域内必须严格执行国家有关保护机场净空的规定,禁止在机场附近修建影响飞行安全的射击场、建筑物、构筑物、架空线路等障碍物体。

在机场及其按照国家规定的净空保护区域以外,对可能影响飞行安全的高大建筑物或者设施,应当按照国家有关规定设置飞行障碍灯和标志,并使其保持正常状态。

⑤ 第二章第二十五条规定:在距离航路边界 30km 以内的地带,禁止修建影响飞行安全的射击靶场和其他设施。

在前款规定地带以外修建固定或临时靶场,应当按照国家有关规定获得批准。靶场射击或者发射的方向、航空器进入目标的方向不得与航路交叉。

⑥ 第二章第二十六条规定: 修建各种固定对空射击场或者炮兵射击场,必须报国务院、中央军事委员会批准。设立临时性靶场和射击点,经有关飞行管理部门同意后,由设立单位报所在省、自治区、直辖市人民政府和大军区审查批准。

固定或者临时性的对空射击场、发射场、炮兵射击靶场、射击点的管理单位,应当负责与所在地区飞行管制部门建立有效的通信联络,并制定协同通报制度;在射击或者发射时,应当进行对空观察,确保飞行安全。

(4)靶道落弹区范围内,不应敷设架空或埋地的管道和线路。从炮位通往各落弹区观测点的道路及通信线路,应设在靶道边线以外。特殊情况时,埋地的管道和线路应在弹丸(战斗部)侵彻和爆炸或两者同时破坏的深度以下。

(5)露天式试验场的射击方向宜选择朝北或北偏东、北偏西的方向,这样整天都不受阳光的影响,便于进行瞄准射击和场地的观测。

(6)在城镇规划范围内的试验场,其靶道应采用室内式、地下式、半地下式的封闭式靶道。

(7)试验场应有单独的院落。发射(射击)区后端、技术区、危险品库区、生活区的周围应设密实的围墙,高度不宜低于2.5m;射击试验区、弹着区、爆炸试验区、空投试验区的周围宜设置非密实围墙,并设置有提醒"危险区域,进入危险"的标志。

10.2 试验场的外部安全距离

10.2.1 概述

试验场的外部安全距离,在我国现行的规范中有具体规定。从事故概率的角度考虑,外部安全距离的大小体现事故概率发生可能性的大小。对10万人以下城镇规划边缘不论是具体单独事件还是整批事件实际上均不可能发生;对村庄或50~500人的工厂企业,可认为不会发生或认为发生的可能性几乎等于零;对零散住户边缘或小于50人的工厂企业围墙,具体单独事件可认为极少发生、不大可能发生或认为不会发生;整批事件认为不大可能发生但也可能发生。

回顾我国的试验场,历史上发生的事故或问题的例子很多,特别是在低角度射击或发射过程中,常常可能出现两种情况致使射弹没有命中靶板目标甚至靶挡飞出靶道或者命中自然屏障后跳飞。一是,射击或发射瞬间射角或方位角或两者均偏大或偏小,并在靶挡处的弹道高度超越靶挡的高度,甚至超越自然屏障的高度,或射弹在靶挡两侧通过,致使射弹飞出靶道(见图10-1);二是,射弹命中自然屏障后跳飞,这种情况不少见,但人们往往不能理解,前有高山怎么会挡不住小小的枪弹和炮弹。举例一,北京郊区有这样一个射击场。前端及左前方很远没有居民区,右前方有居民区。射击场有高12m的靶挡,两侧有约高10m的陡崖,使用的武器有各种手枪、步枪和机枪,射距25m、100m和200m。上述的环境,只要对右前方的居民区方向的射弹加以控制外,一般来说安全是有保证的。但就是由于该射击场靶

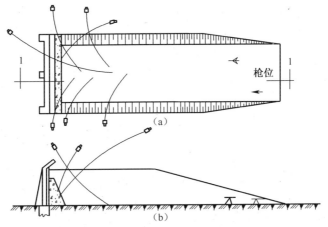

图10-1 地面和靶挡有石块的射击场的跳弹情况

(a)平面图;(b)1—1剖面图。

道的地面和靶挡内有石块,致使弹头命中地面或靶挡时无规律跳飞,且射弹飞出场外,如图10-1所示。作者在现场用步枪曳光弹进行了射击试验,从观测到的飞行弹道(见图上表示的多发弹头飞行情况),见证了上述分析是科学的,该射击场按安全评价方案进行了整修改建,效果明显。这种检验方法运用到火炮试验场,效果也应该是相同的。

10.2.2　枪械射击场的外部安全距离

枪械射击场的外部安全距离见表10-1。

表10-1　枪械射击场的外部安全距离

项目 方向 靶道分类	人数小于等于50人或户数小于等于10户的零散住户边缘、职工总数小于50人的工厂企业围墙			国家铁路线、二级以上公路、通航汽轮的河道			人数大于50人且小于等于500人的村庄边缘、本厂生产区边缘、职工总数50~500人工厂企业围墙			人数大于500人且小于等于5000人的居民点边缘、危险品总仓库区、职工总数500人以上的工厂企业围墙			10万人以下城镇规划边缘		
	前端	两侧	后端	前端	两侧	后端	前端	两侧	后端	前端	两侧	后端	前端	两侧	后端
口径5.56~9mm枪械野外射击,前方设有挡弹防护措施的试验靶道	1000	100	100	2000	300	300	2000	300	300	2500	300	300	3000	600	600
口径12.7~14.5mm高射机枪野外高射射击试验靶道	300	150	250	800	400	400	1000	400	400	1500	500	500	2500	1000	1000
口径12.7~14.5mm高射机枪野外水平射击,前方设有挡弹防护措施的试验靶道	1500	150	250	2500	400	400	3000	400	400	4000	600	600	5000	1000	1000
注:试验靶道的前方挡弹防护措施之后有可靠的防弹飞出和跳出的屏障时,外部距离可按可能落弹情况确定															

10.2.3　火炮及弹药试验场的外部安全距离

火炮及弹药试验场的外部安全距离主要预防试验时爆炸产生的爆炸冲击波及杀伤破片等,或试验时发生跳弹对周边人员、建筑物和设施造成毁伤和破坏。其危险程度一般根据火炮口径、弹药类别及试验性质确定。我国行业标准对火炮及弹药试验场的外部安全距离有明确的要求,见表10-2。以防止试验时或一旦发生事故造成周边建筑物破坏及人员伤亡,从而将破坏和损失限制在最小范围。下面举例说明。

表 10-2　独立的靶场靶道和固体推进剂火箭发动机试验台的外部距离(摘录)

序号	方向／靶道分类	零散住户边缘、职工总数小于50人的工厂企业围墙/m			国家铁路线、二级以上公路、通航汽轮的河道/m			村庄边缘、本厂生产区边缘、职工总数50~500人工厂企业围墙/m			10万人以下城镇区划边缘/m		
		前端	两侧	后端	前端	两侧	后端	前端	两侧	后端	前端	两侧	后端
1	火箭筒、单兵火箭发射装置射击试验靶道	300	250	250	800	300	300	1000	400	400	2500	1500	1200
2	口径85mm及以下火炮进行水平射击,前方设有挡弹防护措施的试验靶道	1500	400	400	2500	600	600	2500	700	600	5000	3500	3000
3	口径100mm及以上火炮进行水平射击,前方设有挡弹防护措施的试验靶道	2000	500	500	3000	800	700	4000	800	700	8000	4000	3000
4	口径20~37mm火炮射击试验靶道	800	300	300	1200	500	500	1500	600	500	3500	2000	2000
5	口径60~160mm迫击炮射击试验靶道	800	500	600	1200	800	800	1500	1000	1000	3500	3000	2500
6	口径57~300mm火箭弹射击试验靶道	800	700	700	1500	1200	1200	1500	1200	1200	5000	3000	3000
7	口径57~203mm火炮射击试验靶道	800	600	600	1200	1000	800	2000	1500	1200	4000	3000	3000
8	大中口径火炮碎甲、破甲试验射击靶道	1500*	1000	1000	2000*	1200	1200	3000	1500	1500	5000	3500	3000
9	大中口径火炮穿甲试验射击靶道	3000*	1500*	1000*	5000*	2000*	1500	7000*	2500	1500	8000	4000	3000
10	固体推进剂火箭发动机试验台	500	500	500	600	600	600	600	600	600	3000	3000	3000

注:1. 前端系指靶道或试验台前面的距离要求,从靶道或试验台前边线算起;

2. 两侧系指靶道或试验台两边的距离要求,从靶道或试验台两边线算起;

3. 后端系指炮位或射击点或试验台后面的距离要求,从炮位或射击点或试验台边线算起;

4. 表中序号8、9的外部距离,有*者系指有可靠自然屏障的距离要求,当无可靠自然屏障时,应按表中10万人以下城镇规定的距离确定,其他无*者系指无可靠自然屏障的距离要求,当有可靠自然屏障时可适当减少;

5. 序号10为25t以内的推力试验台的外部距离,如推力大于25t,则外部距离应适当增大;

6. 距有精密仪器、设备的本厂生产区外部距离应适当增大;

7. 序号8、9射击的火炮初速大于每秒800m时,10万城镇的前端外部距离应适当增大;

8. 序号9试验靶道两侧的外部距离系指对仰靶射击的要求,如对侧靶射击应适当增大;如前端或两侧有可靠的防护措施时,其相应方向的外部距离可按可能落弹情况确定;

9. 导弹地面飞行试验的外部距离按序号6确定,低伸的弹道飞行试验,其外部距离可按可能落弹情况确定;

作者注:该表没有规定远程火箭炮及其弹药、平衡炮、火箭橇、新型特种弹等试验靶道及特殊构筑物的外部距离东北某靶场在进行海 130mm/50 倍岸舰炮弹道试验时发生跳弹砸坏民房事故。

事故经过和概况:在进行海 130mm/50 倍岸舰炮穿甲弹全装药弹道性能射击试验中,第 1 发射弹从挡弹堡内跳飞。接着又射击两发,均跳飞,前后 3 发弹落入市区。经调查,第 1 发射弹落在距某城市北门外菜地里,钻入土内 5~6m 深;第 2 发射弹落在某城市北门外一栋民房里,险些砸到屋内养病的妇女;第 3 发射弹落在某城市的市政府汽车库旁的工房里,将一位人员的头部划破,幸未造成伤亡。

经现场察看,发现在挡弹堡前的地面标高高于炮位 2m,且土包地面坡向炮位,加之瞄准偏低,使得弹丸提前落入挡弹堡前的地面上,并跳飞到距炮位 14km 处的城内,如图 10-2 所示。产生跳弹并跳飞 14km 远的原因作者分析有三个:①落角太小,估计约为 10mil 以内,这将产生 100% 的跳弹;②落速大,该炮初速为 950m/s,200m 处的落速也接近初速;③前方的挡弹堡和山体没有挡住弹丸。三个条件排除一个,也不会或不完全会造成事件的发生。

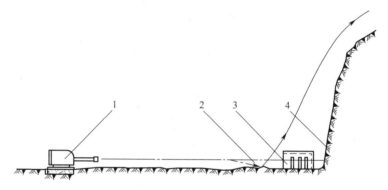

图 10-2　弹丸跳飞示意图

1—岸(舰)炮;2—土包地;3—挡弹堡;4—高山。

在《安全规范》中已规定了 10 万人以下城镇区规划边缘的外部距离,见表 10-2,但没有规定 10 万人口以上的城市附近建设火炮及火箭炮试验靶场的要求,而这个靶场的前方却是一个 10 万人口以上的城市,还将射击方向朝向城市,这些都是违背靶场建设的基本原则的。

无独有偶,华东也有一个工厂靶场。该靶场与工厂厂区之间有一座高山(山顶标高相对炮位标高之差约为 40m)相隔,靶场的炮位射击方向朝向高山中部和位于高山之后的工厂厂区。过去射击时曾多次发现射弹飞越高山,有的落入厂区附近。图 10-3 为跳弹示意图。

经作者现场察看,坦克炮位距瞄准射击的靶位约为 500m,瞄准点的高度约高于炮位 20m,山体的坡度约为 30°,按此落弹角度的情况分析,弹丸命中山体时跳弹的概率为 20%~30%,所以发生跳弹是必然的现象。作者分析在现有的试验场上

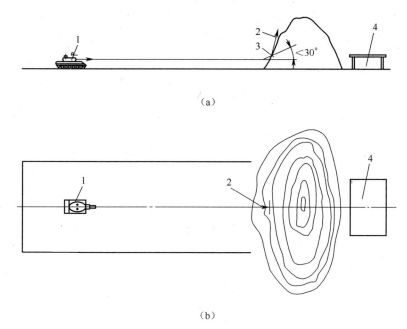

（a）

（b）

图 10-3　华东某厂靶场跳弹示意图

（a）剖面图；（b）平面图。

1—发射坦克；2—跳飞弹丸；3—山体落角；4—工厂区。

解决这个跳弹问题有两个方法：①改变命中角度的方法，就是增大落角，改造山体使之不发生跳弹。②试验时，使用真引信（含装有传爆管）非装填爆炸物的弹丸，使之在弹丸碰击目标时，引信和其传爆管爆炸，破坏弹丸的整体性，解决整体弹丸跳飞很远的可能性。

10.2.4　射击炮位和枪位

一般习惯将使用枪械进行射击的位置简称枪位，安放火炮进行射击的场地称为炮位。

（1）枪位、炮位的数量应按同时进行射击的数量确定。同一区域的各枪位、炮位应布置在同一发火线上，不在同一发火线上时，应保持一定的安全距离，并采取必要的隔离安全措施。

（2）枪位、炮位应有一定的长度、宽度和高度，便于枪械射击人员、炮位射击操作人员进行操作和临时存放弹药及工具。

（3）枪位、炮位的设计应适于瞄准、射击、抛壳、火炮后坐和降低枪炮口噪声的要求。

（4）炮位的设计还应考虑一旦膛炸、炮口炸和弹道炸对其附近人员造成的危害。

343

（5）室内式靶道的枪位、炮位，应考虑设置机械排风装置，以提供确保射击人员能继续正常的工作的环境。

（6）室外的枪位、炮位的标高一般宜高出地面0.2~0.8m。

（7）枪位、炮位与其被射击的靶位观测点应开阔通视良好。如果之间距离较远，可以利用山地、跨过山沟、削平山头方法，使瞄准线与靶中心尽量在同一标高上。

（8）枪位、炮位与其被射击的靶位观测点之间应设有有线或无线通信设施及可视信息。

（9）在枪位、炮位处应设置必要的视频监控系统和报警装置。

（10）枪位的工程设计应符合《中华人民共和国枪支管理法》的要求。

（11）枪位、炮位的其他有关设计要求，详见相关规范和标准。

（12）多枪位、炮位群的阵地中，相邻的枪位应以射击间的形式或隔墙的方法隔开，图10-4所示为以防护墙的形式将相邻的炮位隔开。多炮位之间无防护墙时，两炮位之间应保持一定的安全距离，如口径82mm以下的火炮，其间距应不小于30m,85mm以上的火炮，其间距应为50~100m等。

图10-4　炮位间的防护隔墙

（13）处理有可能自燃"瞎火"的枪弹和炮弹。

情况一:子(炮)弹留在武器内，枪(炮)闩完全关闭。

处理方法:用水冷却枪(炮)管与后膛外表面5min,之后，按有关的"瞎火"排除规定进行处理。

情况二:子(炮)弹卡住，枪(炮)闩未关闭，或子(炮)弹是否留在膛内不能立即确定。

处理方法及步骤:

① 处在下列兵器和危险地带范围内的所有人员应留在下列距离掩体内。

机枪　　　　　　　　　　　无爆炸的弹药100m,有爆炸的弹药200m;

口径小于 75mm 的火炮　无爆炸的弹药 200m,有爆炸的弹药 400m;

口径 75~100mm 的火炮　无爆炸的弹药 300m,有爆炸的弹药 600m;

口径大于 105mm 的火炮　无爆炸的弹药 400m,有爆炸的弹药 800m;

② 空气冷却机枪 15min,或空气冷却火炮 30min。

10.3　试验场内危险性建筑物的危险等级划分

在枪械、火炮、火箭炮、导弹及某些发射装置的试验场内,均应设置其相应的兵器准备工房、弹药准备工房、检测实验室、弹药库房等危险性建筑物,部分建筑物在现行的"安全规范"中对其中的危险性建筑物的危险级别划分为 A_1、A_2、A_3、B、C_1、C_2、D;在现行的"小药量安全规范"中对危险性建筑物的危险级别划分为 A_X、B_X、C_X、D_X;在报批的"安全规范"中对危险性建筑物的危险级别划分为 1.1、1.2、1.3、1.4。

试验场危险性建筑物的危险等级举例,见表 10-3。

表 10-3　试验场危险性建筑物的危险等级举例

序号	危险等级	工房或库房名称
1	C_X	枪械射击场的各种普通枪弹周转存放间、枪弹准备间
2	1.3、C_2、C_X	枪械射击场的普通枪弹存放库
3	1.2、B、B_X	枪械射击场的特种枪弹存放库
4	1.3、C_2	非装填炸药弹丸的定装式炮弹周转存放间
5	1.3、C_2	火炮试验场的炮弹发射装药准备工房
6	1.3、C_2	火炮试验场的炮弹保温工房
7	1.3、C_2	火炮试验场的发射药转手库
8	1.2、B、B_X	火炮试验场的底火转手库
9	1.2、B、B_X	弹药试验场的炮弹准备工房
10	1.2、B、B_X	弹药试验场的炮弹保温工房
11	1.2、B、B_X	弹药试验场的引信转手库
12	1.1、A_1	炸药库
13	1.2、B	含有高能炸药等于大于 18% 的双基或复合推进剂的固体火箭发动机试验站的准备工房(含检查、测量、装配、保温)
14	1.1、A_2	含有高能炸药大于 18% 的双基或复合推进剂的固体火箭发动机试验站的库房
15	1.3、C_2	含有高能炸药小于 18% 的双基或复合推进剂的固体火箭发动机试验站的准备工房(含检查、测量、装配、保温)

序号	危险等级	工房或库房名称
16	1.3、C₂	双基推进剂的固体火箭发动机试验站的准备工房(含检查、测量、装配、保温)
17	1.2、Bₓ	炸药、弹药爆炸实验室、销毁塔或销毁井的炸药、弹药准备间
18	1.4、D	火炸药及其火工品性能检测实验室
19	1.2、B	火箭橇准备工房,火箭橇的发动机装填的是 NEPE 类推进剂
20	1.1、A₂	火箭橇的危险库房,含有高能炸药大于等于18%的双基或复合推进剂的固体火箭发动机的库房
21	1.3、C₂	火箭橇准备工房,火箭橇的发动机装填的是丁羟、四组元(RDX、HMX 小于或等于18%)的推进剂
22	1.3、C₂	平衡炮发射装药(双基火药)准备工房
23	1.2、B	平衡炮发射有炸药装药的弹丸准备工房

划分出危险等级后,工艺、建筑、结构、电气、通风、采暖、供水和消防等专业就可以按"安全规范"相应的规定对其进行工程设计。

10.4 试验场内建(构)筑物间的最小允许距离

10.4.1 概述

这里提及的最小允许距离,是为了防止由于火焰、冲击波或破片(碎片)飞散而引起的一栋建筑物到邻近建筑物直接传播燃烧或爆炸的安全距离。被传播的建筑物本身允许轻度破坏,但其中的弹药等危险品应保持完整。

在试验场内,危险性建筑(构筑)物存在的危险性主要有两类:一是爆炸危险性。事故时表现形式为产生冲击波、地震波、辐射热、飞散物、脉冲噪声(暂时)。二是射击危险性,事故时表现形式为产生冲击波、振动波、炮口焰、炮尾焰、破片(事故时)、弹道飞行体飞出、脉冲噪声。应依据其危险性的类别和大小,设置场内建筑(构筑)物的最小允许距离。

10.4.2 危险性建(构)筑物间的最小允许距离

在试验区、技术区和库区内,建筑(构筑)物之间的最小允许距离的确定原则如下:

(1)不同危险等级、不同计算药量的两个建筑物之间的最小允许距离,应分别按各自的危险等级和计算药量进行计算,取其大值;

(2)建筑物之间的最小允许距离均自建筑物的外墙轴线算起(有些规范规定从外墙的外表面算起);

（3）如果建筑物内使用和储存的危险品数量少，可采取抗爆、抑爆措施，以减小或免除事故产生的飞散物、冲击波、地震波、辐射热对周围的危害，其最小允许距离可经单独计算后确定；

（4）试验场内，1.1级或A级建筑物与其他建筑（构筑）物之间的最小允许距离，可视是否设置防护屏障的情况确定，但不应小于35m；

（5）试验场内，1.2级或B级建筑物与其他建筑（构筑）物之间的最小允许距离，应按计算药量确定，但不应小于35m；

（6）试验场内，1.3级或C_2级建筑物与其他建筑（构筑）物之间的最小允许距离，应按相邻建筑物的相互关系及计算药量确定，且不应小于30m；

（7）试验场内，1.4级或D级建筑物与其他建筑（构筑）物之间的最小允许距离应大于25m；

（8）试验场内，1.1级或A级、1.2级或B级、1.3级或C_2级、1.4级或D级建筑物与其他公共物、动力建筑（构筑）物、辅助性建筑物、服务性建筑物的最小允许距离应按相关规范要求确定。

10.4.3 炮位与建筑物间的最小允许距离

火炮射击时，在炮膛内形成高温高压的火药气体，推动弹丸向前，在弹丸离开炮口的瞬间火药气体的温度仍有1200~20000K，压强仍有（300~1200）×10^5kPa之高，见表10-4。火药气体以这样高的温度、压强和喷射速度从膛口冲出以后，急剧地膨胀，因而在膛口产生了空气密度和压力的突变，形成了膛口冲击波。这个冲击波具有破坏性。

表10-4　几种枪炮的初速和膛口压力

兵器名称	$V_0/$（m/s)	$P_g/$（10^5kPa)	兵器名称	$V_0/$（m/s)	$P_g/$（10^5kPa)
56式7.62mm冲锋枪	710	500	60式122mm榴弹炮	612	553
56式7.62mm弹道枪	737	360	苏Д-74型122mm加农炮	885	1065
53式7.62mm步枪	868	750	苏M-30型122mm榴弹炮	515	432
20mm航空机关炮	680	320	苏M-46型130mm加农炮	930	1020
54式76.2mm加农炮	680	600	苏Д-20型152mm加农榴弹炮	655	816
56式85mm加农炮	793	753	苏Д-1型152mm榴弹炮	508	340
苏1944年式85mm反坦克炮	1040	1140	苏M-47型152mm加农炮	770	662
59式100mm高射炮	900	960	155mm加农榴弹炮	900~950	

注：V_0—弹丸初速；P_g—弹丸出膛口时膛内平均压强

下面举个实例：1988年4月山西某试验场在连续射击试验100mm加农炮和122mm榴弹炮时，将其炮位后方约80m处的测试仪器楼（三层）和火炮准备工房的玻璃震坏,玻璃损坏率(脱落或破碎)分别为46%和25.7%,损坏情况比较严重。

从设计的防护角度来看,在炮位的后方设计有长度为128m、高度为6m、宽度为13m的防护土挡墙;测试仪器和火炮准备工房的门窗玻璃采用3mm聚氯乙烯透明板,应当说总图设计和建筑设计均采取了一定的防护措施。那么为什么还会发生损坏的问题呢? 经过调查作者认为玻璃损坏原因有两个:①总图设计的128m长的防护土挡墙没有施工就进行试验。②在没有防护土挡墙的情况下该两栋建筑物上的玻璃幅面偏大。这两个不利因素组合的结果,就是造成玻璃脱落或破碎的主要原因。另外,设计纲领中没有考虑试验振动较大的130mm、152mm口径的火炮任务而使用时却在当年的10月份前后在原炮位附近安排了试验。边施工边试验玻璃腻子还没有固化也都是加速玻璃脱落或破碎的原因。

可见,炮位与其试验的有关实验室和准备工房等建筑物应保持一定的最小允许距离,和相应防护措施是十分必要的。

10.5　兵器射击试验的振动

兵器试验,特别是加农炮的射击将产生几十吨的后坐力,它通过火炮的炮身,经驻退复进机、上架、下架、驻锄(车轮),传到地面,使地面产生振动,同时,炮口冲击波对地面的冲击,也使地面产生振动,往往后者比前者还大。此外,在某些兵器试验场上还建设有专用铁路线和高速道路,当在其上通过车辆时也产生振动。

10.5.1　概述

兵器发射、爆炸试验以及试验前的准备和试验后处理需要使用大量的测试仪器与设备,有些仪器与设备精度要求很高,不是最高,但对振动有严格的要求。例如:光测仪器,即高速摄影机、连续脉冲X光机、弹道经纬仪等;电测仪器,即电子天平、示波器、压力传感器、前置放大器等;机电或机电一体化的测试和检验设备,即工业天平、分析天平、弹丸或战斗部质心、偏心、极转动惯量、赤道转动惯量、检测平板等;记录仪器,即计算机、图像处理设备、照片判读设备;标定仪器,即压力标定机、温度标定槽、加速度标定机等。

上述测试仪器、设备与兵器发射、爆炸试验的震源应保持多远的距离? 震源的加速度、速度、振幅、频率值是多少? 没有上述数据,试验时测试仪器的合理布置和相关的测试实验室设计工作是没有依据的。

从安全的角度考虑,弹丸或战斗部的爆炸试验,产生的振动相对于其爆炸产生的冲击波和破片的飞散杀伤的距离是次要的,可以不必单独测量,而火炮发射时产生的振动是不能忽视的。

10.5.2　火炮射击测试内容及测点布置

1. 测试内容

测点的地面振幅、频率、加速度、质点加速度等。

2. 火炮种类的选择

火炮的种类和型号很多,一般来说,火炮的膛压、炮口压力和初速较大的火炮振动较大,因此,选择某 100mm(滑膛)加农炮和某 130mm 加农炮为代表火炮试验的振源,并依此振源数据作为工程设计和评定的标准。

3. 震源和测点布置

(1)靶场的测试仪器及测试仪器室一般均布置在距离火炮发射阵地 200m 范围之内。因此,测试点也均布置在 200m 范围之内。其某试验场的测试布点如图 10-5 所示。布点距 1 号炮位的距离依次为 35m、50m、70m、100m、143m 和 200m。

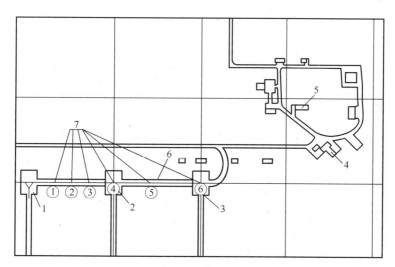

图 10-5　某试验场的测试布点图(方格间距为 100m)

1—炮位 A;2—炮位 B;3—炮位 C;4—发动机试验台;5—测试仪器室;

6—炮位道路;7—测点:①、②、③、④、⑤和⑥。

(2)测点应直线布置在硬质的地面上,如混凝土地面等,介质均匀可使测试数据稳定,有利于振动衰减规律的求导,硬质的地面所测结果可能偏高,但数据安全可靠。

测试仪器由记录、存储和分析三部分组成,如图 10-6 所示。

10.5.3　火炮射击振动加速度

1. 火炮射击振动加速度实测数据

在上述条件下,某 100mm(滑膛)加农炮和某 130mm 加农炮实测振幅及加速度

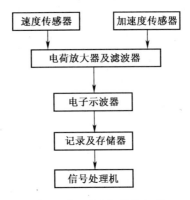

图 10-6 测试仪器的组成

数据见表 10-5 和表 10-6。

表 10-5 某 100mm(滑膛)加农炮实测振幅和加速度

序号	波峰	35m		50m		70m	
		幅值 /mm	加速度实测值 /g	幅值 /mm	加速度实测值 /g	幅值 /mm	加速度实测值 /g
1	P-P	43	0.071	17	0.035	14	0.026
	P	23	0.076	10	0.041	8	0.0295
2	P-P	43	0.071	11	0.023	12	0.022
	P	22	0.073	6	0.025	6	0.022
3	P-P	44	0.0726	12.5	0.026	14	0.0258
	P	23	0.076	8	0.033	8	0.0295
4	P-P	44	0.073	23	0.047	9	0.0166
	P	25	0.0825	15	0.062	5	0.0185
5	P-P	48	0.0792	18	0.037	—	—
	P	27.5	0.091	10	0.041	—	—
6	P-P	45	0.074	14	0.028		
	P	25	0.0825	7	0.029		
标定值	P-P		20.21mm/g		16.25mm/g		18.06mm/g
	P		10.1		8.1		9.03

序号	波峰	100m		143m		200m	
		幅值 /mm	加速度实测值 /g	幅值 /mm	加速度实测值 /g	幅值 /mm	加速度实测值 /g
1	P-P	—	—	—	—	—	—
	P	—	—	—	—	—	—
2	P-P	22	0.0268	10	0.0134	26	0.0135
	P	15	0.0365	7	0.019	13	0.0135

350

序号	波峰	100m		143m		200m	
		幅值/mm	加速度实测值/g	幅值/mm	加速度实测值/g	幅值/mm	加速度实测值/g
3	P-P	17	0.021	—	—	35	0.0181
	P	12	0.0292	—	—	23	0.0238
4	P-P	15.5径	0.019	—	—	44	0.0228
	P	9径	0.022	—	—	25	0.0259
5	P-P	15径	0.0183			53	0.0274
	P	11.5径	0.028			28	0.029
6	P-P	10.5径	0.0128	11.5	0.0154	—	—
	P	7径	0.017	8	0.0214	—	—
标定值	P-P	27.37mm/g		24.94mm/g		64.4mm/g	
	P	13.69		12.47		32.2	

注：（1）测试仪器挡位为 1/30。
（2）测向，除了单独标出的径向、切向以外均为垂直

表 10-6　某 130mm 加农炮实测振幅和加速度

序号	波峰	35m		50m		70m	
		幅值/mm	加速度实测值/g	幅值/mm	加速度实测值/g	幅值/mm	加速度实测值/g
1	P-P	—	—	8	0.049	—	—
	P	—	—	5	0.0617	—	—
2	P-P	—	—			10	0.0185
	P	—	—			5.5	0.0203
3	P-P	35	0.058	16	0.033	17	0.0314
	P	20	0.066	9.5	0.039	11	0.0406
4	P-P	35	0.058	13	0.0267	17	0.0314
	P	31	0.102	7	0.029	10	0.0369
5	P-P	34	0.056	12	0.025	16	0.0295
	P	30	0.099	7	0.029	10	0.0369
6	P-P	30	0.0495	13	0.0267	10	0.0369
	P	17	0.056	7	0.029	15	0.0277
标定值	P-P	20.21mm/g		16.25mm/g		18.06mm/g	
	P	10.1		8.1		9..03	

序号	波峰	100m		143m		200m	
		幅值/mm	加速度实测值/g	幅值/mm	加速度实测值/g	幅值/mm	加速度实测值/g
1	P-P	15	0.0183				
	P	10 1/30挡	0.024				
2	P-P	18	0.0219				
	P	10	0.024				
3	P-P	27	0.0329	11	0.0147	27	0.014
	P	15	0.0365	8	0.0214	15	0.0155
4	P-P	26	0.0317	11	0.0147	27.5	0.0142
	P	15	0.0365	7	0.0187	14	0.0149
5	P-P	25	0.0304	9	0.012	28	0.0145
	P	14	0.0341	6.5	0.0174	14	0.0149
6	P-P	23	0.028			27	0.014
	P	13	0.0317			14	0.0149
标定值	P-P		27.37mm/g		24.94mm/g		64.4mm/g
	P		13.69		12.47		32.2

注:(1) 测试仪器挡位为 1/10。
(2) 测向,除了单独标出的径向、切向以外均为垂直

举例,某厂试验场在距炮位 143m 处新建测试仪器室。

按表 10-5 和表 10-6 实测的数据,将实测和归纳的垂直向计算值列入表 10-7,从中可以看出无论是某 100mm(滑膛)加农炮还是某 130mm 加农炮,在 143m 处的加速度值上下限均在一定范围之内,均有 95.4% 的可信度。

表 10-7 实测和归纳的垂直向计算值

火炮	峰峰值/峰值	垂直向实测值/g	归纳的垂直向计算值/g
100mm 加农炮	P-P	0.0134 0.0154	0.0196
	P	0.019 00214	0.0237
130mm 加农炮	P-P	0.147 0.012	0.0174
	P	0.0214 0.0187 0.0174	0.0202

2. 火炮射击振动加速度实测波形

让我们来观察一下距离射击火炮一定距离上测点的振动波形(图 10-7)。从图上可以看出三个阶段的波形特点:①振动初期的初至波振动较小;②接着后续的

主振相振动较大,这也是作者工程设计最关心的阶段;③结尾部分振动逐渐变小以致消失。

图 10-7 是某 100mm(滑膛)加农炮加速度在测点 35m、50m、70m、100m、143m 和 200m 处测得的波形。

50m 和 200m 测点的波形显然有 50Hz 的工频干扰。70m 测点的波形也受到某种频率的影响。35m、100m 和 143m 处测得的波形较为理想。

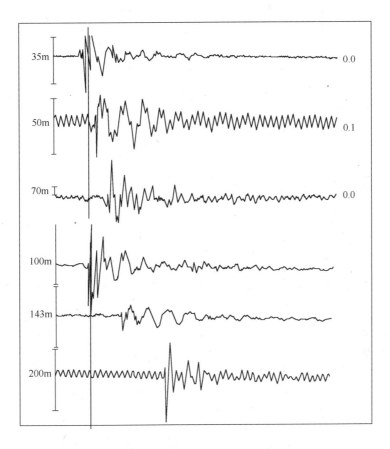

图 10-7 某 100mm(滑膛)加农炮加速度波形

10.5.4 火炮射击振动地面质点传播速度

靶场地面质点传播速度是指在靶场上选择有代表性的地面,设置若干个测点,各测点距离已知,振动传播到测点的时间测得后,用时差除以距离即为传播速度。位移、速度、加速度三个参量值对测试仪器的布点和实验室的工程设计均有重要意义。

火炮射击振动速度实测数据如表 10-8 和表 10-9 所列。

表 10-8　某 100mm（滑膛）加农炮实测幅值和速度值

35m		70m		100m		143m	
幅值 /mm	速度值 /(cm/s)	幅值 /mm	速度 /(cm/s)	幅值 /mm	速度 /(cm/s)	幅值 /mm	速度 /(cm/s)
18	0.46	21.5	0.165	18	0.138	42	0.101
19	0.487	24	0.185	27	0.208	43	0.110
19.5	0.5	21.5	0.165	—	—	42	0.101
20	0.512	18.5	0.142			45	0.108
21	0.513	—	—	—	—	40	0.096
17	0.436	—	—				

注:(1) 测试仪器档位 35m 为 1/100;70m、100m 为 1/30;143m 为 1/10。

(2) 速度值为垂直向,P-P 值

表 10-9　某 130mm 加农炮实测幅值和速度值

35m		70m		100m		143m	
幅值 /mm	速度值 /(cm/s)	幅值 /mm	速度 /(cm/s)	幅值 /mm	速度 /(cm/s)	幅值 /mm	速度 /(cm/s)
15.8	0.405	15.5	0.119	13.7	0.105	36.4	0.088
17.2	0.44	13.7	0.105	12	0.092	31.6	0.076
12.2	0.313	15	0.115	20	0.154	33.8	0.082
11.2	0.287	14	0.108	21	0.162	33.9	0.083
15	0.385	12	0.092	—	—	35.1	0.085
13	0.33	12	0.092	—	—	37	0.089
15	0.385	13	0.099	—	—	34	0.083
14	0.359	12.5	0.092	—	—	35.5	0.086
39 标定	1	39 标定	1	39 标定	1	41.5 标定	1

注:(1) 测试仪器档位 35m 为 1/100;70m、100m 为 1/30;143m 为 1/10。

(2) 速度值为垂直向,P-P 值

10.5.5　火炮射击振动测试分析

（1）某 100mm（滑膛）加农炮和某 130mm 加农炮在 35~200m 范围内的垂直振

动加速度值的计算可分别用以下经验公式：

$$A_{100}^{P} = 0.8249R^{-0.7150}$$

$$A_{100}^{P-P} = 0.8282R^{-0.7540}$$

$$A_{130}^{P} = 0.5573R^{-0.6688}$$

$$A_{130}^{P-P} = 0.4912R^{-0.6734}$$

式中：A 为加速度（g）；R 为距离（m）。

两炮种的最大值，可用 A_{100}^{P} 计算。

（2）100~200m 范围内，100mm（滑膛）加农炮射击引起的地面径向、切向加速度可用垂直加速度值进行换算，其比例关系为

垂直：径向：切向 = 1：0.767：0.304

（3）某 100mm（滑膛）加农炮和某 130mm 加农炮射击引起的地面振动频率为 9~27Hz，卓越频率为 13.7Hz，近区稍偏高。

（4）某 100mm（滑膛）加农炮和某 130mm 加农炮射击引起 143m 处加速度持续时间不大于 1s。

（5）某厂拟新建的测试仪器室距最近炮位为 143m，按某 100mm（滑膛）加农炮和某 130mm 加农炮垂直振动加速度的上下限值，可用上述经验公式直接计算垂直振动加速度值。

（本节的主要数据取材于某院测试的材料，郑志良、殷亘令等编写的"某厂靶场炮击地表振动测试分析报告"，1984 年 10 月）

10.6　专用车辆行驶的振动

10.6.1　靶场火车铁路专用线的振动

我国有些试验场设计有铁路专用线，主要用于运送无移动炮架的发射装置至发射阵地和维护车间，如舰炮、岸炮、坦克炮等。列车在经过发射阵地或技术区时，其产生的振动有可能影响弹药测量仪器（如称量发射药和弹重的天平，测量弹丸的质心、偏心、重心测试仪等）的工作，或维护车间内的火炮瞄准线的校准，火炮部件（在平板上尺寸测量、三座标测量机等）的测量。因此，需要了解铁路专用线行驶时的振动位移和加速度值，并应采取相应的措施。

某试验场火车铁路专用线的标高比测试点的标高高出约 6m，地面基本为混凝土地，测点的测距基本与铁路专用线垂直。测试的火车振动最大位移值和最大加速度值，如表 10-10 和表 10-11 所列。

1. 位移的测试值

表 10-10 火车振动最大位移值

距离/m	位移/μm	距离/m	位移/μm	距离/m	位移/μm
7.4	45.6	23.3	50	30	15.2
	114		44		13.7
	71		40.7		12.5
40.9	10.7	51.2	11.8	66.1	13.3
	14		13.2		12.8
	15.8		13.6		10
81.1	7.6	109	6.7	220.9	3.8
	5		11.7		4.2
	6.8		11		3.9
130.9	17.6	280.5	3.3	150.9	9.6
	18.8		4.76		17
	23.8		2.2		10
178.9	10.5	328.9	6.8	245.5	3.9
	9		5		4.6
	7.5		4		
255.5	4.3	302.5	3.7	265.5	8.7
	5.7				5.9
	2.5				2.9

2. 加速度的测试值

表 10-11 火车振动最大加速度值

距离/m	加速度/g	距离/m	加速度/g	距离/m	加速度/g
7.4	0.081	51.2	0.0064	130.9	0.0013
	0.06		0.0084		0.00073
	0.057		0.009		0.00065
23.3	0.026	66.1	0.0024	150.9	0.0015
	0.0148		0.0059		0.002
	0.03		0.0026		0.001
30	0.0053	81.1	0.0036	220.9	
	0.0067		0.0026		0.00083
	0.0055		0.0022		0.00083
40.9	0.0048	109	0.00296		
	0.0036		0.0026		
	0.0067		0.0024		

10.6.2 火炮牵引车行驶道路的振动

1. 概述

我国有些试验场与其生产企业之间设计有火炮牵引试验的专用道路,主要用于火炮牵引试验,专用道路到靶场后又与靶场的其他道路连接起来。

行驶的车辆在经过发射阵地或技术区时,其产生的振动有可能影响弹药测量仪器(如称量发射药、弹重的天平等)的工作,或火炮的校靶、星形膛线测量仪的测量、炮膛的检查、火炮部件尺寸测量检验(在平板上)、三座标测量机的测量等。因此,需要了解该道路工作时的振动位移和加速度值,及应采取的措施。

某试验场道路的测点地面基本为水平地面,测距基本与专用线垂直。测试的最大位移值和最大加速度值如表 10-12 和表 10-13 所列。

2. 位移的测试

位移测点的场地比较平坦。从 15~195m 共布置 11 个,所测最大位移值不超过 4μm。115m 测点在工厂的大门处。大于 115m 的测点均在厂内,由于厂内经常有汽车行驶,测值偏大,影响了正常测试数据。将距道路中心线 15~70m 处的最大值进行计算,得出的衰减公式为

$$X = 9.56R^{-0.45}, r = -0.94$$

表 10-12　火炮牵引车振动最大位移值

距离 R/m	15	20	25	35	50	70
位移/μm	2.6	2.4	2.6	1.76	1.74	1.3

表 10-13　火炮牵引车振动最大加速度值

距离 R/m	25	50	70	90
加速度(g)	0.04	0.03	0.021	0.015

10.6.3 国内外相关规范的震动破坏标准

(1) 我国(GB 6722—86)《爆破安全规程》中对主要类型建(构)筑物地面质点的安全震动速度规定如下:

① 土窑洞、土坯房、毛石房屋 1.0cm/s。

② 一般砖房、非抗震的大型砌块建筑物 2~3cm/s。

③ 钢筋混凝土框架房屋 5cm/s。

④ 水工隧洞 10cm/s。

⑤ 交通隧道 15cm/s。

⑥ 矿山巷道:围岩不稳定的良好支护 10cm/s。

围岩中等稳定的良好支护 20cm/s。

围岩不稳定无支护 30cm/s。

（2）我国（JB16—88）《机械工业环境保护设计》（1988.7.1 试行）的震动速度值如下：

① 有保护价值的建筑物和古建筑为

$V<3$mm/s　　　（10~30Hz）

$V=3~5$mm/s　　（30~60Hz）

② 古建筑严重开裂及风蚀者为

$V<1.8$mm/s　　（10~30Hz）

$V=1.8~3$mm/s（30~60Hz）

（3）德国的震动标准（DIN4150）如表 10-14 所列。

表 10-14　德国的震动标准

建筑物类型	质点速度峰值/（mm/s）
文物保护的重要遗迹古建筑和历史性建筑物	2
已有可见破坏的建筑和墙体裂缝	4
比较好的建筑物,灰浆中可能有裂缝	8
混凝土结构的工业建筑	10~40

（4）英国的震动标准如表 10-15 所列。

表 10-15　英国的震动标准

建筑物类型	质点速度峰值/（mm/s）
古建筑物和历史纪念物	7.5
修缮差的房屋	12
好的居民住宅、商业、工业建筑	25

我国某 320mm 平衡炮（最大膛压为 300MPa,弹丸质量为 500kg,初速为 900m/s）试验场的地址选在古建筑群地区,使用单位为了保证古建筑群的安全,经过理论分析和临界剪应变方法估算出古建筑群地区的环境震动阈值小于 0.1mm/s,而实际设计采用的值为 0.03mm/s,作为古建筑群地区的安全控制阈值,效果明显。

10.7　兵器试验场的脉冲噪声

10.7.1　概述

上述的内部、外部安全距离主要是从射击安全和爆炸安全的角度设置的,并未考虑噪声的影响。近年来,噪声污染环境的问题已引起人们的关注。有的国家已把噪声污染列为三大公害(空气、水源和噪声)之一。我国颁布的《工业企业设计卫生标准》和《中华人民共和国城市区域环境噪声标准》都把噪声列为公害,要求有关部门采取措施减小噪声,保护人民身心健康。在兵器试验场的试验过程中主要存在两种噪声源:①兵器射击(发射)时产生的枪炮口噪声。图 10-8 所示为 155mm 加农榴弹炮射击产生的噪声源。②兵器的弹药爆炸时产生的噪声。其危害表现对内伤害试验人员和破坏建筑物,对外扰民。

具体各种兵器射击噪声有多大,用什么方法把噪声降下来,不造成人员伤害,不扰民,对保护人民身心健康和保护国家财产不受损失,作者做了大量的测试工作并给出了相应的防护措施。

图 10-8　155mm 加农榴弹炮射击产生的噪声源

10.7.2　兵器的噪声值和射手位置的噪声值

作者曾对我国兵器(含枪械、火箭筒、火炮、炸药块等)的噪声进行过测试,并结合国外的兵器噪声资料数据一起列出,见表 10-16。

表 10-16　某些兵器脉冲噪声的近场峰压值

序号	声　　源	测试位置	峰压值/dBA
1	56 式 7.62mm 半自动步枪	射手左耳	150
2	56 式 7.62mm 冲锋枪	射手(室内)	156
3	美 M16 5.56mm 自动步枪	射手左耳	154
4	53 式 7.62mm 重机枪	距枪口 1m 处	166
5	54 式 12.7mm 高射机枪	射手	175
6	双管 37mm 舰炮	瞄准手	167
7	69-1 式 40mm 火箭筒	射手	174
8	美 M72 火箭筒	射手右耳	179.4
9	美 M20A1 火箭筒	距筒口 4m 处	159.3

序号	声　源	测试位置	峰压值/dBA
10	57mm 高射炮	压弹手	181
11	82mm 无后坐力炮	装填手	182
12	85mm 加农炮	瞄准手	180
13	100mm 高射炮	瞄准手	182
14	美 105mm 榴弹炮	射手	188
15	122mm 加农炮	射手	180
16	130mm 加农炮	射手	180
17	152mm 加农榴弹炮	瞄准手	180
18	400gTNT 炸药块	距爆点 7.5m 处	180

知道声源的峰压值后,设计人员就可以在工程设计时,针对不同的声源和峰压值的大小采取隔声、消声的措施,达到标准允许或试验人员能够接受的噪声值。

作者还对 85mm 加农炮、100mm 高射炮、130mm 加农炮和 152mm 加农榴弹炮的远场进行了实测,其数值见表 10-17,并经过加工绘制了它们的噪声随距离的衰减曲线,见图 10-9。

表 10-17　某些兵器的脉冲噪声的远场峰压值

声源距离 /m	85mm 加农炮 （C 声级）/dB	100mm 高射炮/dB	130mm 加农炮 （C 声级）/dB	152mm 加农榴弹炮/dB	152mm 加农榴弹炮（C 声级）/dB
50	132	118	141	107	132
100	130	108	134	98	129
200	122	96	130	97	118
300	117	91	125	92	120
400	114	86	124	91	121
500	112	82	119	91	118
600	—	79	118	92	118
700	—	76	118	91	119
800	—	75	118	88	117
900	—	74	115	84	112
1000	—	75	113	90	112
1200	—	74	—	74	109
1400	—	66	—	76	107
1600	—	67	—	74	109
1800	—	67	—	70	108
2000	—	65	—	70	107

注:(1) 85mm 加农炮测试条件:测试场地平坦,附近栽种有橡树,测试时气温为 21℃,风速为 2.5m/s,测点在火炮射击方向的左侧;

(2) 100mm 高射炮测试条件:测试场地为平坦草原,部分土地种有玉米和矮杆农作物,测试时气温为 20℃,风速为 5m/s,测点在火炮射击方向的右侧;

(3) 130mm 加农炮和 152mm 加农榴弹炮测试条件:测试场地起伏不大,地上生长有已成熟的玉米、高粱、向日葵和西红柿等,测试时气温为 14.5℃,风速为 4.2m/s,测点在火炮射击方向的右后方;

(4) 测试仪器:丹麦 2203 型精密声级计“快挡”有效值

从图 10-9 的曲线可以看出,火炮声源产生的噪声在空气中传播时,其强度随距离的增加而减小。远场基本符合距离每增加 1 倍,声压级衰减 6dB 的反比定律。近场火炮的噪声强度衰减比远场噪声强度随距离的衰减明显得多。远场噪声主要是解决扰民问题,应在工程选场时作为环保专题单独进行论证。

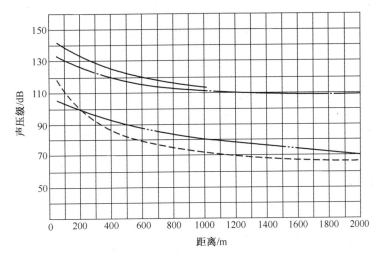

图 10-9　兵器噪声随距离的变化曲线

曲线的测试曲线由上到下依次为 130mm 加农炮、85mm 加农炮、100mm 高射炮和 152mm 加农榴弹炮的测试曲线。

图 10-9 所示的曲线是声压级随距离变化的曲线,可以看出,从预防噪声的角度考虑,试验场应与企业、村庄、城镇及本场的生活区等一切有人集体活动的地方均保持一定的距离,这是靶场外部防护的一个重要方面。

噪声随距离的增加而减小,按照这个规律选择靶场的位置,就可以使得要求安静的地区少受或不受影响。轻武器射击场、小口径火炮厂,如步枪、手枪、冲锋枪、高射机枪、航空机关炮、小口径舰炮等的试验场(射击场)可以布置在工厂厂区的某一角落处,但应与机加车间、总装配车间保持一定的安全距离,一般为 50m 左右;如对上述的试验场(射击场)采取封闭措施,把它们建设在其本厂的总装配车间之旁、之下,也是行之有效的,实践结果证实,这样做法更便于兵器的试验和管理。但对于重型兵器,如坦克炮、中大口径火炮的试验场,则应布置在单独的场地上,对噪声要求低于 60dB 以下的单位,其距离最好在 2km 以上。对于城镇这个距离还应增加。从图 10-9 火炮噪声强度衰减曲线的趋势分析可以看出,要想使居民区听不到炮声,在平坦的场地上发射中大型口径火炮,其间距至少得保持 10km 以上。

10.7.3　兵器噪声对射手的伤害

下面给读者提供我国试验场 417 名射手进行听力检查的实际例子,其各类兵器工业试验场射手语言聋程度统计见表 10-18,其射手听力正常者与语言聋者用图表表示(图 10-10)。从表 10-18 上出现的阳性率可以看出,我国兵器工业试验场的射手语言聋均在 33% 以上,有的高达 92%。从图 10-10 射手听力正常者与语言聋者比较还可以看出兵器脉冲噪声对各类试验场的射手危害都是严重的,应引起相关部门的关注,并应在工程设计中和管理上得到改善与解决。

表 10-18　各类兵器试验场射手语言聋程度统计

试验场名称	统计例数	正常 (<25dB)		轻度聋 (25~40dB)		中度聋 (41~70dB)		重度聋 >70dB		语言聋总数	
		例数	%	例数	%	例数	%	例数	%	例数	%
主战坦克试验场	94	25	27	49	52	17	18	3	3	69	73
大口径火炮试验场	38	14	37	15	39	8	21	1	3	24	63
大口径炮弹试验场	28	8	29	9	32	9	32	2	7	20	71
中口径火炮试验场	33	10	30	11	33	9	27	3	10	22	70
中口径炮弹试验场	12	1	8	8	67	2	17	1	8	11	92
小口径火炮试验场	23	7	30	12	52	4	18	—	—	16	70
小口径炮弹试验场	17	7	41	7	41	2	12	1	6	10	59
小口径舰炮试验场	43	15	35	17	40	7	16	4	9	28	65
航空机关炮弹试验场	9	6	67	3	33	—	—	—	—	3	33
大口径机枪试验场	16	9	56	5	31	2	13	—	—	7	44
单兵火箭弹试验场	14	6	43	3	21	4	29	1	7	8	57
步枪射击场	26	16	62	8	30	2	8	—	—	10	38
枪弹射击场	28	5	18	11	39	11	39	1	4	23	82
内弹道试验场	36	11	31	20	55	5	4	—	—	25	69
射手合计	417	140	34	178	42	82	20	17	4	277	66

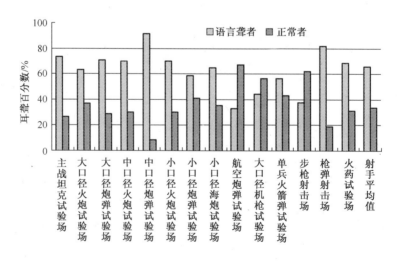

图 10-10　射手听力正常者与语言聋者比较

10.7.4 事故案例及防范措施

事故案例 1:76mm 加农炮速射试验射手耳膜被震出血

发生事故的时间　　1955 年 8 月 13 日

发生事故的地点　　山西介休炮兵靶场炮位

事故性质　　　　　责任事故

事故主要原因分析　对脉冲噪声的危害认识不足和没有防范

危险程度　　　　　人员受伤

1）事故概况

76mm 加农炮工厂定型试验时,一炮手站立在火炮左侧后方击发机构位置处,头部高出防盾板,又未带任何护具,一组弹射击后,发现其炮手右耳出血。

2）原因分析

76mm 加农炮射击,噪声较大,一般情况下,瞄准手的位置(头部高出防盾板时)噪声峰值约为 180dB。76mm 加农炮快速射击规定为 20 ~ 25 发/min,射速快、时间长,有时头部高出防盾板又未带护具导致耳膜连续受震破裂而损伤出血。

3）经验教训和防范措施

（1）对射手应进行防冲击波和脉冲噪声的知识教育,养成自我防护意识,自觉佩戴防护用具。

（2）脉冲噪声超过某值时,对人体有伤害。其允许标准见表 10-19,不过当时尚无此规定。

表 10-19　射手脉冲噪声允许值

脉冲宽度 /ms	射弹数/发						
	1	3	10	30	100	300	1000
1	177	174	171	168	165	162	159
3	174	171	168	165	162	159	156
10	171	168	165	162	159	156	153
30	168	165	162	159	156	153	150
100	165	162	159	156	153	150	147

事故案例 2:120mm 迫击炮装填发射试验时射手耳膜被震出血

发生事故的时间　　1964 年

发生事故的地点　　某靶场炮位

事故性质　　　　　责任事故

事故主要原因分析　设备、工具、附件有缺陷

伤亡人数　　　　　轻伤 2 人

1）事故概况

在120mm迫击炮弹射击试验中，射击第7发时，炮手甲正在瞄准，炮手乙站在迫击炮近旁，炮手丙突然拿起1发炮弹装填入膛，未拉火击发，炮弹就发射出膛，炮手甲、乙双耳被震，炮手甲耳鼓膜出血，炮手乙耳道出血。

2）原因分析

（1）经检查击发机构的击针未收回，分解时，击针滞留在击针室取不出来。分析可能是射击的发数较多，火药残渣和烟垢使击针滞留不能自动回到原位。当击针处于待发位置（突出状态）时，一旦炮弹入膛，底火撞击击针，炮弹就会立即被击发而发射。

（2）现场无统一指挥，形成炮手丙擅自装填入膛。

（3）射手没有佩戴防护用具。

3）经验教训和防范措施

（1）射击发数较多时，应检查击发机构的可靠性，装弹前可多拉几次拉发机构，使击锤打击击针，击针受振动之后会自动回到原位。

（2）有膛炸的可能时，可设置装弹自动拉发装置，见图10-11。可用炮口卡板卡住炮弹（只限于靶场试验），待射手们隐蔽后，落下卡板，炮弹自由落下击发。

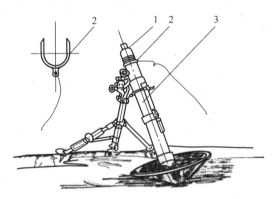

图10-11　120mm迫击炮炮口卡板及装弹示意图

1—迫击炮弹；2—卡板；3—迫击炮身。

事故案例3：130mm加农炮射击试验冲击波破坏门窗

发生事故的时间　　1963年

发生事故的地点　　某试验场炮位区

事故性质　　　　　责任事故

事故主要原因分析　建筑设计有缺陷

危险程度　　　　　有引起伤亡的可能

1）事故概况和经过

在测量130mm加农炮部件发射的受力情况时，将火炮安放在钢筋混凝土的炮位上,射角为0°,方位角北偏东14°,装填强装药。当射击2~3发后,测试室的门上玻璃和门上腰窗玻璃均被震碎,如图10-12所示。随着射击发数的增加,玻璃被震碎落地。门框和窗框与墙脱离。整个门、窗倒塌下来。

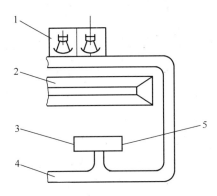

图 10-12　炮口冲击波破坏测试室的门窗示意图

1—炮位;2—土挡墙;3—测试室;4—道路;5—玻璃门窗破坏处。

2）原因分析

射击时,炮口冲击波会波及建筑物,建筑物的薄弱环节是建筑物的门窗。当炮口冲击波的超压小于 $0.02(10^5\text{Pa})$ 时玻璃偶然破坏;当炮口冲击波的超压在 $0.02\sim0.09(10^5\text{Pa})$ 时玻璃会成块状破坏;当炮口冲击波的超压 $0.09\sim0.25(10^5\text{Pa})$ 时大部玻璃呈小块破坏到粉碎破坏,窗扇大量破坏,门扇、窗框破坏;当炮口冲击波的超压 $0.25\sim0.4(10^5\text{Pa})$ 时玻璃呈粉碎破坏,门窗掉落、内倒,门扇、窗框大量破坏。该测试室的门窗玻璃幅面偏大,非塑性玻璃,又无防震措施这是主要原因;第二个原因是防护土挡墙的长度较短、高度较低;第三原因是炮位距该测试室的距离较近。

3）经验教训和防范措施

（1）面向射击炮位建筑物的一面墙和侧墙应设计具有防破片、飞散物和冲击波的能力,一般不应开设门窗。必要时,可在炮位与建筑物之间设置具有一定高度的挡墙。

（2）炮位与建筑物之间应保持必要的安全距离在无防护的条件一般为 $300\sim400\text{m}$。

（3）在炮位区附近的建筑,应设防震措施,其门窗的玻璃宜采用塑性的、小尺寸的和防震的。

事故案例 4：152mm 加榴炮射击试验冲击波震坏汽车玻璃

发生事故的时间	1979 年 6 月
发生事故的地点	某试验场炮位区附近
事故性质	责任事故
事故主要原因分析	违反安全操作规程

危险程度　　　　　汽车正面玻璃被震碎及有伤人的危险

1）事故概况和经过

152mm 加榴炮在强装药射击试验前,恰巧一辆"小面包"汽车送参观人员到炮位。参观人员下车后,"小面包"汽车停在距离炮位约 20m 处,第一发弹射击之后,"小面包"汽车正面玻璃全部被震碎掉落。

2）原因分析

缺乏对炮口压力波的破坏作用的认识,停车位置距离炮口太近。

3）经验教训和防范措施

（1）应按炮口冲击波的超压小于 0.02(10^5Pa) 的范围,规定并标出炮位区停车场的位置。

（2）应加强对炮手、有关人员靶场安全知识的培训。

10.8　未爆弹药的处理

10.8.1　试验场地内未爆弹药的清理及处理

我国的试验场多数已建设几十年,由于场地和观测条件的限制,射后留在场地下面几十厘米至几米深处的尚未爆炸的弹丸和战斗部数量相当可观。这种现象,除了有一定危险性以外,还影响场地的使用,应定期进行处理。目前可以采用工兵排雷的方法将其查出。之后,对于装填有炸药的弹丸、火箭弹或战斗部,一般不要从地下取出,可就地就坑销毁,方法是:①取出弹上的覆土;②确认弹种和是否装填了爆炸物;③确定未爆炸物的药量;④确定起爆药的重量并将其放置在未爆炸物之上;⑤安装电雷管及起爆导线;⑥回填覆土;⑦发出起爆信号;⑧人员隐蔽;⑨起爆;⑩检查起爆效果。弹药未爆前的爆坑示意图如图 10-13 所示。

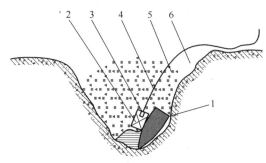

图 10-13　销毁弹丸示意图

1—弹丸;2—起爆药块;3—起爆电雷管;4—起爆导线;5—回填原土;6—弹坑。

销毁人员应在掩体内起爆。在销毁单发弹丸、战斗部或航空炸弹时,应对场地进行清理,在无防护情况下,从爆炸点算起的警戒距离不宜小于下列距离:

（1）弹径小于 57mm 的炮弹及战斗部为 500m；

（2）弹径小于 85mm 的炮弹及战斗部为 700m；

（3）弹径 85~130mm 的炮弹及战斗部为 700~1100m；

（4）弹径 130mm 以上的炮弹及 122mm 以上战斗部为 1100~1400m；

（5）装药量为 40~60kgTNT 当量的战斗部为 2000m；

（6）弹重 50~250kg 的杀伤爆破航空炸弹为 1500~2000m；

（7）弹重 500~3000kg 的杀伤爆破航空炸弹为 3000~3500m。

10.8.2　事故现场未爆弹药的处理

经验得知，靶场的弹药准备工房、生产的弹药装配工房、科研的弹药工房和修理的弹药工房及其弹药库房等发生事故后，除了已经爆炸的弹药以外，尚有部分弹药未参与爆炸。从几起大的事故资料可查得，有些事故工房或库房当时遗留的未爆炸弹药的数量少的有的几发、几十发，多的有几百发、近万发（枚），弹种有枪榴弹、迫击炮弹、炮弹、反跑道弹、冰雹火箭弹和特种弹及其部件等。未爆炸弹药的位置多在主爆坑附近，有的飞散到几米、几十米、几百米之远。

例如，某年"11.8"某弹药装配工房发生的弹药爆炸事故，除了已经爆炸的弹药以外，尚有部分弹药未参与爆炸，它们大部分背向爆坑（指主爆坑，另外还有 6 个小爆坑）躺倒在工房的地面上，部分则飞出工房之外的草坪和道路上，有的悬挂在工房的残垣断壁之上，还有的落在工房的屋盖上等。

这些未爆炸的弹药需要及时地进行清查和处理。依据以往处理事故的经验并结合现场的具体情况，分析上述未爆炸弹药可知：经过爆炸的冲击和振动，一般来说它们是比较安全的（风险小），但有的弹药，特别是装有引信的或起爆装置的弹药有可能是危险的（不安全）。所以，这些未爆炸弹药，不宜再进行搬运和车辆运输，宜就地（定义事故区域内）处理销毁。就地处理销毁可以采取三种方法：①在本区域内新建设销毁设施，在其设施内进行销毁。但这种方法需较长时间，不适合应急处理的需求。②采取原处（地面）销毁的方法。此法存在爆炸冲击波和破片飞散问题，附近几十米处有工房和库房，西南 310m 和正南 350m 处有村庄，会造成新的危害。③采取坑埋爆炸方法。此法可以减小或消除爆炸冲击波和破片的飞散问题，只存在地震波的问题，爆炸时在土壤中（相对岩石）虽然产生振幅较大，但采取坑埋、隔振沟等措施后，它衰减较快。

对上述三种销毁方法分析后，以为第三种方法与 10.8.1 节中提到的坑埋爆炸处理未爆炸的弹药方法基本相同，因此，认为坑埋爆炸处理未爆炸弹药的方法也基本适用于靶场的弹药准备工房、生产的弹药装配工房、科研的弹药工房和维护弹药工房及其库房事故后遗留的未爆炸弹药的处理。

"11.8"燃烧爆炸事故现场未爆炸物处理实施方案专家组与有关部门领导及工

厂领导一起商量,依据当地的环境、弹种、数量和散落的实际情况,权衡利弊后,确定对"11.8"事故未爆炸弹药在本区的西南角落处,采用临时"单发坑埋炸毁"方法,按此方法,事故工厂的主要领导带领有关人员冒着很大的风险及时地处理了未爆炸弹药,10天内销毁约190发未爆炸弹药,为尽快恢复生产扫平了障碍。

其实施步骤如下:

(1)查清和分析未爆炸弹药的状态及其危险性,并按其危险性进行分类和处理。

(2)在本区(事故区域)内选出爆坑的具体地点和位置。

(3)确定一次的销毁量和运弹方式。

(4)确定挖坑形式与尺寸,坑长度为1.5m,宽度为1m,深度为2m。斜坡运输通道,坡度不大于35°,绘出示意图并选择挖掘机。

(5)确定隔振沟的位置及尺寸,长度为3m,宽度为0.5m,深度为2m。

(6)确定起爆方式、程序及起爆人员的位置,确定采用起爆程序如下:

连接脉冲起爆器—起爆—导爆管—二通—导爆管雷管—M46射孔弹装药—被销毁弹(放在盒内固定)—弹爆炸。

这种起爆销毁方法,目前尚未见到有关报道。它的特点是用最少的起爆装药能起爆较大的被起爆弹药。这也是许多事故现场(火工生产区)内能就地采用此方法销毁弹药的基本条件。

起爆人员在附近(45m)弹药库内(弹药已清除),其单发坑埋炸毁法起爆系统如图10-14所示。

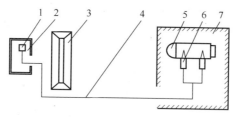

图10-14 单发坑埋炸毁法起爆系统

1—起爆器;2—建筑物;3—防护土挡墙;4—导爆管及二通;5—被起爆销毁弹;6—M46射孔装药;7—爆坑。

(7)运弹、放置弹、覆土及加网,但不可上盖钢板等防护,以免影响泄压和破坏抗壁,给后续弹销毁带来困难。

(8)起爆。如果未起爆,应过15min之后,查明原因再进行后续工作。

对弹丸装填药量为数千克的弹药销毁,可以参考图10-15、图10-16所示的销毁过程。

对弹丸装填药量为数十克的弹药销毁,可以采用挖坑加简易防护的方法,例如,1994年"12.26"某枪榴弹工房爆炸事故,爆炸原点在工作台上,未爆炸的枪榴弹60余发散落在工作台上和地面上,销毁未爆炸的枪榴弹也是采用挖坑销毁方法,但在坑内加装了钢板筒防护,如图 10-17 及图 10-18 所示。这种方法称为"单发坑筒炸毁"方法。该方法的销毁特点如下:

图 10-15　单发坑埋炸毁坑内尚未覆土的待销毁弹　　图 10-16　单发坑埋炸毁坑内的待销毁弹

图 10-17　单发坑筒炸毁的弹药及弹坑　　　　图 10-18　单发坑筒炸毁的防护筒

（1）在事故工房附近就地挖坑销毁;

（2）一个坑可以使用多次;

（3）运弹距离较近;

（4）不存在塌坑现象;

（5）基本没有飞散。作者与事故工厂仅用四天时间销毁了全部未爆炸的弹药,给恢复生产创造了条件。

对于品种较多、数量较大和弹种不明的需要处理的弹药,在甄别弹种之后,可将仅具有爆炸危险的弹药挖坑爆炸销毁。例如,1995 年,作者与某军区和某市公安局 13 处为"9582"工程销毁数千发弹药。

其销毁步骤如下:

（1）甄别弹种,分为五类:①爆炸弹药;②燃烧弹药;③黄磷弹;④起爆器材;⑤特种弹。

（2）将具有爆炸性的弹药集中。

（3）将航空炸弹集中。

（4）将分类中的②~⑤类集中，进行单独处理。

（5）选择一块合适的场地作为销毁场地。

（6）确定挖坑形式与尺寸。

（7）码放弹药，一坑一次可销毁50kgTNT当量的装药弹，也可以一次销毁一枚250kg的航弹。前者的警戒距离可设在1000m处，后者的警戒距离可设在2000m处。

（8）确定起爆方式及起爆人员的位置。

（9）运弹、放置弹、覆土及加盖防护飞散网措施。

（10）起爆。如果是哑炮，应过15min，并查明原因后再进行后续工作。上述方法称为"群弹坑埋爆炸"销毁方法。图10-19所示为"群弹坑埋爆炸"销毁。从爆炸的烟云可以看出，没有火光，说明群弹的埋设深度是符合要求的。图10-20所示为比较典型的弹坑，在沙土地上爆炸，形成漏斗形弹坑，展示弹种及其爆炸药量与弹坑形状尺寸相符，边界清楚，爆炸完全。

图10-19 "群弹坑埋爆炸"烟云

图10-20 典型爆炸弹坑

参 考 文 献

［1］卞荣宣.世界轻武器100年［M］.北京:国防工业出版社,2004.

［2］王东生.射击(训练和娱乐)［M］.北京:国防工业出版社,1999.

［3］李魁武,王宝元.火炮射击密集度研究方法［M］.北京:国防工业出版社,2012.

［4］朵英贤,马春茂.中国自动武器［M］.北京:国防工业出版社,2014.

［5］付强,何峻,等.精确制导武器技术应用向导［M］.北京:国防工业出版社,2010.

［6］韩祖南.国外著名导弹解析［M］.北京:国防工业出版社.2013.

［7］郭锡福.火炮武器系统外弹道试验数据处理与分析［M］.北京:国防工业出版社,2013.

［8］DOD Ammunition and Explosives Safety Standards［S］.2012.

［9］王东生,等.火炸药及其制品燃烧爆炸事故调查与防范［M］.北京:国防工业出版社,2013.

［10］美国海军2014年7月8日发布的照片,访问网址:http//www.navy.mil/view_image.asp? id＝180994.

［11］兵器工业科学技术辞典编辑委员会.兵器工业科学技术辞典火炮［K］.北京:国防工业出版社,1991.

［12］舒长胜,孟庆德.舰炮武器系统应用工程基础［M］.北京:国防工业出版社,2014.

［13］民用爆破器材工程设计安全规范 GB 50089—2007［S］.中华人民共和国国家标准,2007.

［14］中华人民共和国国家标准,爆破安全规程,GBJ6722－86.

［15］中华人民共和国飞行基本规则［Z］.中华人民共和国国务院令中华人民共和国中央军事委员会第 509,2007.

［16］中华人民共和国枪支管理法［Z］.中华人民共和国主席令第七十三号,2015.

［17］王东生.兵器噪声的危害与防治［M］.北京:国防工业出版社,1987.

［18］脉冲噪声及冲击波标准 GJB 59185［S］.国家军用标准.

［19］兵器工业科学技术辞典编辑委员会.兵器工业科学技术辞典炮弹［K］.北京:国防工业出版社,1991.

［20］火炸药及其制品工厂建筑结构设计规范 GB 51182—2016［S］.中华人民共和国国家标准,2016.

［21］爆炸与作用编写组.爆炸与作用下册［M］.北京:国防工业出版社,1979.

［22］孙业斌,等.爆炸作用与装药设计［M］.北京:国防工业出版社,1987.

［23］浦发.外弹道学［M］.北京:国防工业出版社,1980.

［24］R.C 彭克斯特.风洞实验技术上册［M］.北京:国防工业出版,1963.

［25］В.Д.库洛夫.火药火箭弹设计原理［M］.北京:国防工业出版社,1965.

［26］覃光明,昭献,张晓宏.固体推进剂装药设计［M］.北京:国防工业出版社,2013.

［27］军用设备环境试验方法 GJB150.1～150.20—86［S］.中华人民共和国国家军用标准,1986.

内 容 简 介

本书共 10 章,内容包括兵器试验场概论,枪械、单兵武器、火炮及弹药、坦克和步兵战车、固体和液体火箭发动机、火箭和导弹及战斗部等在射击、发射、爆炸及模拟试验过程中采用的行之有效的试验方法、试验装置、设计方案和建设技术,以及历史发展过程中发生的事故、出现的安全技术问题和原因并提出解决的对策等。

本书重点论述了兵器试验和试验场工程的设计。

本书可作为从事兵器试验以及试验场工程设计、建设和行业管理领导及专家的参考用书,可作为部队从事兵器训练和演习的参考用书,可作为相关行业工程设计人员、安全评价师的参考资料,也可以作为高等院校、中等专业学校师生的参考资料。

The book has 10 chapters, including the introduction of weapon test field; implying effective test methods, apparatus, designing and constructing in shooting, explosion and simulation test of firearms, individual weapons, gun and ammunition, tanks and infantry fighting vehicles, solid and liquid rocket engines rocket, missile and warhead; and historical accident event, safety technology problems, causes and solutions.

This paper focuses on weapon test and test field design.

This book can be used for purposes below: Guideline in weapon test, test field design and construction. Reference for management level and expertise. Reference for troops engage in weapon training and exercises. Reference for engineering design and safety evaluation. Reference or textbook for colleges, secondary school teachers and students.